全国水利行业规划教材　高职高专水利水电类
中国水利教育协会策划组织

土力学

主　编　张守民　张书俭
副主编　李宝玉　龙立华
　　　　冯建江　陈瑞亮
主　审　方　崇

黄河水利出版社
·郑州·

内容提要

本书是全国水利行业规划教材，是根据中国水利教育协会全国水利水电高职教研会制定的土力学课程教学大纲编写完成的。土力学是土木工程类专业基础课。本书共分11章。第一章系统地阐述了土的物理性质、力学性质及其评价指标的概念表达和检测方法，第二章对土的渗透原理和土的渗透评价指标做了充分的分析和阐述，第三章对土中应力和各种情况下的应力计算做了系统和全面的阐述，第四章对土压缩原理、地基沉降量确定、土压缩指标的检测试验做了系统的阐述，第五章对土体剪切破坏理论、土体破坏模式及提高土体强度的方法措施、土的剪切指标测定方法等做了系统和详尽的阐述，第六、七章通过对土压力和土坡稳定问题的理论分析主要解决挡土结构和土体自身稳定的技术问题，第八章介绍了地基承载力，第九章介绍了冻土力学的理论和实际问题，第十、十一章是综合运用前八章的土力学理论和土工技术分析解决水利工程中的实际问题。

本书为高职高专水利水电工程、农业水利技术、工业与民用建筑、道桥、工程监理、工程造价等专业的教材，也可供工程技术人员参考使用。

图书在版编目(CIP)数据

土力学/张守民，张书俭主编．—郑州：黄河水利出版社，2009.8 (2015.7 修订重印)
全国水利行业规划教材
ISBN 978-7-80734-689-0

Ⅰ．土…　Ⅱ．①张…　②张…　Ⅲ．土力学-高等学校：技术学校-教材　Ⅳ．TU43

中国版本图书馆CIP数据核字(2009)第131931号

组稿编辑：王路平　电话：0371-66022212　E-mail：hhslwlp@163.com

出 版 社：黄河水利出版社
地址：河南省郑州市顺河路黄委会综合楼14层　邮政编码：450003
发行单位：黄河水利出版社
发行部电话：0371-66026940、66020550、66028024、66022620(传真)
E-mail：hhslcbs@126.com
承印单位：黄河水利委员会印刷厂
开本：787 mm×1 092 mm　1/16
印张：14
字数：320千字　印数：8 001—11 000
版次：2009年8月第1版　印次：2015年7月第3次印刷
2011年3月修订

定价：25.00元

前　言

本书是根据《教育部 财政部关于实施国家示范性高等职业院校建设计划 加快高等职业教育改革与发展的意见》(教高[2006]14 号)、《教育部关于全面提高高等职业教育教学质量的若干意见》(教高[2006]16 号)等文件精神,由全国水利水电高职教研会拟定的教材编写规划,在中国水利教育协会指导下,由全国水利水电高职教研会组织编写的第二轮水利水电类专业规划教材。第二轮教材以学生能力培养为主线,具有鲜明的时代特点,体现出实用性、实践性、创新性的教材特色,是一套理论联系实际、教学面向生产的高职高专教育精品规划教材。

本书编写的指导思想是本着学以致用为原则,以高职教育教学大纲和有关教育部文件为准绳,遵循工作过程系统化原理,努力做到由水利水电类一线工作岗位实践技能点返溯理论支撑点,使土力学理论与土工实践紧密结合,以培养高技能型水利水电类专门人才为宗旨。

本书在编写过程中,将工程案例、土力学基本理论、土工试验、土工技术有机地融合为一体,充分体现本学科的实用性。在每一章的编写设计中力求进行项目化处理,即每一章内容相对自成体系,与其相关的理论、试验到土工实践的知识可以独立完成一项土工任务。同时,各章节之间又是紧密联系的整体,共同形成完整的土力学知识框架,使知识内容系统化。通过对本学科的学习,力求使学生能够对与土力学有关的工程有全面的了解,并能独立完成简单的土工设计和土工施工任务。全书编写过程中努力做到论述具有概要性、全面性、透彻性, 便于学生自学和教师教学参考,努力致力于项目化与系统化的统一。

土力学是研究土的物理性质及其力学规律的一门学科,即土体在力的作用下的应力—应变或应力—应变—时间关系和强度的应用学科,主要用于土木、交通、水利等工程。18 世纪中期以前, 人类的建筑工程实践主要是根据建筑者的经验进行的。18 世纪中期至 20 世纪初期, 工程建筑事业迅猛发展, 许多学者相继总结前人和自己的实践经验, 发表了迄今仍然行之有效的、多方面的重要研究成果。例如,法国的库仑发表了土压力滑动楔体理论(1773)和土的抗剪强度准则(1776); 法国的达西在研究水在砂土中渗透的基础上提出了著名的达西定律(1856); 英国的 W. J. M. 朗肯分析半无限空间土体在自重作用下达到极限平衡状态时的应力条件, 提出了另一著名的土压力理论, 与库仑理论一起构成了古典土压力理论;法国的 J. V. 布辛奈斯克提出的半无限弹性体中应力分布的计算公式(1885),成为地基土体中应力分布的重要计算方法; 德国的 O·莫尔提出了至今仍广泛应用的土的强度理论(1900); 19 世纪末至 20 世纪初期瑞典的 A. M. 阿特贝里提出了黏性土的塑性界限和按塑性指数的分类, 至今仍在实践中广泛应用。1925 年奥地利的 K·太沙基出版了世界上第一部《土力学》, 是土力学作为一个完整、独立学科已经形成的重要标志。此后, 在土的基本性质和动力特性、固结理论和强度理论的研究,流变理论的应用,土体稳定性分析方法以及试验技术和设备等方面都有很大的发展,使土力学得到进一步的完善和提高。

目前,随着高大建筑物、核电站以及近海石油探采平台等的兴建，不断对土力学提出更高的要求。裂隙对土体力学性能的控制性、非线性应力—应变的本构关系以及新的测试技术和设备等方面的研究将会有新的进展。

当前国际经济形势要求扩大需求,加大投资建设力度,正是大搞学科理论建设和实践积累的有利时机,随着职业技能专门人才的大量需求,希望本书能在高职高专院校的人才培养中、在建设项目实施中、在社会经济发展中发挥出应有的作用。

本书参加编写人员有:黑龙江农垦科技职业学院张守民、山西水利职业技术学院张书俭、黑龙江省农垦总局水务局母成波、华北水利水电学院水利职业学院李宝玉、湖北水利水电职业技术学院龙立华、浙江水利水电专科学校冯建江、长江工程职业技术学院陈瑞亮、重庆水利电力职业技术学院李影、广西水利电力职业技术学院刘惠娟、沈阳农业大学高等职业技术学院张海军、长江工程职业技术学院吕知鑫。本书由张守民、张书俭担任主编,李宝玉、龙立华、冯建江、陈瑞亮担任副主编,广西水利电力职业技术学院方崇担任主审。

另外,黑龙江省农垦总局水务局局长潘福田、黑龙江农垦水利建设监理公司教授级高工王立权对本书提出了许多宝贵意见,对本书修改和定稿起了很大作用,在此深表谢意。

由于编者水平有限,书中谬误之处在所难免,恳请读者批评指正。

编 者

2009 年 2 月

目 录

第一章　土的物理性质

【引导性案例】

1999 年广州市政府本着要把流溪河建设成广州市人民的“生命河”、“风景河”，开始对流溪河两岸进行整治，整治目的是使工程建设既要加固堤围，提高防洪能力，又要改善流溪河水源水质，美化环境，发展两岸经济。广州市流溪河防洪整治工程设计洪水标准：下游段为 100 年一遇，上游段为 50 年一遇；堤防标准为Ⅲ级。工程项目主要有表土清理、旧堤土方挖运、堤身土方填筑、护脚浆砌石挡土墙及附属工程等。

在流溪河防洪整治工程的初步设计前，地质勘察部门已经对流溪河沿线的山脉进行勘察，勘察结果表明，能开采的有(1)类回填土、(2)类回填土，其指标和要求如表 1-1 所示。

表 1-1　回填土指标和要求

回填土类型	回填土要求
(1)类	粒径 $d<0.005$ mm 的颗粒含量为 4.5% ~ 30%；粒径 $d<0.05$ mm 的颗粒含量不少于 35%；塑性指数 $I_P=10\sim23$，渗透系数 $k\leqslant1.0\times10^{-5}$ cm/s；且不得含有植物根茎、砖瓦、垃圾等杂质；压实度 $P\leqslant95\%$；回填土最大干密度 $\rho_{d\max}\geqslant1.65$ t/m³；设计干密度 $\rho_{d0}\geqslant\rho_{d\max}P$
(2)类	当地风化土或旧堤土，要求最大干密度 $\rho_{d\max}\geqslant1.75$ t/m³；压实度 $P\geqslant92\%$；设计干密度 $\rho_{d0}\geqslant\rho_{d\max}P$

哪类回填土是理想的堤身填筑土料？回填土各项指标是如何确定的？整治工程堤身土料碾压筑堤的质量如何控制？这就需要我们对土的物质组成、结构、土的物理性指标的测定和土的击实性等进行研究，具有对土进行识别、命名和评价的技能。

第一节　土的基本理论

一、土的组成、结构与性质

(一)土的组成

土是由固体、液体和气体三相所组成的松散颗粒集合体。固体部分即为土粒，由矿物颗粒或有机质组成。颗粒之间有许多孔隙，而孔隙可为液体、气体或两者所充填。水及其溶解物为土中的液相。空气及其他一些气体为土中的气相。当土中孔隙全部为水所充满时，称为饱和土；当孔隙全部为气体所充满时，则称为干土；当孔隙中同时存在水和空气时，则称为湿土。饱和土和干土为二相系，湿土则为三相系。这些组成部分的相互作用和数量上的比例关系,将决定土的物理力学性质。

1. 土的固相

土的固相构成了土的基本骨架,其矿物组成、大小和形状及级配情况是决定土的工程性质的重要因素。

1) 土的矿物成分和有机质

土的矿物成分取决于成土母岩的成分以及所经受的风化作用,主要有原生矿物和次生矿物两大类。

(1) 原生矿物。岩石经物理风化作用后形成的矿物颗粒。常见的有石英、长石和云母等。颗粒较大,与水相互作用的能力弱,物理化学性质较稳定,由它们构成的粗粒土工程性质较稳定,若级配好,则土的密度大,强度高,压缩性低。

(2) 次生矿物。岩石经化学风化后形成的新矿物颗粒,如黏土矿物。常见的黏土矿物有蒙脱石、伊利石和高岭石,颗粒细小,亲水性强,遇水易膨胀,性质较不稳定,它们是构成黏性土的主要成分。另外,还有一类易溶于水的次生矿物,称水溶盐。如碳酸钙、石膏、各种氯化物等。需要注意的是,若黏性土中含有水溶盐时,遇水溶解后会被渗透水流带走,导致地基或坝体产生集中渗流,引起不均匀沉降甚至降低强度。所以,通常规定筑坝土料的水溶盐含量不得超过8%。

(3) 有机质。微生物参与风化作用的产物和土中动植物的残骸体。前者为腐殖质,后者为泥炭。有机质易分解、强度低、压缩性大,对土的工程性质影响很大。有机质含量超过5%的土称为有机土,有机土不能作为堤坝工程的填筑材料,否则会影响建筑工程的质量。

2) 土的颗粒大小和形状

自然界中的土都是由大小不同的土粒组成的。土粒的大小称为粒度,通常以粒径表示。天然土体的粒度变化很大,大的超过几十厘米,小的只有千分之几毫米,形状也不相同。不同粒度组成的土性质上有很大差别。如砂、卵石等粗粒土多为浑圆或者棱角状的石英颗粒组成,粒度较粗,具有较大的透水性而无黏性;而黏土的颗粒组成主要为颗粒细小的黏土矿物,形状为片状或者针状,粒度极细,具有黏滞性而透水性差。因此,工程上常把大小、性质相近的土粒划分为一组,称为粒组,划分粒组的分界尺寸称为界限粒径。

对粒组的划分,各个国家,甚至一个国家不同的部门有不同的规定。我国的粒组划分原则上是将土分为六大粒组即漂石或块石、卵石或碎石、圆砾或角砾、砂粒、粉粒和黏粒,但各行业的界限粒径有所不同,表1-2给出了几组粒组划分标准。

3) 土的颗粒级配

土的工程性质不仅取决于土粒的大小,而且主要取决于土中不同粒组的相对含量。土中各粒组的相对含量用各粒组质量占土粒总质量的百分数表示,称为土的颗粒级配。土的颗粒级配可通过颗粒分析试验测定。

(1) 颗粒分析试验。颗粒分析试验方法有筛分法和密度计法两种,前者适用于粒径大于0.075 mm的粗粒,后者适用于粒径小于0.075 mm的细粒土。若土中同时含有粒径大于和小于0.075 mm的土粒时,则需联合使用这两种方法。

筛分法是用一套从上到下孔径依次由大到小的标准筛,将事先称过质量的干土样倒入筛的顶部，盖严上盖，置于筛分机上振筛10～15 min，分别称出留在各筛上的土的质量，即可求出各个粒组的相对含量，即得土的颗粒级配。

表1-2　土粒粒组划分

<table>
<tr><th rowspan="2">粒组统称</th><th colspan="3">《土工试验规程》(SL 237—1999)
《公路土工试验规程》
(JTG E40—2007)</th><th colspan="2">《建筑地基基础设计规范》
(GB 50007—2002)
《岩土工程勘察规范》
(GB 50021—2001)</th><th rowspan="2">一般特性</th></tr>
<tr><th colspan="2">粒组名称</th><th>粒径范围(mm)</th><th>粒组名称</th><th>粒径范围(mm)</th></tr>
<tr><td>巨粒</td><td colspan="2">漂石(块石)
卵石(碎石)</td><td>>200
200～60</td><td>漂石(块石)
卵石(碎石)</td><td>>200
200～20</td><td>透水性大，无黏性，无毛细水</td></tr>
<tr><td rowspan="2">粗粒</td><td>砾粒</td><td>粗砾
中砾
细砾</td><td>60～20
20～5
5～2</td><td>砾石</td><td>20～2</td><td>透水性大，无黏性，毛细水上升高度不超过粒径大小</td></tr>
<tr><td>砂粒</td><td>粗砂
中砂
细砂</td><td>2～0.5
0.5～0.25
0.25～0.075
(0.25～0.074)</td><td>砂粒</td><td>2～0.075</td><td>易透水，当混入云母等杂物时透水性小，而压缩性增加；无黏性，遇水不膨胀，干燥时松散；毛细水上升高度不大，随粒径变小而增大</td></tr>
<tr><td rowspan="2">细粒</td><td colspan="2">粉粒</td><td>0.075～0.005
(0.074～0.002)</td><td>粉粒</td><td>0.075～0.005</td><td>透水性小，湿时稍有膨胀，干时稍有收缩；毛细水上升高度较大较快，极易出现冻胀现象</td></tr>
<tr><td colspan="2">黏粒</td><td>≤0.005
(≤0.002)</td><td>黏粒</td><td>≤0.005</td><td>透水性很小，湿时有黏性、可塑性；遇水膨胀大，干时收缩显著；毛细水收缩高度大，且速度较慢</td></tr>
</table>

注：括号中的数值是《公路土工试验规程》(JTG E40—2007)的分类标准。

密度计法是利用不同大小的土粒在水中的沉降速度(简称沉速)不同来确定小于某粒径的土粒含量(详见本章第四节)。

【例1-1】　从干砂样中称取质量为1 000 g的试样，放入标准筛中，经充分振动后，称得各级筛上留存的土粒质量，见表1-3中的第二列，试求土中各粒组的土粒含量及小于各级筛孔径的土粒含量。

解：留在孔径2.0 mm筛上的土粒质量为100 g，则小于该孔径的土粒含量为(1 000－100)/1 000＝90%；留在孔径1.0 mm筛上的土粒质量为100 g，则小于该孔径的土粒含量为(1 000－100－100)/1 000＝80%；同样可算得小于其他孔径的土粒含量，见表1-3中的第三列。因 $0.5 \geqslant d > 0.25$ 的土粒含量为 300 g，则粒径范围 $0.5 \geqslant d > 0.25$（中砂）的含量为 300/1 000 = 30%；同样可算得其他粒组的土粒含量，见表 1-3 中第五列。所以，该土样各粒组含量分别为：砾 10%，砂 80%（粗砂 35%、中砂 30%、细砂 15%），细粒（包括粉粒和黏粒）10%。

表 1-3　筛分试验结果

筛孔径（mm）	各级筛上留存的土粒质量（g）	小于各级筛孔径的土粒含量（%）	粒径的范围（mm）	各粒组的土粒含量（%）
2.0	100	90	$d > 2.0$	10
1.0	100	80	$2.0 \geqslant d > 0.5$	35
0.5	250	55		
0.25	300	25	$0.5 \geqslant d > 0.25$	30
0.1	100	15	$0.25 \geqslant d > 0.075$	15
0.075	50	10		
底盘	100		$d \leqslant 0.075$	10

（2）土的级配曲线。根据颗粒分析试验的成果，绘制颗粒级配累计曲线，如图 1-1 所示。

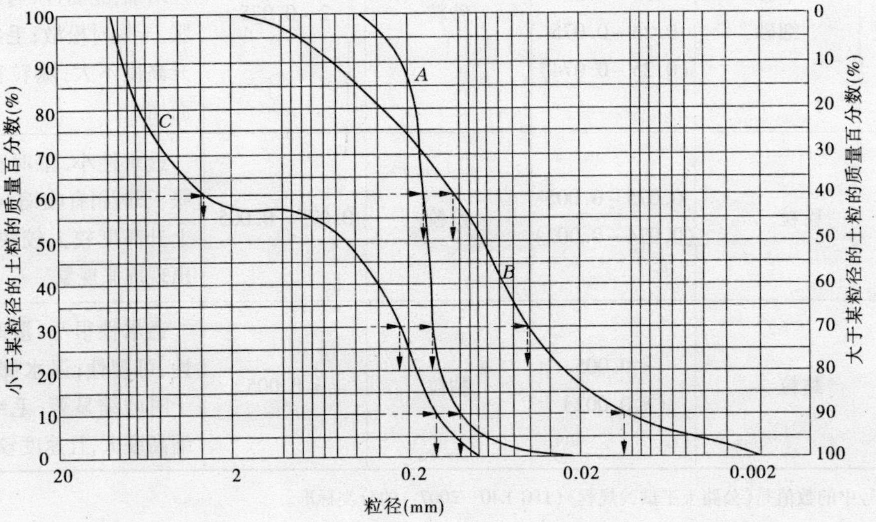

图 1-1　土的颗粒级配曲线

图 1-1 中横坐标表示粒径（用对数尺度），纵坐标表示小于某粒径的土粒质量占总质量的百分数。

从颗粒级配曲线的形态上可以评定土颗粒的级配特征，曲线平缓表示粒度分布连续，颗粒大小不均匀，级配良好（见图 1-1 中的 *B* 线）；若土中缺乏某些粒径，则级配曲线出现水平段（见图 1-1 中的 *C* 线）；曲线坡度陡而窄，说明颗粒均匀，级配不良（见图 1-1 中的 *A* 线）。

（3）颗粒级配指标。颗粒级配曲线的形状只能定性地评价土的级配好坏，为了定量判别土的颗粒级配好坏，工程中引用了不均匀系数、曲率系数两个指标。

不均匀系数 $$C_u=\frac{d_{60}}{d_{10}} \tag{1-1}$$

曲率系数 $$C_c=\frac{d_{30}^2}{d_{10}d_{60}} \tag{1-2}$$

式中 d_{10}、d_{30}、d_{60}——级配曲线纵坐标上小于某粒径含量为10%、30%、60%所对应的粒径值，d_{10}称为有效粒径，d_{60}称为控制粒径。

不均匀系数 C_u 是反映土颗粒大小不均匀程度的指标。C_u 越大，表明土颗粒愈不均匀，级配良好（颗粒级配曲线愈平缓）；反之，C_u 越小，表明土颗粒愈均匀，级配不良。工程上把 $C_u<5$ 的土视为级配不良的土；$C_u>10$ 的土视为级配良好的土。

曲率系数 C_c 是反映级配曲线分布的整体形态，表明是否有某粒组缺失。$C_c=1\sim3$ 时，表明土粒大小的连续性较好；C_c 值小于1或大于3时，颗粒级配曲线有明显弯曲而呈阶梯状，表明颗粒级配不连续，缺乏中间粒径。

对于砾类土或砂类土，同时满足 $C_u\geqslant5$ 和 $C_c=1\sim3$ 时，定名为良好级配砂或良好级配砾。若不能同时满足这两个条件，则称为级配不良的土。

级配良好的土，粗细颗粒搭配较好，粗颗粒间的孔隙被细颗粒填充，易被压实。所以，在工程中常用级配良好的土作为填土用料。

【例1-2】 如图1-1所示，曲线 A、B、C 表示三种不同粒径组成的土，试求三种土中各粒组的百分含量为多少？各土的不均匀系数 C_u 和曲率系数 C_c 为多少？并对各种土的颗粒级配情况进行评价。

解：(1)由曲线 A 查得各粒组的含量百分数为：

砂粒（2～0.075 mm） 100% −5% =95%

粉粒（0.075～0.005 mm） 5% −0% =5%

查曲线 A 得知 $d_{60}=0.165\ \text{mm}$，$d_{10}=0.11\ \text{mm}$，$d_{30}=0.15\ \text{mm}$

$$C_u=\frac{d_{60}}{d_{10}}=\frac{0.165}{0.11}=1.5<5\ （土粒均匀）$$

$$C_c=\frac{d_{30}^2}{d_{10}d_{60}}=\frac{0.15^2}{0.11\times0.165}=1.24\ （介于1\sim3）$$

虽然 C_c 在1～3，但 $C_u<5$，其中有一个条件不满足，故 A 土级配不良。

(2)曲线 B 和 C 中各粒组的百分含量及 C_u、C_c 的计算结果见表1-4。

表1-4 A、B、C 三种土的计算结果

土样编号	土粒组成(%)				d_{60} (mm)	d_{10} (mm)	d_{30} (mm)	C_u	C_c
	10～2 mm	2～0.075 mm	0.075～0.005 mm	<0.005 mm					
A	0	95	5	0	0.165	0.11	0.15	1.5	1.24
B	0	52	44	4	0.115	0.012	0.044	9.6	1.40
C	43	57	0	0	3.00	0.15	0.25	20.0	0.14

由此可知，B 土级配良好，C 土级配不良。

2. 土的液相

土中的水按存在方式的不同，可分为下列几类（见图1-2）。

- 土中的水
  - 液态水
    - 结合水
      - 强结合水
      - 弱结合水
    - 自由水
      - 重力水
      - 毛细水
  - 固态水
  - 气态水

图1-2　土中水的类型

1）结合水

结合水是指附着于土粒表面成薄膜状的水。一般情况下，土粒（黏性土）表面多带有负电荷，并在周围形成电场，吸引周围的极性水分子，使其定向排列，形成结合水膜，如图1-3所示。根据吸附力的大小，可将结合水分为强结合水和弱结合水。

（1）强结合水。指紧靠土粒表面的结合水，又称吸着水。它的特征为：无溶解能力，不受重力，不传递静水压力作用，温度在105 ℃以上时才能蒸发，冰点为 －78 ℃，密度为1.2～2.4 g/cm³。这种水牢固地吸着在土粒表面，其性质与固体相似，具有很大的黏滞性、弹性及抗剪强度。土粒越细，比表面积愈大，其最大吸着度就愈大。黏土中仅含强结合水时，黏土呈固体状态。

（2）弱结合水。指紧靠于强结合水外围的一层水膜，故又称薄膜水。它也不能传递静水压力，不能自由移动，只能以水膜的形式由厚向薄处缓慢移动。弱结合水的存在，使土具有可塑性。由于黏性土比表面积较大，含薄膜水多，故其可塑性范围大；而砂土比表面积较小，含薄膜水极少，故几乎不具有可塑性。

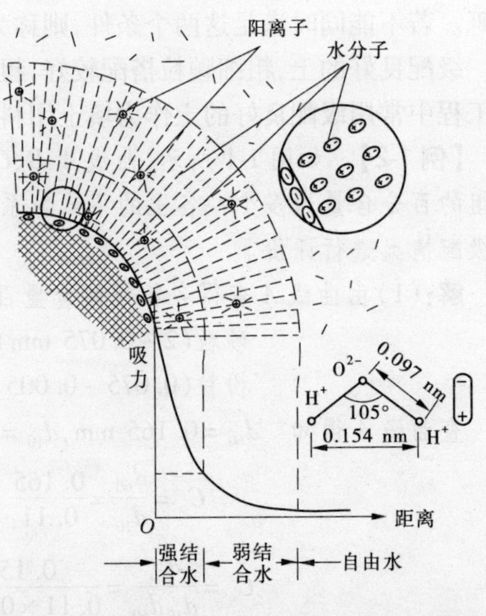

图1-3　黏土矿物水分子的相互作用示意图

2）自由水

土孔隙中位于结合水以外的水。它不受土粒电荷力的作用，可在孔隙中自由移动。按其移动时所受的作用力不同，可分为重力水和毛细水。

（1）重力水。受重力作用而运动的水。这种水位于地下水位以下，具有浮力作用，从水头高处向水头低处流动，能引起土的渗透变形。

（2）毛细水。由于水分子与土粒表面之间的附着力和水表面张力的作用而存在，并运动于毛细孔隙中的水。这种水位于地下水位以上，受毛细作用而上升，上升高度视土粒大小、孔隙大小及形状而定。一般来说，卵石接近零，砂土较小，可从几厘米到几十厘米，黏性土可达几米。

3）固态水

当气温降至0 ℃以下时，液态的自由水结冰为固态水。水在冻结后会发生膨胀，使基础冻胀，寒冷地区基础的埋置深度要考虑冻胀问题。

4）气态水

气态水即水汽，对土的性质影响不大。

3. 土的气相

土中气体存在于土孔隙中未被水所占据的部分。土中气体可分为以下两种类型：

（1）流通气体。与大气连通的气体，受外力作用时，易被挤出，对土的工程性质影响不大。

（2）封闭气体。与大气隔绝以气泡形式出现的气体，常见于黏性土中。受外力作用时，不易逸出，因而增大了土的压缩性，降低了透水性。较为典型的淤泥质土和泥炭土，由于微生物分解有机物，在土层中产生了一些可燃性气体（如甲烷、硫化氢等），使其在自重作用下长期不易压实，成为高压缩性土层。

（二）土的结构

土粒或粒团的大小、形状、相互排列与联结等综合特征，称为土的结构，其一般分为以下三种类型。

1. 单粒结构

粗粒土颗粒（卵石、砾石及砂土等）在水或空气中在自重作用下沉落形成的结构，如图1-4（a）所示。单粒结构的特点是土粒间存在点与点的接触。随着沉积条件的不同，可形成疏松的或紧密的状态。疏松状态的单粒结构在荷载作用下，特别是在振动荷载作用下会使土粒向更稳定的位置，产生较大的变形。密实状态的单粒结构则比较稳定，力学性能较好。

2. 蜂窝结构

较细土颗粒如粉粒（粒径介于0.075～0.005 mm），由于土粒之间的分子引力大于其重力，当其在沉积过程中碰到已沉积的土粒，就停留在最初的接触点上不再下沉，并彼此接触形成链环状团粒，构成较疏松的蜂窝结构，如图1-4（b）所示。

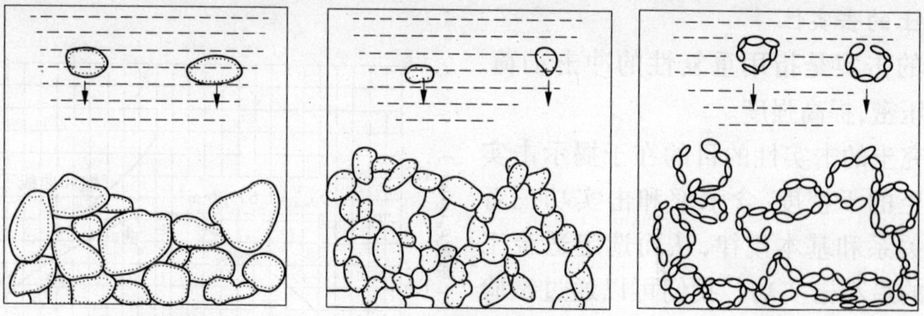

(a)单粒结构　　(b)蜂窝结构　　(c)絮状结构

图1-4　土的结构

3. 絮状结构

更细的黏土颗粒（粒径小于0.005 mm）在水中长期悬浮，不会因自重而下沉。当悬液介质发生变化时，土粒表面的弱结合水厚度减薄，黏粒互相接近，凝聚成絮状物下沉，形成孔隙较大的絮状结构。如图1-3(c)所示。

具有蜂窝结构和絮状结构的土，结构疏松、强度低、压缩性高。当天然结构遭受破坏时，强度会迅速降低。所以，对这种土进行施工时，一定要注意保持其天然结构不受破坏。

(三)土的性质

由于土的特有结构特点决定了土具有结构性、击实性、触变性、渗透性、压缩性等。此处仅对前三种性质做一简单介绍，其他性质在有关章节中详加论述。

1. 土的结构性

土的天然结构扰动后，土中的胶结物联结遭到破坏，土原有的物理、力学性质会降低的特性称为土的结构性。土的结构性大小评价指标常用灵敏度表示，一般灵敏度 S_t 按下式计算

$$S_t = \frac{q_u}{q_u'} \tag{1-3}$$

式中 q_u——原状土样的无侧限抗压强度，kPa；

q_u'——重塑土样的无侧限抗压强度，kPa。

所谓原状土样是指取样时保持天然状态下土的结构和含水量不变的黏性土样；当土样的结构受到彻底破坏而含水量保持不变时，则为重塑土样。

按灵敏度的大小可将黏性土分为：

不灵敏土	$S_t \leqslant 2$
中等灵敏土	$2 < S_t \leqslant 4$
灵敏土	$4 < S_t \leqslant 8$
极灵敏土	$S_t > 8$

土的灵敏度越高，其结构性越强，受扰动后土的强度降低就越多。在基础工程施工中，若遇到灵敏度较高的土，应特别注意保护基槽(坑)底土，防止人来车往践踏基槽，以免破坏土的结构，降低地基强度。

黏性土一般具有结构性，而砂土则不具有结构性。

2. 土的击实性

土的击实是指用重复性的冲击动荷载将土压密，提高强度。

研究土的击实性的目的在于揭示击实作用下土的干密度、含水率和击实功三者之间的关系和基本规律，从而选定适合工程需要的最小击实功。我们可以通过试验的方法进行研究。

击实试验是把某一含水率的土料填入击实筒内，用击锤按规定落距对土打击一定的次数后，测其含水率和干密度的关系曲线，即为击实曲线。如图1-5所示。

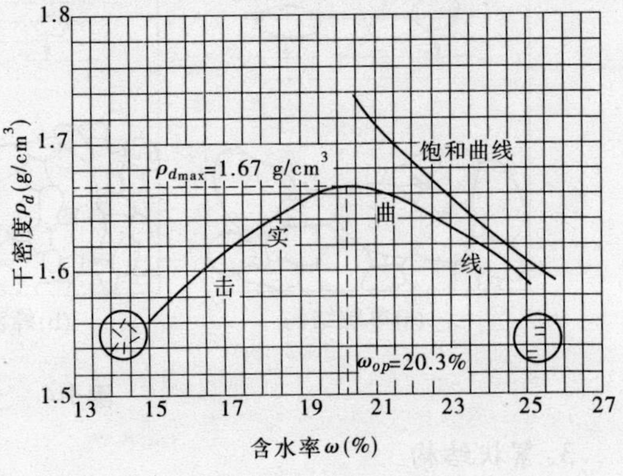

图1-5 击实曲线

在击实曲线上可找到某一峰值，称为最大干密度 ρ_{dmax}，与之相对应的含水率，称为最优含水率 ω_{op}。它表示在一定击实功作用下，达到最大干密度的含水率。即当击实土料为最优含水率时，击实效果最好。

无黏性土情况有些不同。无黏性土的击实性也与含水率有关，不过不存在着一个最优含水率。一般在完全干燥或者充分洒水饱和的情况下容易压实到较大的干密度。潮湿状态，由于具有微弱的毛细水联结，土粒间移动所受阻力较大，不易被挤紧压实，干密度不大。

无黏性土的压实标准，一般用相对密度 D_r。一般要求砂土击实至 $D_r>0.67$，即达到密实状态。

从黏土击实曲线分析可知，影响土击实性的因素主要有含水率、击实功能、土的种类和级配等，并且存在着一定的规律性。

1)含水率的影响

当含水率较低时，击实后的干密度随含水率的增加而增大。而当干密度增大到某一值后，含水率的继续增加反而导致干密度的减小。干密度的这一最大值称为该击数下的最大干密度，与它对应的含水率称为最优含水率。

当击数一定时，只有在某一含水率下才获得最佳的击实效果。

2)击实功的影响

(1)土料的最大干密度和最优含水率不是常数。最大干密度随击数的增加而逐渐增大，最优含水率逐渐减小。然而，这种变化速率是递减的。同时，光凭增加击实功来提高土的最大干密度是有限的(如图1-6所示)。

(2)当含水率较低时击数的影响较显著。当含水率较高时，含水率与干密度关系曲线趋近于饱和线，这时提高击实功是无效的。

填料的含水率过高或过低都是不利的。含水率过低，填土遇水后容易引起湿陷；含水率过高又将恶化填土的其他力学性质。因此，在实际施工中填土的含水率控制得当与否，不仅涉及到经济效益的高低，而且影响到工程质量的好坏。

3)土类和级配的影响

击实试验表明，在相同击实功下，黏性土黏粒含量愈高或塑性指数愈大，击实愈困难，最大干密度愈小，最优含水率愈大。

土的级配对土的击实性影响很大。级配良好的土，易于击实，级配不良的土，不易击实，因为级配良好的土有足够的细粒去充填较粗粒形成的孔隙，因而能获得较高的干密度。

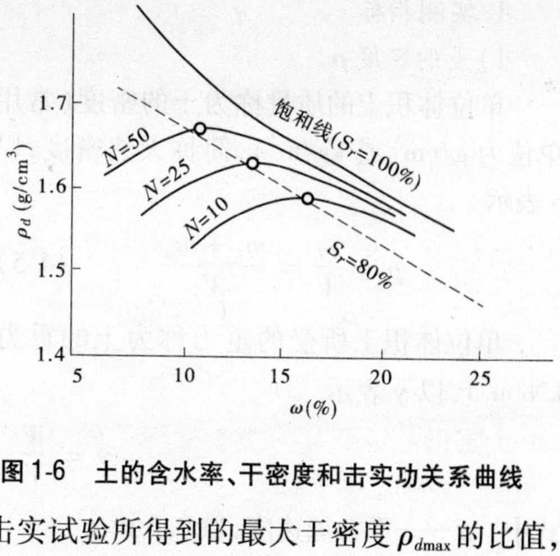

图1-6　土的含水率、干密度和击实功关系曲线

在工程实践中，常用土的压实度来直接控制填土的工程质量。压实度的定义是：土体压实时要求达到的干密度 ρ_d 与室内击实试验所得到的最大干密度 ρ_{dmax} 的比值，即

$$\lambda = \frac{\rho_d}{\rho_{d\max}} \tag{1-4}$$

可见，λ 值越接近 1，表示对压实质量的要求越高。我国《碾压式土石坝设计规范》(SL 274—2001)中规定：Ⅰ级坝和高坝，填土的 $\lambda = 0.98 \sim 1.00$；Ⅱ级、Ⅲ级及其以下的中坝，填土的 $\lambda = 0.96 \sim 0.98$。在高速公路的路基工程中，要求 $\lambda > 0.95$，对一些次要工程，λ 值可适当取小些。

3. 触变性

当饱和黏性土结构受扰动时，会导致土的强度降低，但静置一段时间后，土的强度又会逐渐增长，这种黏性土的胶体化学性质称为土的触变性。原因在于停止扰动后，黏性土中土粒、离子和水分子体系随时间而逐渐形成新的平衡状态。

在工程施工中(特别是桩基施工)，应充分利用土的触变性，把握施工进程，既保证施工质量，又使桩的承载力提高。

二、土的评价指标

土的评价指标有土的物理性质指标和土的物理状态指标两种。

(一)土的物理性质指标

土是由固体、液体和气体组成的三相系。三相的性质与数量以及它们之间的相互作用，决定着土的物理力学性质。如土质疏松且湿润则其强度低而压缩性大；反之则强度高而压缩性小。三相在体积或质量上的比例关系称为土的物理性质指标，包括有土的密度、比重、含水率、孔隙比、孔隙率和饱和度等，它们是评价土体工程性质优劣的基本指标。

为便于研究这些指标，通常把实际相互混合的三相分别集中起来，并以图 1-7 的形式表示出来，称为土的三相草图。

土的物理性质指标有的可以实地测量取得，称为实测指标；有的则需进行指标换算取得，称为换算指标。

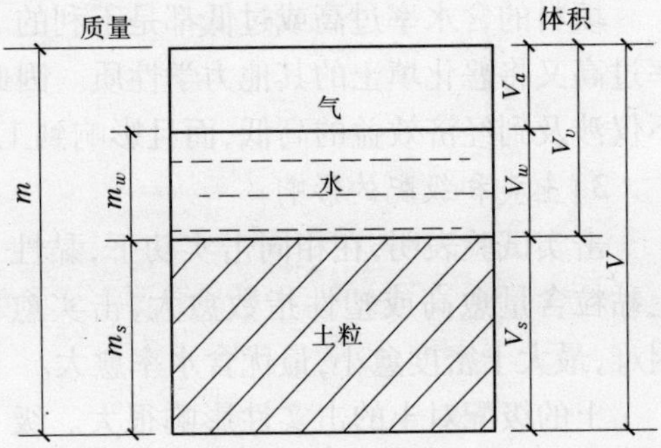

图 1-7　土的三相示意图

1. 实测指标

1)土的密度 ρ

单位体积土的质量称为土的密度(常用单位为 g/cm³ 或 kg/m³)，简称天然密度，以 ρ 表示

$$\rho = \frac{m}{V} = \frac{m_s + m_w}{V} \tag{1-5}$$

单位体积土所受的重力称为土的重力密度，简称土的重度(常用单位为 N/cm³ 或 kN/m³)，以 γ 表示

$$\gamma = \frac{W}{V} = \frac{mg}{V} = \rho g \tag{1-6}$$

式中　g——重力加速度，取 9.8 m/s²。

土的天然密度一般为 $\rho = 1.8 \sim 2.2$ g/cm³，常用环刀法测定(见本章第四节)。

2）土粒比重 G_s

土粒质量与 4 ℃时同体积水的质量之比称为土粒比重，以 G_s 表示

$$G_s = \frac{m_s}{V_s \rho_w} \tag{1-7}$$

式中　ρ_w——4 ℃时水的密度，取 1 g/cm³。

土粒比重常用比重瓶法（见本章第四节）测定。土粒比重的大小，视土粒矿物成分而不同，砂土的比重平均值为 2.65，黏性土的比重介于 2.67 ~ 2.75，平均为 2.70。土中含有机质时，其比重可降到 2.4 以下。各类土的比重变化不大，如无试验资料可按经验数值选用。

3）含水率 ω

土中水的质量与土粒质量之比（常用百分数表示）称为土的含水率，以 ω 表示

$$\omega = \frac{m_w}{m_s} \times 100\% \tag{1-8}$$

含水率反映土的干湿及软硬程度，一般来说，同一种土，当含水率增大时，强度降低。含水率对黏性土、粉土的性质影响较大，对粉砂、细砂稍有影响，对碎石土没有影响。

土的含水率常用烘干法（见本章第四节）测定。不同土的天然含水率可以在很大范围内变动。砂土从 0 到 40%，黏性土从 20% 到 100% 以上。

2. 换算指标

1）孔隙比 e

土中孔隙体积与土粒体积之比（用小数表示）称为土的孔隙比，以 e 表示

$$e = \frac{V_v}{V_s} \tag{1-9}$$

2）孔隙率 n

土中孔隙体积与土的总体积之比（用百分数表示）称为土的孔隙率，以 n 表示

$$n = \frac{V_v}{V} \times 100\% \tag{1-10}$$

孔隙比和孔隙率都是反映土的密实程度的指标。对于同一种土，e 或 n 愈大，表明土愈疏松，反之，土愈密实。

3）饱和度 S_r

土中水的体积与孔隙体积之比（用百分数表示）称为土的饱和度，以 S_r 表示

$$S_r = \frac{V_w}{V_v} \times 100\% \tag{1-11}$$

饱和度反映土中孔隙被水充满的程度。饱和度变化范围为 0 ~ 100%。

工程上根据饱和度的数值，将砂土分为稍湿 $S_r \leqslant 50\%$，很湿 $50\% < S_r \leqslant 80\%$，饱和 $S_r > 80\%$ 三种湿润状态。

4）干密度 ρ_d

单位体积土中土粒的质量称为土的干密度，以 ρ_d 表示

$$\rho_d = \frac{m_s}{V} \tag{1-12}$$

土的干密度一般为 1.3 ~1.8 g/cm³。

工程上常用干密度评价土的密实程度，干密度越大表明土越密实，反之，则越疏松。在堤坝、路基等填方工程中，常用干密度来作为填土设计和施工质量控制的指标。一般填土的设计干密度为 1.5 ~1.7 g/cm³。

5）饱和密度 ρ_{sat}

土中孔隙充满水时，单位土体积的质量称为土的饱和密度，以 ρ_{sat} 表示

$$\rho_{sat} = \frac{m_s + V_v\rho_w}{V} \tag{1-13}$$

土的饱和密度一般为 1.8 ~2.3 g/cm³。

6）有效密度（浮密度）ρ'

地下水位以下，受到水的浮力作用时单位体积土的有效质量称为土的有效密度，用 ρ' 表示

$$\rho' = \frac{m_s - V_s\rho_w}{V} \tag{1-14}$$

$$\rho' = \rho_{sat} - \rho_w$$

土的有效密度一般为 0.8 ~1.3 g/cm³。

由定义可知 $\rho_{sat} > \rho > \rho_d > \rho'$。

相应于上述三种密度指标，也有三种重度指标，它们分别为干重度（干容重）γ_d、浮重度（浮容重）γ' 和饱和重度（饱和容重）γ_{sat}。

3. 指标之间的换算

在上述指标中，土的密度 ρ、土粒的比重 G_s、土的含水率 ω 通过土工试验可直接测得，其他换算指标利用土的三相图和指标的定义式，令 $V=1$ 或 $V_s=1$ 换算求得。其换算公式如表 1-5 所示。

表 1-5　土的三相组成比例指标换算公式

名称	符号	三相比例表达式	常用换算式	常见的数值范围
含水率（%）	ω	$\omega = \frac{m_w}{m_s} \times 100\%$	$\omega = \frac{S_r e}{G_s} = \frac{\rho}{\rho_d} - 1$	20 ~60
土粒比重	G_s	$G_s = \frac{m_s}{V_s}\frac{1}{\rho_w} = \frac{\rho_s}{\rho_w}$	$G_s = \frac{S_r e}{\omega}$	黏性土:2.72 ~2.75 粉土:2.70 ~2.71 砂土:2.65 ~2.69
密度（g/cm³）	ρ	$\rho = \frac{m}{V}$	$\rho = \rho_d(1+\omega)$ $\rho = \frac{G_s(1+\omega)}{1+e}\rho_w$	1.6 ~2.0
干密度（g/cm³）	ρ_d	$\rho_d = \frac{m_s}{V}$	$\rho_d = \frac{\rho}{1+\omega} = \frac{G_s\rho_w}{1+e}$	1.3 ~1.8

续表1-5

名称	符号	三相比例表达式	常用换算式	常见的数值范围
饱和密度 (g/cm³)	ρ_{sat}	$\rho_{sat}=\dfrac{m_s+V_v\rho_w}{V}$	$\rho_{sat}=\dfrac{(G_s+e)\rho_w}{1+e}$	1.8~2.3
有效密度 (g/cm³)	ρ'	$\rho'=\dfrac{m_s-V_s\rho_w}{V}$	$\rho'=\rho_{sat}-\rho_w$ $\rho'=\dfrac{(G_s-1)\rho_w}{1+e}$	0.8~1.3
孔隙比	e	$e=\dfrac{V_v}{V_s}$	$e=\dfrac{G_s\rho_w}{\rho_d}-1$ $e=\dfrac{G_s(1+\omega)\rho_w}{\rho}-1$	黏性土和粉土:0.40~1.20 砂土:0.3~0.9
孔隙率(%)	n	$n=\dfrac{V_v}{V}\times100\%$	$n=\dfrac{e}{1+e}=1-\dfrac{\rho_d}{G_s\rho_w}$	黏性土和粉土:30~60 砂土:25~45
饱和度(%)	S_r	$S_r=\dfrac{V_w}{V_v}\times100\%$	$S_r=\dfrac{\omega G_s}{e}=\dfrac{\omega\rho_d}{n\rho_w}$	0~100

【例1-3】 某原状土样,经试验测得天然密度 $\rho=1.67\ g/cm^3$,含水率 $\omega=12.9\%$,土粒比重 $G_s=2.67$,求孔隙比 e、孔隙率 n 和饱和度 S_r。

解:

1. 方法(一)

1)绘三相草图,求各部分的体积和质量

设土的体积 $V=1\ cm^3$ 利用已知指标定义式求各项的质量与体积。

(1)根据密度定义得

$$m=\rho V=1.67\times1=1.67(g)$$

(2)根据含水率定义得

$$m_w=\omega m_s=0.129m_s$$

从三相图可知

$$m=m_a+m_w+m_s$$

$$m_a=0$$

$$m_w+m_s=m,\text{即 }0.129m_s+m_s=1.67$$

$$m_s=\frac{1.67}{1.129}=1.48(g)$$

$$m_w=1.67-1.48=0.19(g)$$

(3)根据土粒比重定义

$$G_s=\frac{m_s}{V_s\rho_w}$$

$$V_s = \frac{m_s}{G_s\rho_w} = \frac{1.48}{2.67 \times 1} = 0.554(\text{cm}^3)$$

(4)求 V_w $$V_w = \frac{m_w}{\rho_w} = \frac{0.19}{1.0} = 0.190(\text{cm}^3)$$

(5)从三相图可知 $$V = V_a + V_w + V_s = V_v + V_s = 1(\text{cm}^3)$$

$$V_v = V - V_s = 1 - 0.554 = 0.446(\text{cm}^3)$$

2)利用所求指标定义式求指标

(1)根据孔隙比定义得

$$e = \frac{V_v}{V_s} = \frac{0.446}{0.554} = 0.805$$

(2)根据孔隙率定义得

$$n = \frac{V_v}{V} \times 100\% = \frac{0.446}{1} \times 100\% = 44.6\%$$

(3)根据饱和度定义得

$$S_r = \frac{V_w}{V_v} \times 100\% = \frac{0.19}{0.446} \times 100\% = 42.6\%$$

2. 方法(二):利用换算公式求解

(1)孔隙比 $$e = \frac{G_s\rho_w(1+\omega)}{\rho} - 1 = \frac{2.67 \times 1 \times (1 + 0.129)}{1.67} - 1 = 0.805$$

(2)孔隙率 $$n = \frac{e}{1+e} = \frac{0.805}{1+0.805} = 44.6\%$$

(3)饱和度 $$S_r = \frac{\omega G_s}{e} = \frac{0.129 \times 2.67}{0.805} = 42.6\%$$

由上述可以看出,利用换算公式求解,有时比较方便,但不必死记公式,只要掌握每个指标的物理意义,运用三相图就能推导这些公式。

(二)土的物理状态指标

土的物理状态主要是指土的松密、干湿及软硬。其中土体的松密状态和软硬状态对工程性质具有十分重要的影响。对无黏性土主要评价其密实程度,即松密状态;黏性土则主要评价其软硬状态,即稠度。密实、坚硬的土具有较高的强度和较低的压缩性。

1. 无黏性土的密实度

无黏性土主要是砂土和碎石类土。其密实状态对其工程性质影响很大。密实的砂土,结构稳定、强度高、压缩性小,是良好的天然地基;疏松的砂土,特别是饱和松散的粉、细砂,由于结构不稳,容易产生流砂,在振动荷载作用下,可能会发生液化,对工程建筑不利。无黏性土密实度判别方法如下。

1)用孔隙比 e 判别

判断砂土的密实状态最简便方法是利用孔隙比,孔隙比大则疏松,反之则密实。但由于颗粒的形状和级配对孔隙比有较大影响,孔隙比不能考虑级配等因素,例如均匀密砂的孔隙比 e 可能大,而不均匀松砂的孔隙比 e 反而小。所以,工程上为了更好地表明砂土的密实状态,引入了砂土相对密实度 D_r 的概念。

2）用相对密实度 D_r 判别

相对密实度 D_r 是目前国内外都普遍采用的判别砂土密实程度的指标，其计算公式为

$$D_r = \frac{e_{max} - e}{e_{max} - e_{min}} \tag{1-15}$$

式中 D_r——砂土的相对密实度；

e——砂土天然状态时的孔隙比；

e_{max}——砂土最松散状态时的孔隙比；

e_{min}——砂土最密实状态时的孔隙比。

显然，$D_r = 0$ 即 $e = e_{max}$，表示砂土处于最疏松状态；$D_r = 1$ 即 $e = e_{min}$ 时，表示砂土处于最紧密状态。工程上根据 D_r 将砂土的密实度划分为三种：

$1 \geq D_r > 0.67$　　密实

$0.67 \geq D_r > 0.33$　　中密

$0.33 \geq D_r > 0$　　松散

用相对密实度表示砂土密实状态时，可综合地反映土粒级配、土粒形状和结构等因素。但由于天然状态的 e 值不易确定，而且按《土工试验规程》（SL 231—1999）方法室内测定 e_{max} 和 e_{min} 时人为误差也较大，所以在工程实际中，更多地采用标准贯入试验来判别砂土的密实度。

3）用标准贯入试验的锤击数 N 来判别

标准贯入试验是在现场的一种原位测试方法。即用卷扬机将质量为 63.5 kg 的钢锤，提升 760 mm 高度，使其自由下落，打击贯入器每贯入土中 30 cm 深所需的锤击数 N。根据 N 值的大小，砂土的密实度可划分为松散、稍密、中密、密实四种，划分标准见表 1-6。

表 1-6　砂土密实度分类

密实度	松散	稍密	中密	密实
标准贯入锤击数 N	$N \leq 10$	$10 < N \leq 15$	$15 < N \leq 30$	$N > 30$

碎石土可以根据野外鉴别方法划分为稍密、中密、密实三种状态。其划分标准见相关规范。

2. 黏性土的稠度

1）黏性土的稠度状态

黏性土由于含水率的变化分别呈现出固态、半固态、可塑状态和流动状态（见图1-8），黏性土的软硬状态不同，其工程性质也不同，反映黏性土的软硬程度或土对外力引起变形、破坏的抵抗能力称为土的稠度，是黏性土最主要的物理状态特征。

2）界限含水率

黏性土从一种状态转变为另一种状态的分界含水率称为界限含水率或稠度界限。

（1）缩限 ω_S。固态和半固态之间的分界含水率。

（2）塑限 ω_P。半固态与可塑状态之间的分界含水率。

（3）液限 ω_L。可塑状态和流动状态之间的分界含水率。

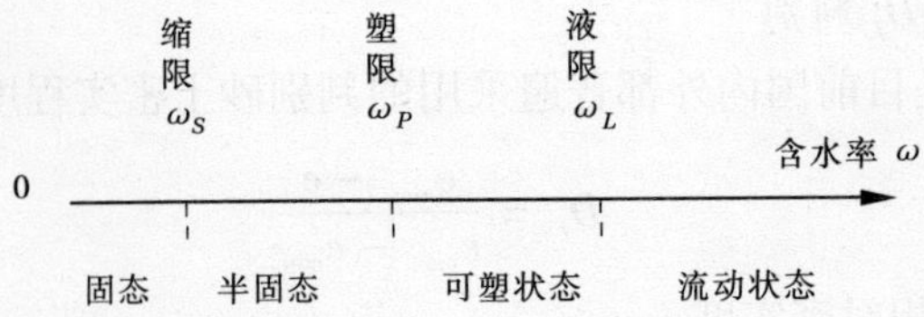

图 1-8　黏性土的物理状态与含水率的关系

三种界限含水率可以通过试验测定(见本章第四节)。

3)塑性指数 I_P

液限与塑限的差值,去掉百分数符号,称为塑性指数,用 I_P 表示。

$$I_P = \omega_L - \omega_P \tag{1-16}$$

塑性指数表示处在可塑状态时土的含水率变化范围。其值愈大,土的塑性也愈高,黏粒含量愈多。

塑性指数 I_P 可作为黏性土工程分类的重要依据。

4)液性指数 I_L

黏性土的液性指数为天然含水率与塑限的差值和液限与塑限差值之比,用 I_L 表示。

$$I_L = \frac{\omega - \omega_P}{\omega_L - \omega_P} = \frac{\omega - \omega_P}{I_P} \tag{1-17}$$

液性指数表征土的天然含水率与界限含水率间的相对关系。当 $I_L \leqslant 0$ 时,$\omega \leqslant \omega_P$,土处于坚硬状态;当 $I_L > 1$ 时,$\omega > \omega_L$,土处于流动状态。根据液性指数 I_L 值的大小,可将黏性土分为 5 种软硬不同的状态,划分标准见表 1-7。

表 1-7　黏性土的状态

状态	坚硬	硬塑	可塑	软塑	流塑
液性指数 I_L	$I_L \leqslant 0$	$0 < I_L \leqslant 0.25$	$0.25 < I_L \leqslant 0.75$	$0.75 < I_L \leqslant 1$	$I_L > 1$

第二节　几种特殊性质的土

我国幅员辽阔,地质条件复杂,分布土类繁多,工程性质各异。有些土类,由于地理环境、气候条件、地质成因、物质成分及次生变化等原因而各具有与一般土类显著不同的特殊工程性质,人们把在特定地理环境或人为条件下形成的具有特殊性质的土称为特殊土。它包括软土、人工填土、湿陷性黄土、红黏土、膨胀土、多年冻土等。当其作为建筑场地、地基及建筑环境时,如果不注意这些特点,并采取相应的治理措施,就会造成工程事故。

在我国,具有一定分布区域和特殊工程意义的特殊土包括:

(1)沿海及内陆地区各种成因的软土。

(2)主要分布于西北、华北等干旱、半干旱气候区的黄土。

(3)西南亚热带湿热气候区的红黏土。

(4)主要分布于南方和中南地区的膨胀土。

(5)高纬度、高海拔地区的多年冻土。

(6)其他特殊土。盐渍土、人工填土和污染土等。

本节将对软弱土、湿陷性黄土、红黏土、膨胀土的物理力学特征予以简要介绍,多年冻土在第九章中介绍。

一、软弱土

软弱土指淤泥、淤泥质土和部分冲填土、杂填土及其他高压缩性土。淤泥、淤泥质土在工程上统称为软土,是第四纪后期于沿海地区的滨海相、泻湖相、三角洲相和溺谷相,内陆平原或山区的湖相和冲积洪积沼泽相等静水或非常缓慢的流水环境中沉积,并经生物化学作用形成的饱和软黏性土。

软土富含有机质,天然含水率大于液限,天然孔隙比大于或等于1。当$e \geqslant 1.5$时,称为淤泥;当$1.5 > e \geqslant 1.0$时,称为淤泥质土。当土中有机质含量在5%~10%,称为有机质土;当有机质含量在10%~60%时称为泥炭质土;当有机质含量为60%时,称为泥炭。泥炭是未充分分解的植物遗体堆积而成的一种高有机土,呈深褐-黑色。其含水率极高,压缩性很大且不均匀,往往以夹层或透镜体构造存在于一般黏性土或淤泥质土层中,对工程极为不利。

(一)软弱土的组成成分和结构特征

软弱土的组成成分和结构特征是由其生成环境决定的。

1. 组成成分

由于软弱土形成于水流不通畅、饱和缺氧的静水盆地,这类土主要由黏粒和粉粒等细小颗粒组成。淤泥的黏粒含量较高,一般达30%~60%。黏粒的黏土矿物成分以水云母和蒙脱石为主,含大量的有机质。有机质含量一般达5%~15%,最大达17%~25%。

2. 结构特征

黏土矿物和有机质颗粒表面带有大量负电荷,与水分子作用非常强烈,因而在其颗粒外围形成很厚的结合水膜,且在沉积过程中由于粒间静电引力和分子引力作用,形成絮状结构和蜂窝状结构。

软弱土含大量的结合水,并由于存在一定强度的粒间联结而具有显著的结构性。

(二)软弱土的物理力学特性

1. 天然含水量高、孔隙比大

软土的颜色多呈灰色或黑灰色,油滑光润且有腐烂植物的气味,多呈软塑或半流塑状态。其天然含水量一般都大于30%。山区软土有时可达70%。软土的饱和度大于90%。液限为35%~60%,液性指数大多大于1.0。软土的重度为15~19 kN/m^3。孔隙比都大于1,由此软土地基具有变形大、强度低的特点。

2. 透水性低

软弱土的透水性很低。垂直方向的渗透系数小,其值为10^{-7}~10^{-9} cm/s,水平向渗透系数为10^{-4}~10^{-5} cm/s,因此软土的固结需要相当长的时间。

3. 高压缩性

软弱土孔隙比大,具有高压缩性的特点。土层在自重和外荷载作用下,长期得不到固结。软土的压缩系数 a_{1-2} 一般为 0.5 ~ 2.0 MPa^{-1}，最大可达 4.5 MPa^{-1}。

4. 抗剪强度低

软弱土的抗剪强度很低，在不排水剪切时，软土的内摩擦角接近于零，抗剪强度主要由黏聚力决定。

5. 触变性

软弱土是结构性沉积物，具有触变性。一旦扰动，土的结构强度便被破坏。

6. 流动性

软弱土具有流动性，其中包括蠕变特性、流动特性、应力松弛特性和长期强度特性。蠕变特性是指在荷载不变的情况下变形随时间发展的特性；流动特性是土的变形速率随应力变化的特性；应力松弛特性是在恒定的变形条件下应力随时间减小的特性；长期强度特性是指土体在长期荷载作用下土的强度随时间变化的特性。考虑到软土的流变特性，用一般剪切试验方法求得的软土的抗剪强度值，不宜全部用足。

二、湿陷性黄土

（一）湿陷性黄土的特征

遍及在我国西北等地区的黄土是第四纪干旱和半干旱气候条件下形成的一种特殊沉积物。一般颜色多呈黄色、淡灰黄色或褐黄色，粉土粒含量占土重 60% ~ 70%，黏粒含量较少，一般仅占 10% ~ 20%，含有大量的碳酸盐、硫酸盐及氯化物等可溶盐类，孔隙比大，一般在 1.0 左右，含水量小，一般仅 8% ~ 20%，具有肉眼可见的大孔隙，垂直节理发育，常呈现直立的天然边坡。在天然含水量时，黄土呈坚硬或硬塑状态，具有较高的强度和低的或中等偏低的压缩性。但遇水浸湿后，有的即使在其自重作用下也会发生剧烈而大量的沉陷（称为湿陷性），强度也随之迅速降低，凡天然黄土在上覆土的自重压力作用下，或在上覆土的自重压力与附加压力共同作用下，受水浸湿后土的结构迅速破坏而发生显著附加下沉的，称为湿陷性黄土。否则，称为非湿陷性黄土。而非湿陷性黄土的工程性质接近一般黏性土。

湿陷性黄土约占我国黄土总面积的 3/4，不同地区、不同时代的黄土是不同的，这与土的成因、成岩作用、所处环境等条件有关。由于各地的地理、地质和气候条件的差别，湿陷性黄土的组成成分、分布地带、沉积厚度、湿陷特征和物理力学性质也因地而异，其湿陷性由西北向东南逐渐减弱，厚度变薄。详见《湿陷性黄土地区建筑规范》（GB 50025—2004）附录二：中国湿陷性黄土工程地质分区图及其附表。

（二）黄土湿陷性形成的原因

黄土在干燥时具有较高的强度，而遇水后表现出明显的湿陷性，这是由黄土本身特殊的成分和结构所决定的。

1. 成分特征

（1）矿物成分。黄土的矿物成分主要是石英（含量常超过 50%）、长石（含量常超过 25%）、碳酸盐（含量常为 10% ~ 15%）、黏土矿物（含量一般只 10%）。此外，还有少量的（百分之几）云母和重矿物，至于易溶盐、中溶盐和有机物的含量都少，一般都不超过 2%。

（2）粒度成分。黄土基本上是由小于 0.25 mm 的颗粒组成的，尤以 0.1 ~ 0.01 mm 的颗粒占主要地位。粉粒(0.05 ~ 0.005 mm)含量常超过50%以上,甚至达60% ~70%,且其中主要是0.05 ~ 0.01 mm的粗粉粒;砂粒(>0.05 mm)含量较少,一般很少超过20%,甚至只有百分之几,且其中主要的是0.1 ~ 0.05 mm的微砂;黏粒(<0.005 mm)含量变化较大,可以从5%到35%,最常见为15% ~25%。

2.结构特征

从结构排列和联结情况看(见图1-9),黄土主要是由石英和长石粗粉粒构成基本骨架,其间零星散布着极细砂粒,而以石英和碳酸钙等的细粉粒作为填充料,聚集在较粗颗粒之间,以高岭石和水云母为主(还有少量的腐殖质和其他胶体)的黏粒和所吸附的结合水以及部分水溶盐作为胶结材料,依附在上述各种颗粒的周围,将较粗颗粒胶结起来,形成大孔和多孔的结构形式。

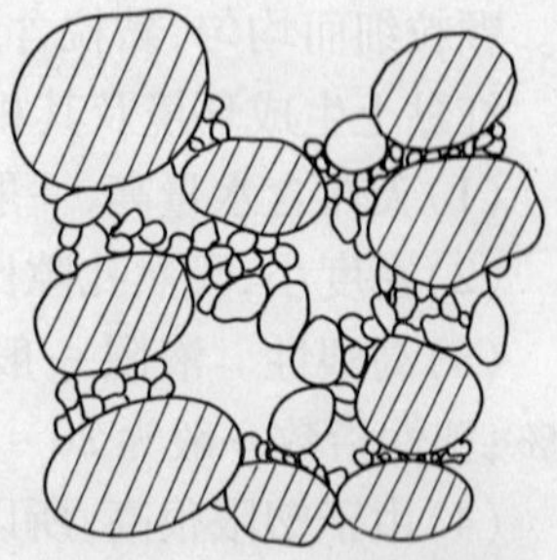

图1-9 土粒结构图

黄土在天然状态下,具有密实度低、含水少、透水性强和强度高的特点。

由此可见,黄土的成分和结构上的特点是:以石英和长石组成的粉粒为主,矿物亲水性较弱,粒度细而均一,联结虽较强但不抗水,结构疏松多孔,压缩性大。所以,黄土具有明显的遇水联结减弱,结构趋于紧密的倾向,具有湿陷性。

(三)黄土湿陷性的判别

判别黄土是否具有湿陷性,可根据室内压缩试验,在一定压力下测定的湿陷系数δ_s来判定。

湿陷系数是指天然土样单位厚度的湿陷量,应按下式计算

$$\delta_s = \frac{h_p - h_{p'}}{h_0} \tag{1-18}$$

式中 δ_s——湿陷系数;

h_p——保持天然湿度和结构的土样,加压至一定压力时,下沉稳定后的厚度,cm;

$h_{p'}$——上述加压稳定后的土样,在浸水作用下,下沉稳定后的厚度,cm;

h_0——土样的原始厚度,cm。

当$\delta_s < 0.015$时,定为非湿陷性黄土;当$\delta_s \geqslant 0.015$时,定为湿陷性黄土。《湿陷性黄土地区建筑规范》(GB 50025—2004)采用0.015作为划分湿陷性黄土与非湿陷性黄土的界限值,是根据大量室内试验、野外测试和建筑物实际调查综合考虑确定的。

根据湿陷系数大小,可以大致判断湿陷性黄土湿陷性的强弱,一般认为$0.015 \leqslant \delta_s \leqslant 0.03$为弱湿陷性的,$0.03 \leqslant \delta_s \leqslant 0.07$为中等湿陷性的,$\delta_s > 0.07$为强湿陷性的。

三、红黏土

(一)红黏土的分布

红黏土是指在亚热带湿热气候条件下,碳酸盐类岩石,经风化作用而形成的高塑性黏土,一般呈褐红、棕红等颜色,液限大于50%。红黏土广泛分布于我国的云贵高原、四川、

广西、粤北及鄂西、湘西等地区的低山、丘陵地带顶部和山间盆地、洼地、缓坡及坡脚地段。黔、桂、滇等地古溶蚀地面上堆积有红黏土层。

(二)红黏土的一般物理力学特征

红黏土的矿物成分以石英、高岭石为主,含氧化铁、氧化铝等较多,不含或极少含有机质。颗粒细而均匀,黏粒含量一般为60% ~70%,最大达80%。

红黏土生成环境及其相应的组成物质和坚固的粒间联结特性决定其物理力学特征。

(1)天然含水量高,一般为40% ~60%,高达90%。

(2)密度小,天然孔隙比一般为1.4 ~1.7,最高2.0,具有大孔性。

(3)高塑性。液限一般为60% ~80%,高达110%;塑限一般为40% ~60%,高达90%;塑性指数一般为20 ~50。

(4)由于塑限很高,所以尽管天然含水量高,一般仍处于坚硬或硬可塑状态,液性指数一般小于0.25。但是,其饱和度一般在90%以上,因此甚至坚硬黏土也处于饱水状态。

(5)一般呈现较高的强度和较低的压缩性,固结快剪内摩擦角为8° ~19°,黏聚力40 ~90 kPa。压缩系数 $a_{0.2-0.3}=0.1\sim0.4\ \mathrm{MPa}^{-1}$,变形模量10 ~30 MPa,最高可达50 MPa,荷载试验比例界限200 ~300 kPa。

(6)不具有湿陷性,其湿陷系数0.000 4 ~0.000 8≪0.015。原状土浸水后膨胀量很小(<2%),但失水后收缩剧烈,原状土体积收缩率25%,而扰动土可达40% ~50%。

红黏土虽然天然含水量高,孔隙比很大,但却具有较高的力学强度和较低的压缩性,渗透系数常小于 10^{-5} cm/s,是较好的地基土。

从各地区已有资料可知,红黏土本身的物理力学性质指标又有相当大的变化范围,因此,仅仅掌握红黏土的一般特点是不够的,还必须弄清决定其物理力学性质的因素,掌握其物理力学指标的变化规律才能作出正确的工程地质评价。

(三)红黏土的物理力学性质变化的规律性

(1)红黏土在沿深度方向,随着深度的加大,其天然含水量、孔隙比和压缩性都有较大的增高,状态由坚硬、硬塑可变为可塑、软塑以至流塑状态,强度也因而大幅度降低。

(2)在地形或基岩面起伏较大的地段,红黏土的物理力学性质在水平方向也是很不均匀的。在地势较高的部位,由于排水条件好,其天然含水量、孔隙比和压缩性均较低,强度较高,而地势较低处则相反,由于经常积水,即使上部土层,其强度也大为降低。在古岩溶面或风化面上堆积的红黏土,由于其下伏基岩顶面起伏很大,造成红黏土厚度急剧变化。同时处于溶沟、溶槽洼部的红黏土因易于积水,一般呈软塑至流塑状态。

(3)红黏土具有较小的吸水膨胀性,但具有强烈的失水收缩性,往往裂隙很发育。坚硬、硬塑、可塑状态的红黏土,在近地表部位或边坡地带,往往裂隙发育,使土体强度显著降低。

四、膨胀土

(一)膨胀土的分布

膨胀土是指含有大量的强亲水性黏土矿物成分,具有显著的吸水膨胀和失水收缩,且胀缩变形往复可逆的高塑性黏土。我国是世界上膨胀土分布广、面积大的国家之一,据现有资料在广西、云南、湖北、河南、安徽、四川、河北、山东、陕西、浙江、江苏、贵州和广东等地均有不同范围的分布。膨胀土一般强度较高，压缩性低，易被误认为工程性能较好的土，但由于具有膨胀和收缩特性，在膨胀土地区进行工程建筑，如果不采取必要的设计和施工措施，会导致大批建筑物的开裂和损坏，并往往造成坡地建筑场地崩塌、滑坡、地裂等严重的不稳定因素。

（二）膨胀土的土质特点

（1）颜色呈黄、黄褐、灰白、花斑（杂色）和棕红等色。

（2）多为高分散的黏土颗粒组成，常有铁锰质及钙质结核等零星包含物，结构致密细腻。一般呈坚硬－硬塑状态，但雨天浸水剧烈变软。

（3）近地表部位常有不规则的网状裂隙。裂隙面光滑，呈蜡状光泽或油脂光泽，时有擦痕或水迹，并有灰白色黏土（主要为蒙脱石或伊利石矿物）充填，在地表部位常因失水而张开，雨季又会因浸水而重新闭合。

（三）膨胀土的物理、力学及胀缩性指标

（1）黏粒含量多达35%～85%。其中粒径 <0.002 mm 的胶粒含量一般也在30%～40%。液限一般为40%～50%。塑性指数多为22～35。

（2）天然含水量接近或略小于塑限，常年不同季节变化幅度为3%～6%，故一般呈坚硬状态或硬塑状态。

（3）天然孔隙比小，变化范围常为0.50～0.80。云南的天然孔隙比较大，为0.7～1.2。同时，其天然孔隙比随土体湿度的增减而变化，即土体增湿膨胀，孔隙比变大；土体失水收缩，孔隙比变小。

（4）自由膨胀量一般超过40%，也有超过100%的。

（5）膨胀土在天然条件下一般处于硬塑状态或坚硬状态，强度较高，压缩性较低。

但这种土层往往由于干缩，裂隙发育，呈现不规则网状与条带状结构，破坏了土体的整体性，降低承载力，并可能使土体丧失稳定性。

同时，当膨胀土的含水量剧烈增大（例如：由于地表浸水或地下水位上升）或土的原状结构被扰动时，土体强度会骤然降低，压缩性增高。

（四）膨胀土的判别

膨胀土的判别是解决膨胀土问题的前提，因为只有确认了膨胀土及其胀缩性等级才可能有针对性地研究、确定需要采取的防治措施。

膨胀土的判别方法，应采用现场调查与室内物理性质和胀缩特性试验指标鉴定相结合的原则。即首先必须根据土体及其埋藏、分布条件的工程地质特征和建于同一地貌单元的已有建筑物的变形、开裂情况作初步判断，然后再根据试验指标进一步验证，综合判别。

（五）影响膨胀土胀缩变形的主要因素

膨胀土胀缩变形由土的内在因素所决定，同时受到外在因素的制约。影响膨胀土胀缩变形的主要内在因素：①矿物成分；②黏粒的含量；③土的初始密度和含水量；④土的结构强度。影响膨胀土胀缩变形的主要外在因素：①气候条件；②地形地貌条件等。

第三节　关于土的工程应用

一、土的作用

土的作用首先表现在形成工程地基，任何建造在地球上的建筑物都要以一定的方式和地球联结，其联结部分属于地球的部分就称为地基，属于建筑物的部分称为基础。地基对建筑物起着支撑和稳固的作用；其次，土还可以用来制作砖、瓦等，现代建筑中的混凝土工程更是离不开砂、碎石等用来作为建筑材料；对于一些洞室工程更是直接用周围土体作为建筑介质。从以上三点可以看出土在工程中的作用十分广泛而且重要。

二、土的工程分类及分级

（一）土的工程分类

土的工程分类就是把工程性质相近的土划分一类，以便于对土的工程性质进行研究、评价，使工程人员对各类土有共同的认识，以利技术交流。

自然界的土类众多，工程性质各异。不同部门由于工程用途不同，分类方法也各有差异。现将水利部《土工试验规程》（SL 237—1999）（简称《99 规程》）、建设部《建筑地基基础设计规范》（GB 50007—2002）分类方法分别作以简要介绍。

1. 水利部《土工试验规程》（SL 237—1999）分类法

《土工试验规程》（SL 237—1999）的土的总分类体系如图 1-10 所示，具体分类步骤如下。

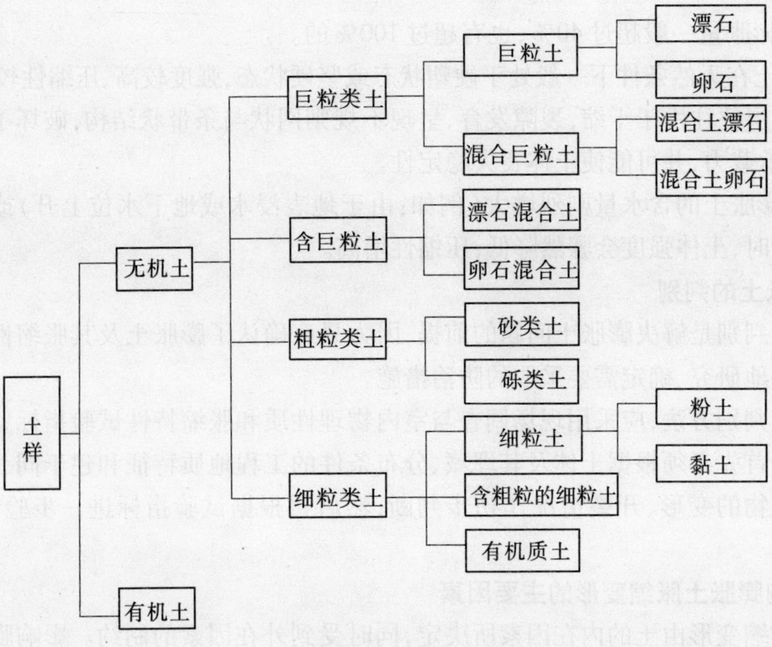

图 1-10　土的总分类体系

1)鉴别有机土和无机土

根据土中未完全分解的动植物残骸和无定形物质,判断是有机土还是无机土。有机土呈黑色、青黑色或暗色,有臭味,手触有弹性和海绵感;不含或基本不含有机质时,为无机土。

2)鉴别巨粒类土、含巨粒土、粗粒类土和细粒类土

对无机土,当土样中巨粒组($d>60$ mm)质量大于总质量的50%时,该土称为巨粒类土;当土样中巨粒组质量为总质量的15%~50%时,该土称为含巨粒土;当土样中巨粒组质量小于总质量的15%时,可扣除巨粒,按粗粒土或细粒土的相应规定分类定名。

当粗粒组(60 mm$\geqslant d>$0.075 mm)质量大于总质量的50%时,该土称为粗粒类土;当细粒组($d\leqslant$0.075 mm)质量大于或等于总质量的50%时,该土则为细粒类土。

3)对巨粒类土、含巨粒土、粗粒类土或细粒类土的进一步分类

(1)巨粒类土和含巨粒土的分类和定名见表1-8。

表1-8　巨粒类土和含巨粒土的分类

土　类	粒组含量		土代号	土名称
巨粒土	巨粒含量100%~75%	漂石粒含量>50%	B	漂石
		漂石粒含量≤50%	Cb	卵石
混合巨粒土	巨粒含量小于75%,大于50%	漂石粒含量>50%	BSl	混合土漂石
		漂石粒含量≤50%	CbSl	混合土卵石
含巨粒土	巨粒含量50%~15%	漂石粒含量>卵石含量	SlB	漂石混合土
		漂石粒含量≤卵石含量	SlCb	卵石混合土

(2)粗粒类土的分类和定名见表1-9、表1-10。粗粒类土包括砾类土和砂类土,当砾粒组(2 mm$<d\leqslant$60 mm)质量大于总质量的50%时,称为砾类土,砾粒组质量小于或等于总质量的50%时,称为砂类土。

表1-9　砾类土的分类(2 mm$<d\leqslant$60 mm砾粒组含量>50%)

土类	粒组含量		土代号	土名称
砾	细粒含量小于5%	级配:$C_u\geqslant5$,$C_c=1\sim3$	GW	级配良好的砾
		级配:不同时满足上述要求	GP	级配不良的砾
含细粒土砾	细粒含量5%~15%		GF	含细粒土砾
细粒土质砾	15%<细粒含量≤50%	细粒为黏土	GC	黏土质砾
		细粒为粉土	GM	粉土质砾

注:表中细粒土质砾石类,应按细粒土在塑性图中的位置定名。

表 1-10　砂类土的分类(砾粒组含量≤50%)

土类	粒组含量		土代号	土名称
砂	细粒含量小于 5%	级配:$C_u \geq 5, C_c = 1 \sim 3$ 。	SW	级配良好的砂
		级配:不同时满足上述要求	SP	级配不良的砂
含细粒土砂	细粒含量 5% ~15%		SF	含细粒土砂
细粒土质砂	15% <细粒含量≤50%	细粒为黏土	SC	黏土质砂
		细粒为粉土	SM	粉土质砂

注:表中细粒土质砂石类,应按细粒土在塑性图中的位置定名。

(3)细粒类土的分类。细粒类土又分为细粒土(粒径 $d > 0.075$ mm 的粗粒组质量小于总质量的 25% 的土)、含粗粒的细粒土(粗粒组的含量为 25% ~50%)和有机质土(有机质含量 >5% 的土)。

a. 细粒土的分类。细粒土应根据塑性图(见图 1-11)和表 1-11 进行分类和命名。

首先根据细粒土的 ω_L 和 I_P 从塑性图(见图 1-11)中确定土的类别,然后按表 1-11 进行命名。

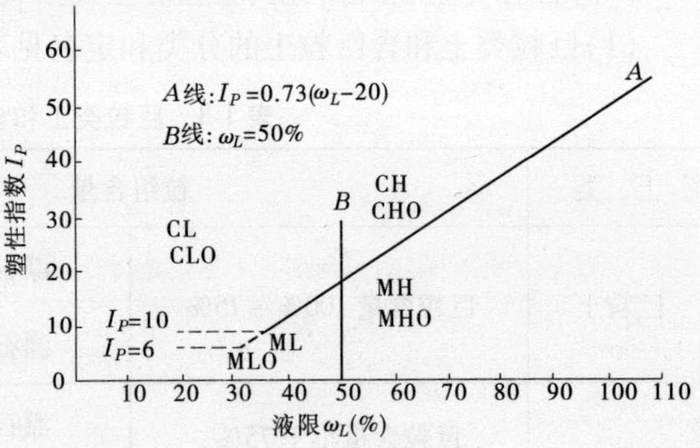

图 1-11　塑性图

表 1-11　细粒土的分类

土的塑性指标在图中的位置		土代号	土名称
塑性指数 I_P	液限 ω_L(%)		
$I_P \geq 0.73(\omega_L - 20)$	$\omega_L \geq 50$	CH	高液限黏土
和 $I_P \geq 10$	$\omega_L < 50$	CL	低液限黏土
$I_P < 0.73(\omega_L - 20)$	$\omega_L \geq 50$	MH	高液限粉土
和 $I_P < 10$	$\omega_L < 50$	ML	低液限粉土

b. 含粗粒的细粒土的分类。含粗粒的细粒土应先按表 1-11 的规定确定细粒土名称,再按下列规定最终定名:粗粒中砾粒占优势,称为含砾细粒土,土代号后缀以代号 G,如 CHG 为含砾高液限黏土,CLG 为含砾低液限黏土。

粗粒中砂粒占优势,称为含砂细粒土,土代号后缀以代号 S,如 CHS 为含砂高液限黏土,CLS 为含砂低液限黏土。

c. 有机质土的分类。有机质土是按表 1-11 规定定出细粒土名称,再在各相应土类代号之后缀以代号 O,如 CHO 为有机质高液限黏土;MLO 为有机质低液限粉土。

2. 建设部《建筑地基基础设计规范》(GB 50007—2002)分类法

《建筑地基基础设计规范》(GB 50007—2002)根据土粒大小、粒组的土粒含量或土的塑性指数把地基土(岩)分为岩石、碎石土、砂土、粉土、黏性土和人工填土六大类。

1)岩石的分类

颗粒间牢固黏结,呈整体或具有节理裂隙的岩体称为岩石,坚硬程度可根据岩块的饱和单轴抗压强度 f_{rk} 分类(见表 1-12)。

表 1-12 岩石坚硬程度的划分

坚硬程度类别	坚硬岩	较硬岩	较软岩	软岩	极软岩
饱和单轴抗压强度 f_{rk} (MPa)	$f_{rk}>60$	$30<f_{rk}\leqslant 60$	$15<f_{rk}\leqslant 30$	$5<f_{rk}\leqslant 15$	$f_{rk}\leqslant 5$

2)碎石土的分类

粒径大于 2 mm 的颗粒质量超过总质量的 50% 的土称为碎石土,并按表 1-13 进一步分类。

表 1-13 《建筑地基基础设计规范》(GB 50007—2002)中碎石土的分类

土的名称	颗粒形状	颗粒级配
漂石	圆形及亚圆形为主	粒径大于 200 mm 的颗粒含量超过全重 50%
块石	棱角形为主	
卵石	圆形及亚圆形为主	粒径大于 20 mm 的颗粒含量超过全重 50%
碎石	棱角形为主	
圆砾	圆形及亚圆形为主	粒径大于 2 mm 的颗粒含量超过全重 50%
角砾	棱角形为主	

注:定名时应根据颗粒级配由大到小以最先符合者确定。

3)砂土的分类

粒径大于 2 mm 的颗粒质量不超过总质量的 50%,粒径大于 0.075 mm 的颗粒质量超过总质量 50% 的土称为砂土,并按表 1-14 进一步分类。

表 1-14 《建筑地基基础设计规范》(GB 50007—2002)中砂土的分类

土的名称	颗粒级配
砾砂	粒径大于 2 mm 的颗粒含量占全重 25% ~50%
粗砂	粒径大于 0.5 mm 的颗粒含量超过全重 50%
中砂	粒径大于 0.25 mm 的颗粒含量超过全重 50%
细砂	粒径大于 0.075 mm 的颗粒含量超过全重 85%
粉砂	粒径大于 0.075 mm 的颗粒含量超过全重 50%

注:定名时应根据颗粒级配由大到小以最先符合者确定。

4）粉土的分类

粒径大于0.075 mm的颗粒含量超过全重50%，塑性指数$I_P \leqslant 10$的土称为粉土。

5）黏性土的分类

粒径大于0.075 mm的颗粒含量不超过全重50%，塑性指数$I_P > 10$的土称为黏性土，黏性土根据塑性指数细分为黏土、粉质黏土。黏性土的分类见表1-15。

表1-15　黏性土的分类

土的名称	塑性指数I_P
黏土	$I_P > 17$
粉质黏土	$10 < I_P \leqslant 17$

注：塑性指数由相应于76 g圆锥体沉入土样中深度为10 mm测定的液限计算而得。

6）人工填土

由于人类活动而形成的堆积物，称为人工填土。

（1）素填土。由碎石、砂土、粉土或黏性土所组成的填土。

（2）杂填土。含有建筑物垃圾、工业废料及生活垃圾等杂物的填土。

（3）冲填土。由水力冲填泥沙形成的填土。

【例1-4】　已知从某土样的颗粒级配曲线上查得：大于0.075 mm的颗粒含量为64%，大于2 mm的颗粒含量为8.5%，大于0.25 mm的颗粒含量为38.5%，并测得该土样细粒部分的液限$\omega_L = 38\%$，塑限$\omega_P = 19\%$，试按《土工试验规程》（SL 237—1999）和《建筑地基基础设计规范》（GB 50007—2002）对土分类定名。

解：按《土工试验规程》（SL 237—1999）对土定名：

（1）因该土样粗粒含量为64% >50%，所以该土为粗粒类土。

（2）因该土样砾粒组含量为8.4% <50%，所以该土属砂类土。

（3）因该土样细粒含量为100% −64% =36%，查表1-10，在15% ~50%，所以该土为含细粒土砂，应根据塑性图进一步细分。

（4）因该土的塑性指数$I_P = 38 - 19 = 19$，$\omega_L = 38\%$，查塑性图（见图1-11），坐标交点落在CL区，故该土的最后定名为黏土质砂，即SC。

按《建筑地基基础设计规范》（GB 50007—2002）对土定名：

（1）大于0.075 mm的颗粒含量为64%，大于2 mm的颗粒含量为8.5% <50%，该土属砂土。

（2）因大于0.25 mm的颗粒含量为38.5% <50%，大于0.075 mm的颗粒含量为64%，查表1-14，该土属粉砂。

（二）土的分级

土从开挖方法及难度上可分为四级。

用铁锹或略加脚踩开挖的为一级，包括砂土、种植土，自然湿密度为1.65 ~1.75 g/cm^3，外观疏松、黏着力差、易进水；用铁锹，且需用脚踩开挖的为二级，包括壤土、淤泥、含根种植土，自然湿密度为1.75 ~1.85 g/cm^3，开挖时成块，易打碎；用镐、三齿耙开挖或用锹需用力加脚踩开挖的为三级，包括黏土、干燥黄土、干淤泥、含少量砾石的黏土，自然湿密度为 1.80 ~ 1.95 g/cm³,外观黏手、看不见砂粒或干硬;用镐、三齿耙等开挖的为四级,包括坚硬黏土、砾质黏土、含卵石黏土,自然湿密度为 1.9 ~ 2.1 g/cm³,外观结构坚硬、分裂后成块状,或含黏粒、砾石较多。

第四节　土的性质指标检测试验

一、土样制备

(一)试验目的

土样和试样的制备程序是试验工作的第一个质量要素,为保证试验结果的可靠性和试验数据的可比性,必须统一土样和试样的制备方法及程序。制备步骤直接影响试验成果。

(二)试验方法和适用范围

试样的制备分为原状土试样制备和扰动土试样制备。扰动土样在试验前必须经过制备程序,包括土的风干、碾碎、过筛、均土、分样、储存以及制备试样等过程;对封闭原状土样除小心搬运和妥善存放外,在试验前不应开启,尽量使土样少受扰动;土样制备程序应视不同的试验而异,故土样制备前应拟订土工试验计划。

(三)仪器设备

(1)细筛:孔径 5 mm、2 mm、0.5 mm。

(2)洗筛:孔径 0.075 mm。

(3)台秤:称量 10 ~ 40 kg,最小分度值 5 g。

(4)天平:称量 1 000 g,最小分度值 0.1 g;称量 200 g,最小分度值 0.01 g。

(5)碎土器:磨土机。

(6)击样器:如图 1-12 所示。

(7)压样器:如图 1-13 所示。

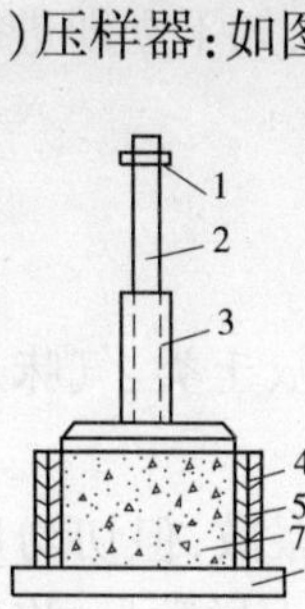

1—定位环;2—导杆;3—击锤;4—击样筒;5—环刀;6—底座;7—试样

图 1-12　击样器

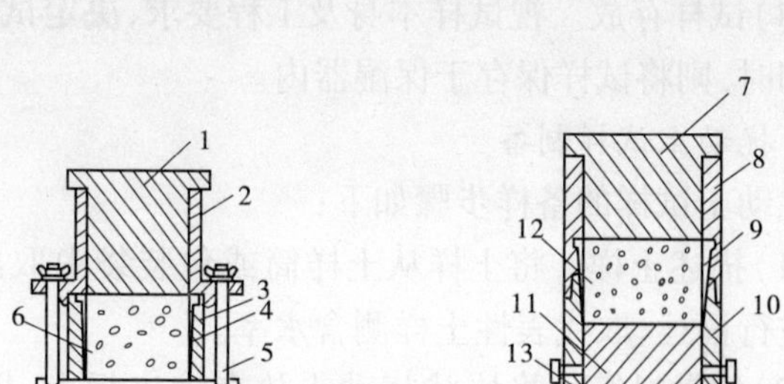

1—活塞;2—导筒;3—护环;4—环刀;5—拉杆;6—试样;7—上活塞;8—上导筒;9—环刀;10—下导筒;11—下活塞;12—试样;13—销钉

图 1-13　压样器

(8)饱和器:如图 1-14 所示。

(9)抽气设备:应附真空表和真空缸。

(10)其他:烘箱、干燥器、保湿器、研钵、木碾、橡皮板、切土刀、钢丝锯、凡士林、喷水设备等。

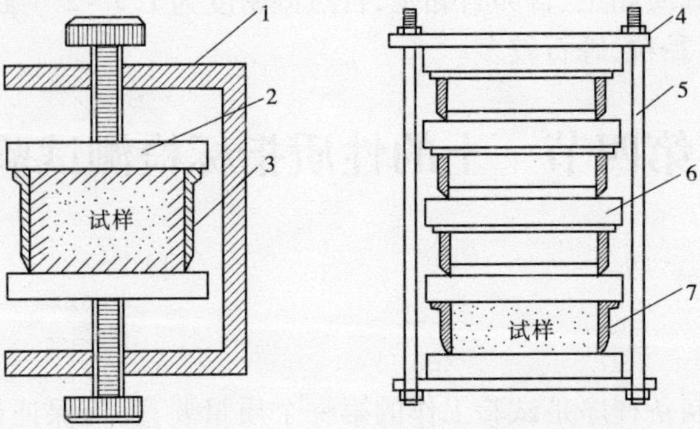

1—框架;2,6—透水板;3,7—环刀;4—夹板;5—拉杆

图1-14 饱和器

(四)制备程序

1. 原状土试样制备

(1)开启试样。将土样筒按标明的上下方向放置,剥去蜡封和胶带,小心开启土样筒取出土样。观察原状土的颜色、气味、结构、夹杂物和均匀性等其他情况,并作原状土开土记录。当确定土样已受扰动或取土质量不符合要求时,不应制备力学性质试验的试样。

(2)切取试样。环刀切取试样时,应在环刀内壁涂一薄层凡士林,刃口向下放在土样上,将环刀垂直下压,并用切土刀沿环刀外侧切削土样,边压边削至土样高出环刀。切削过程中应细心观察土样的情况,并描述它的层次、气味,有无杂质、裂缝等。

(3)剩余土样。环刀切削的余土可做土的物理性试验,切取试样后剩余的原状土样,应用蜡纸封好,置于保湿器内,以备补做试验之用。

(4)试样存放。视试样本身及工程要求,决定试样是否进行饱和,如不立即进行试验或饱和时,则将试样保存于保湿器内。

2. 扰动土试样制备

扰动土试样的备样步骤如下:

(1)描述土样。将土样从土样筒或包装袋中取出,对土样的颜色、土类、气味及夹杂物等进行描述,取代表性土样测含水率。

(2)碾散过筛。将块状扰动土放在橡皮板上,用木碾或粉碎机碾散,但切勿压碎颗粒,如含水率较大不能碾散,应风干至可碾散时为止。根据试验所需土样数量,将碾散后的土样过筛,物理性试验如液限、塑限、缩限等试验,过0.5 mm筛;力学试验土样,过2 mm筛;击实试验土样,过5 mm筛。对于含细粒土的砾质土,应先用水浸泡并充分搅拌,使粗细颗粒分离后,再按不同试验项目的要求进行过筛。

扰动土试样的制备程序如下:

(1)将碾散的风干土样通过孔径2 mm或5 mm的筛,取筛下足够试验用的土样(试验的数量视试验项目而定,应有备用试样1~2个),充分拌匀,测定风干含水率,装入保湿缸或塑料袋内备用。

(2)称取过筛的风干土样平铺于搪瓷盘内,计算得到的加水量,用量筒量取,并将水均匀喷洒于土样上,充分拌匀后装入盛土容器内,盖紧、润湿一昼夜。

(3)测定润湿土样不同位置处的含水率,不应少于两点,一组试样的含水率与要求的含水率之差不得超过 ±1%。

(4)扰动土试样的制备,可采用击样法、压样法。

击样法:根据环刀容积和要求干密度所需质量的湿土,倒入装有环刀的击样器内,击实到所需密度,然后取出环刀。

压样法:根据环刀容积和要求干密度所需质量的湿土,倒入装有环刀的压样器内,采用静压力通过活塞将土样压紧到所需密度,然后取出环刀。

(5)擦净环刀外壁,称环刀和试样总质量,精确至 0.1 g,同一组试样的密度与要求的密度之差不得大于 $\pm 0.01\ g/cm^3$。

(6)对不需要饱和且不立即进行试验的试样,应存放在保湿器内备用。

3. 试件饱和

土的孔隙逐渐被水填充的过程称为饱和。孔隙被水充满时的土,称为饱和土。

根据土样的透水性能,决定饱和方法:

(1)粗粒土。可直接在仪器内浸水饱和。

(2)细粒土。渗透系数大于 10^{-4} cm/s 时,采用毛细管饱和法较为方便。

(3)细粒土。渗透系数小于 10^{-4} cm/s 时,采用真空抽气饱和法。如土的结构性较弱,抽气可能发生扰动,不宜采用。

1)毛细管饱和法

(1)选用框式饱和器,在装有试样的环刀上下面放滤纸和透水石,装入饱和器内,并旋紧螺母。

(2)将装好试样的饱和器放入水箱中,注入清水,水面不宜将试样淹没,使土中气体得以排出。

(3)关上箱盖,浸水时间不得少于两昼夜,借土的毛细管作用使试样饱和。

(4)取出饱和器,松开螺母,取出环刀,擦干外壁,取下试件上下滤纸,称环刀和试样总质量,准确至 0.1 g,并根据式(1-23)计算试样饱和度。

(5)如饱和度低于 95% 时,将环刀装入饱和器,浸入水内,重新延长饱和时间。

2)真空抽气饱和法

(1)选用叠式饱和器和框式饱和器及真空饱和装置(见图 1-15)。在叠式饱和器下夹板的正中,依次放置透水板、滤纸、带试样的环刀、滤纸、透水板,如此顺序重复,由下向上重叠到拉杆高度,将饱和器上夹板盖好后,拧紧拉杆上端的螺母,将各个环刀在上下夹板间夹紧。

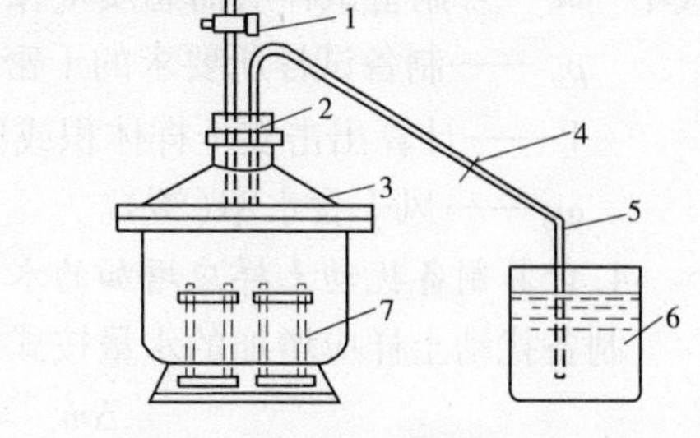

1—二通阀;2—橡皮塞;3—真空缸;4—管夹;5—引水管;6—水缸;7—饱和器;8—排气管;9—接抽气机

图 1-15 真空饱和装置

(2)将装好试样的饱和器放入真空缸内，盖口涂一薄层凡士林，以防漏气。

(3)将真空缸与抽气机接通，启动抽气机，当真空压力表读数接近当地一个大气压力值时(抽气时间不小于 1 h)，微开管夹，使清水徐徐注入真空缸，在注水过程中，真空压力表读数宜保持不变。

(4)待水淹没饱和器后，即停止抽气。开管夹使空气进入真空缸，静待一定时间，细粒土宜为 10 h，使试样充分饱和。

(5)打开真空缸，从饱和器内取出带环刀的试样，称环刀和试样的总质量，精确至 0.1 g，并计算饱和度。当饱和度低于 95% 时，应继续抽气饱和。

(五)计算

1. 计算干土质量

干土质量按式(1-19)计算，即

$$m_s = \frac{m}{1 + 0.01\omega_0} \tag{1-19}$$

式中 m_s ——干土质量，g；

m —风干土质量(或天然湿土质量)，g；

ω_0 ——风干含水率(或天然含水率)(%)。

2. 计算试样制备含水率所加水量

试样制备含水率所加水量按式(1-20)计算，即

$$m_w = \frac{m}{1 + 0.01\omega_0} \times 0.01(\omega' - \omega_0) \tag{1-20}$$

式中 m_w ——土样制备所需加水质量，g；

m ——风干含水率时的土样质量，g；

ω_0 ——土样的风干含水率(%)；

ω' ——土样所要求的含水率(%)。

3. 计算制备扰动土试样所需总土质量

制备扰动土试样所需总土质量按式(1-21)计算，即

$$m = (1 + 0.01\omega_0)\rho_d V \tag{1-21}$$

式中 m ——制备试样所需总质量，g；

ρ_d ——制备试样所要求的干密度，g/cm³；

V ——计算出击实土样体积或压样器所用环刀体积，cm³；

ω_0 ——风干含水率(%)。

4. 计算制备扰动土样应增加的水量

制备扰动土样应增加的水量按式(1-22)计算，即

$$\Delta m_w = 0.01(\omega' - \omega_0)\rho_d V \tag{1-22}$$

式中 Δm_w ——制备扰动土样应增加的水量，g；

其他符号含义同前。

5. 计算饱和度

饱和度按式(1-23)计算，即

$$S_r = \frac{(\rho - \rho_d) G_s}{e\rho_d} \text{或} S_r = \frac{\omega G_s}{e} \quad (1\text{-}23)$$

式中 S_r ——试样的饱和度(%);

ρ ——试样饱和后的密度,g/cm^3;

ρ_d ——土的干密度,g/cm^3;

G_s ——土粒比重;

e ——试样的孔隙比;

ω ——试样饱和后的含水率(%)。

(六)试验记录

原状土开土记录如表1-16所示。

表1-16 原状土开土记录表

委托单位__________ 工程名称__________ 记录者__________

进室日期__________ 开土日期__________ 校核者__________

土样编号		取土高程(m)	取土深度(m)	颜色	气味	结构	夹杂物	包装与扰动情况	其他
室内	野外								

扰动土试样制备记录如表1-17所示。

二、颗粒分析试验

(一)试验目的

测定土中各种粒组占该土总质量的百分数,以便了解土粒的组成情况。供砂类土的分类、判断土的工程性质及建材选料之用。

(二)试验方法和适用范围

颗粒分析试验分为筛分法和密度计法,对于粒径小于等于60 mm、大于0.075 mm的土粒可用筛分法测定,对于粒径小于0.075 mm的土粒则用密度计法来测定。

(三)筛分法

筛分法是将土样通过各种不同孔径的筛子,并按筛子孔径的大小将颗粒加以分组,然后再称量并计算出各个粒组占总量的百分数。

1.仪器设备

(1)分析筛。粗筛:孔径为60 mm、40 mm、20 mm、10 mm、5 mm、2 mm;细筛:孔径为1.0 mm、0.5 mm、0.25 mm、0.1 mm、0.075 mm。

(2)天平。称量5 000 g,最小分度值1 g;称量1 000 g,最小分度值0.1 g;称量200 g,最小分度值0.01 g。

表 1-17　扰动土试样制备记录表

工程名称________　　土样编号________　　制备日期________

制 备 者________　　计 算 者________　　校 核 者________

土样编号		
制备标准	干密度 ρ_d（g/cm^3）	
	含水率 ω'（%）	
所需土质量及增加水量的计算	环刀或计算的击实筒容积 V（cm）	
	干土质量 m_s（g）	
	含水率 ω_0（%）	
	湿土质量 m（g）	
	增加的水量 Δm_w（g）	
	所需土质量（g）	
试样制备	制备方法 环刀质量（g）	
	环刀加湿土质量（g）	
	湿土质量（g）	
	密度 ρ（g/cm^3）	
	含水率 ω（%）	
	干密度 ρ_d（g/cm^3）	
与制备标准之差	干密度 ρ_d（g/cm^3）	
	含水率 ω（%）	
备注		

（3）振筛机。筛分过程能上下振动。

（4）其他。烘箱、研钵、瓷盘、毛刷、木碾等。

2. 操作步骤（无黏性土的筛分法）

（1）从风干、松散的土样中，用四分法按下列规定取出代表性试样：

①粒径小于 2 mm 颗粒的土取 100 ~300 g；

②最大粒径小于 10 mm 的土取 300 ~1 000 g；

③最大粒径小于 20 mm 的土取 1 000 ~2 000 g；

④最大粒径小于 40 mm 的土取 2 000 ~4 000 g；

⑤最大粒径小于 60 mm 的土取 4 000 g 以上。

称量准确至 0.1 g；当试样质量多于 500 g 时，准确至 1 g。

（2）将试样过 2 mm 细筛，分别称出筛上和筛下土质量。

（3）取 2 mm 筛上试样倒入依次叠好的粗筛的最上层筛中，进行粗筛筛析；取 2 mm 筛下试样倒入依次叠好的细筛最上层筛中，进行细筛筛析。细筛宜放在振筛机上振摇，振摇时间一般为 10 ~ 15 min。

(4)由最大孔径筛开始，顺序将各筛取下，在白纸上用手轻叩摇晃，如仍有土粒漏下，应继续轻叩摇晃，至无土粒漏下为止。漏下的土粒应全部放入下级筛内，并将留在各筛上的试样分别称量，准确至 0.1 g。

(5)各细筛上及底盘内土质量总和与筛前所取 2 mm 筛下土质量之差不得大于 1%；各粗筛上及 2 mm 筛下的土质量总和与试样质量之差不得大于 1%。

注：若 2 mm 筛下的土，小于试样总质量的 10%，则可省略细筛筛析；若 2 mm 筛上的土，小于试样总质量的 10%，则可省略粗筛筛析。

3. 计算与制图

(1)计算小于某粒径的试样质量占试样总质量的百分数

$$x = \frac{m_A}{m_B} d_x \tag{1-24}$$

式中 x——小于某粒径的试样质量占试样总质量的百分比(%)；

m_A——小于某粒径的试样质量，g；

m_B——当细筛分析时或用密度计法分析时所取试样质量，粗筛分析时则为试样总质量，g；

d_x——粒径小于 2 mm 或粒径小于 0.075 mm 的试样质量占总质量的百分数，如试样中无大于 2 mm 粒径或无小于 0.075 mm 的粒径，在计算粗筛分析时则 $d_x = 100\%$。

(2)绘制颗粒大小分布曲线。以小于某粒径的试样质量占总质量的百分数为纵坐标、颗粒粒径为对数横坐标进行绘制。如图 1-16 所示。

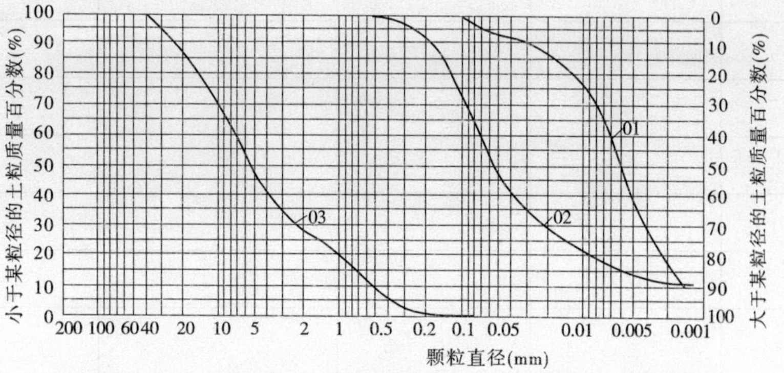

卵石或碎石	粗	中	细	粗	中	细	粉粒	黏粒
	砾			砂粒				

试样编号	粗粒土(>0.075 mm) >60(%)	砾(%)	砂(%)	$C_u = \frac{d_{60}}{d_{10}}$	$C_c = \frac{d_{30}^2}{d_{10} d_{60}}$	土的分类	细粒土(<0.075 mm) 0.075~0.005	<0.005

工程编号______
钻孔编号______
土样说明______
试验日期______
试验者______
计算者______
制图者______
校核者______

图 1-16 颗粒大小分布曲线

(3)计算级配指标。

不均匀系数 $C_u=\frac{d_{60}}{d_{10}}$

曲率系数 $C_c=\frac{d_{30}^2}{d_{10}d_{60}}$

4. 试验记录

本试验记录如表 1-18 所示。

表 1-18 颗粒分析试验记录表(筛分法)

工程名称________ 土样编号________ 试验日期________

试 验 者________ 计 算 者________ 校 核 者________

风干土质量 =________g 小于 0.075 mm 的土占总土质量百分数 =________%

2 mm 筛上土质量 =________g 小于 2 mm 的土占总土质量百分数 =________%

2 mm 筛下土质量 =________g 细筛分析时所取试样质量 =________g

筛号	孔径(mm)	留筛土质量(g)	累计留筛土质量(g)	小于该孔径的土质量(g)	小于该孔径的土质量百分数(%)
底盘 总计					

(四)密度计法

密度计法是将一定量的土样放在量筒中,然后加纯水,经过搅拌,使土的大小颗粒在水中均匀分布,制成一定量的均匀浓度的土悬液(1 000 mL)。静置悬液,让土粒下沉过程中,用密度计测出在悬液中对应于不同时间的悬液的不同密度,根据密度计读数和土粒的下沉时间,就可计算出粒径小于某一粒径的颗粒占土样的百分数。

1. 仪器设备

(1)密度计。甲种密度计,刻度为5°~50°,最小分度值为0.5°;乙种密度计,刻度为0.995~1.020,最小分度值为0.000 2。

(2)量筒。高约45 cm,内径约6 cm,容积1 000 mL,刻度为0~1 000 mL,分度值为10 mL。

(3)洗筛。孔径0.075 mm。

(4)洗筛漏斗。上口直径大于洗筛直径,下口直径略小于量筒内径。

(5)天平。称量1 000 g,最小分度值0.1 g;称量200 g,最小分度值0.01 g。

(6)搅拌器。轮径50 mm,孔径3 mm,杆长约450 mm,带螺旋叶。

(7)煮沸设备。附冷凝管装置。

(8)温度计。刻度0~50 ℃,最小分度值0.5 ℃。

(9)其他。秒表、锥形瓶(容积500 mL)、研钵、木杵、电导率仪等。

2. 试剂

(1)分散剂。浓度6%双氧水,1%的硅酸钠,4%六偏磷酸钠。

(2)水溶盐检验试剂。5%硝酸银,10%硝酸,5%氯化钡,10%盐酸。

3. 操作步骤

(1)宜采用风干土试样,按式(1-25)计算试样干土质量为30 g时所需的风干土质量,即

$$m = m_s(1 + 0.01\omega) \tag{1-25}$$

式中 m——风干土质量,g;

m_s——试样干土质量,g;

ω——风干土含水率(%)。

(2)称干土质量为30 g的风干试样倒入锥形瓶中,勿使土粒丢失。注入水200 mL,浸泡过夜。

(3)将锥形瓶放在煮沸设备上,连接冷凝管进行煮沸。一般煮沸时间约1 h。

(4)将冷却后的悬液倒入瓷杯中,静置约1 min,将上部悬液倒入量筒。杯底沉淀物用橡皮头研杵细心研散、加水,经搅拌后,静置约1 min,再将上部悬液倒入量筒。如此反复操作,直至杯中悬液澄清为止。当土中大于0.075 mm的颗粒估计超过试样总质量的15%时,应将其全部倒至0.075 mm筛上冲洗,直至筛上仅留大于0.075 mm的颗粒为止。

(5)将留在洗筛上的颗粒洗入蒸发皿内,倾去上部的清水,烘干称量,按《土工试验规程》(SL 237—1999)规定进行细筛筛析。

(6)将过洗筛上的颗粒倒入量筒,加4%浓度的六偏磷酸钠约10 mL于量筒溶液中,再注入纯水,使筒内悬液达1 000 mL。

(7)用搅拌器在量筒内沿整个悬液深度上下搅拌约1 min,往复约30次,取出搅拌器,将密度计放入悬液中同时开动秒表。测经1 min、5 min、30 min、120 min、1 440 min时的密度计读数。

(8)注意事项如下:

①每次读数均应在预定时间前10~20 s将密度计小心放入悬液接近读数的深度,并

须注意密度计浮泡应保持在量筒中部位置，不得贴近筒壁。

②密度计读数均以弯液面上缘为准。

③每次读数完毕立即取出密度计放入盛有纯水的量筒中，并测定各相应的悬液温度，准确至0.5 ℃。

④每次放入或取出密度计时，应尽量减少对悬液的扰动。

⑤如试样在分析前未过0.075 mm洗筛，而在密度计第1个读数时，发现下沉的土粒已超过试样总质量的15%时，则应在试验结束后，将量筒中土粒过0.075 mm筛，然后按《土工试验规程》（SL 237—1999）规定求得粒径大于0.075 mm的颗粒组成。

4. 计算和绘图

（1）按式（1-26）计算小于某粒径的试样质量占试样总质量百分数。

甲种密度计

$$X = \frac{100}{m_s} C_s (R + m_T + n - C_D) \tag{1-26}$$

$$C_s = \frac{\rho_s}{\rho_s - \rho_{w20}} \times \frac{2.65 - \rho_{w20}}{2.65} \tag{1-27}$$

式中 X——小于某粒径的土质量百分数（%）；

m_s——试样干土质量，g；

m_T——温度校正值，查《土工试验规程》（SL 237—1999）；

C_D——分散剂校正值；

R——甲种密度计读数；

n——弯液面校正值；

C_s——土粒比重校正值，查《土工试验规程》（SL 237—1999），或按式（1-27）计算；

ρ_s——土粒密度，g/cm³；

ρ_{w20}——20 ℃时水的密度，g/cm³。

乙种密度计

$$X = \frac{100V}{m_s} C'_s [(R' - 1) + m'_T + n' - C'_D] \rho_{w20} \tag{1-28}$$

$$C'_s = \frac{\rho_s}{\rho_s - \rho_{w20}} \tag{1-29}$$

式中 C'_s——土粒比重校正值，查《土工试验规程》（SL 237—1999），或按式（1-29）计算；

n'——弯液面校正值；

m'_T——温度校正值，查《土工试验规程》（SL 237—1999）确定；

C'_D——分散剂校正值；

R'——乙种密度计读数。

（2）按式（1-30）计算颗粒直径，也可以按《土工试验规程》（SL 237—1999）确定。

$$d = \sqrt{\frac{1\,800 \times 10^4 \eta}{(G_s - G_{wT}) \rho_{w0} g} \times \frac{L}{t}} \tag{1-30}$$

式中 d——颗粒直径，mm；

ρ_{w0}——4 ℃时水的密度，g/cm³；

η——水的动力黏滞系数，10^{-6} kPa·s；

G_s——土粒比重；

G_{wT}——温度为 T ℃时的水的比重；

L——某一时间 t 内的土粒沉降距离，cm；

g——重力加速度，981 cm/s²；

t——沉降时间，s。

(3)绘制颗粒大小分布曲线。以小于某粒径的土质量百分数为纵坐标，颗粒直径为横坐标（以对数尺度），将试验数据点在图上，绘成一条平滑曲线，即为该土的颗粒大小分布曲线。

5. 试验记录

本试验记录如表1-19所示。

表1-19 颗粒分析试验记录表（密度计法）

工程名称______ 土样编号______ 试验日期______

试 验 者______ 计 算 者______ 校 核 者______

小于0.075 mm颗粒土质量百分数____ 干土总质量____ 湿土质量____ 试样处理说明____

含水量____ 干土质量____ 含盐量____ 密度计号____ 量筒号____

风干土质量____ 烧杯号____ 土粒比重____ 比重校正值____ 弯液面校正值____

试验时间	下沉时间 t (min)	悬液温度 T(℃)	密度计读数					土粒落距 L (cm)	粒径 d (mm)	小于某粒径土质量百分数 (%)
			密度计读数 R	温度校正值 m	分散剂校正值 C_D	$R_M=R+m+n-C_D$	$R_H=R_MC_s$			

三、含水率测定试验

（一）试验目的

试验目的是测定土的含水率。土的含水率是土在105～110 ℃下烘到恒重时所失去的水的质量和干土质量的百分比值。含水率是土的基本物理性质指标之一，它反映了土的干湿状态，是计算土的干密度、孔隙比、饱和度、液性指数的基本指标，也是建筑物地基、路堤、土坝等施工质量控制的重要指标。

（二）试验方法和适用范围

（1）烘干法。室内试验的标准方法，一般黏性土都可以采用。

（2）酒精燃烧法。适用于快速简易测定细粒土的含水率。

（3）比重法。适用于砂类土。

（三）烘干法试验

1. 仪器设备

（1）烘箱。采用能控制电热烘箱。

（2）天平。称量200 g，分度值0.01 g。

（3）其他。干燥器、称量盒。

2. 操作步骤

（1）取代表性试样，黏性土为15～30 g，砂性土、有机质土为50 g，放入质量为m_0称量盒内，立即盖上盒盖，称盒加湿土总质量m_1，精确至0.01 g。

（2）打开盒盖，将试样和盒放入烘箱，在温度105～110 ℃的恒温下烘干。烘干时间与土的类别及取土数量有关。黏性土不得少于8 h；砂类土不得少于6 h；对含有机质超过10%的土，应将温度控制在65～70 ℃的恒温下烘至恒重。

（3）将烘干后的试样和盒从烘箱中取出，盖好盒盖放入干燥器内冷却至室温（一般为0.5～1 h），称盒加干土质量m_2，精确至0.01 g。

（四）酒精燃烧法

1. 仪器设备

（1）酒精。纯度95%。

（2）天平。称量200 g，分度值0.01 g。

（3）其他。称量盒、滴管、火柴和调土刀等。

2. 操作步骤

（1）取代表性试样，黏性土为5～10 g，砂性土为5～10 g，有机质土为50 g，放入称量盒内，立即盖上盒盖，称盒加湿土总质量m_1，精确至0.01 g。

（2）打开盒盖，用滴管将酒精注入放有试样的称量盒中，直至盒中出现自由液面为止，并使酒精在试样中充分混合均匀。

（3）点燃盒内酒精，烧至自然熄灭。

（4）按上述方法再重复燃烧两次，当第三次火焰熄灭后，立即盖上盒盖冷却至室温，称盒加干土质量m_2，精确至0.01 g。

3. 计算含水率

含水率按式（1-31）计算，即

$$\omega = \frac{m_w}{m_s} = \frac{m_1 - m_2}{m_2 - m_0} \times 100\% \tag{1-31}$$

烘干法试验应对试样进行两次平行测定，取其算术平均值。两次测定的差值，当含水率小于10%时，允许的平均差值为0.5%；当含水率小于40%时，允许的平均差值为1%；

当含水率等于或大于40%时,允许的平均差值为2%。

4. 试验记录

本试验记录如表1-20所示。

表1-20 含水率试验记录表

工程名称________ 试验方法________ 试验日期________

试 验 者________ 计 算 者________ 校 核 者________

试样编号	土样说明	盒号	盒质量(g)	盒加湿土质量(g)	盒加干土质量(g)	水的质量(g)	干土质量(g)	含水率(%)	平均含水率(%)
			(1)	(2)	(3)	(4)=(2)-(3)	(5)=(3)-(1)	$(6)=\frac{(4)}{(5)}\times 100\%$	(7)

(五)比重法(略)

四、密度试验

(一)试验目的

测定土的湿密度,以了解土的疏密和干湿状态,供换算土的其他物理性质指标和工程设计以及控制施工质量之用。

(二)试验方法与适用范围

(1)一般黏性土,宜采用环刀法。

(2)易破碎,难以切削的土,可采用蜡封法。

(3)对于砂土与砂砾土,可用现场的灌砂法或灌水法。

(三)环刀法的试验

环刀法的试验是采用一定体积环刀切取土样并称土质量的方法,环刀内土的质量与体积之比即为土的密度。

1. 仪器设备

(1)环刀。内径6~8 cm,高2~3 cm。

(2)天平。称量500 g,分度值0.1 g;称量200 g,分度值0.01 g。

(3)其他。切土刀、钢丝锯、凡士林等。

2. 操作步骤

(1)测出环刀的容积V,在天平上称环刀质量m_1。

(2)取直径和高度略大于环刀的原状土样或制备土样。

(3)环刀取土。在环刀内壁涂一薄层凡士林,将环刀刃口向下放在土样上,随即将环刀垂直下压,边压边削,直至土样上端伸出环刀为止。将环刀两端余土削去修平(严禁在土面上反复涂抹),然后擦净环刀外壁。

(4)将取好土样的环刀放在天平上称量,记下环刀与湿土的总质量 m_2。

3. 计算土的密度

$$\rho = \frac{m}{V} = \frac{m_2 - m_1}{V} \tag{1-32}$$

式中 ρ——密度,计算至 0.01 g/cm³;

m——湿土质量,g;

m_2——环刀加湿土质量,g;

m_1——环刀质量,g;

V——环刀体积,cm³。

密度试验需进行二次平行测定,两次测定的差值不得大于 0.03 g/cm³,取两次试验结果的平均值。

4. 试验记录

本试验记录如表 1-21 所示。

表 1-21 密度试验记录表(环刀法)

工程名称________ 土样说明________ 试验日期________

试 验 者________ 计 算 者________ 校 核 者________

试样编号	土样类别	环刀号	湿土质量(g)	体积(cm³)	湿密度(g/cm³)	含水率(%)	干密度(g/cm³)	平均干密度(g/cm³)
			(1)	(2)	$(3)=\frac{(1)}{(2)}$	(4)	$(5)=\frac{(3)}{1+0.01(4)}$	(6)

五、界限含水率试验

(一)试验目的

细粒土由于含水率不同,分别处于流动状态、可塑状态、半固体状态和固体状态。液限是细粒土呈可塑状态的上限含水率;塑限是细粒土呈可塑状态的下限含水率。

试验的目的是测定细粒土的液限、塑限,计算塑性指数,给土分类定名,供设计、施工使用。

(二)试验方法和适用范围

(1)土的液塑限试验:采用液塑限联合测定法。

(2)土的塑限试验。采用搓滚法。

(3)土的液限试验。采用碟式仪法。

(三)液塑限联合测定法试验

1. 仪器设备

(1)液塑限联合测定仪。如图 1-17 所示。有电磁吸锥、测读装置、升降支座、试样杯等，圆锥质量 76 g，锥角 30°。

(2)天平。称量 200 g，分度值 0.01 g。

(3)其他。调土刀、不锈钢杯、凡士林、称量盒、烘箱、干燥器等。

2. 操作步骤

液塑限联合试验，原则上采用天然含水率的土样制备试样，但也允许采用风干土制备试样。

(1)当采用天然含水率的土样时，应剔除大于 0.5 mm 的颗粒，然后分别按接近液限、塑限和两者之间状态制备不同稠度的土膏，静置湿润。静置时间可视原含水量的大小而定。当采用风干土样时，取过 0.5 mm 筛的代表性土样约 200 g，分成 3 份，分别放入 3 个盛土皿中，加入不同数量的纯水，使分别接近液限、塑限和两者中间状态的含水率，调成均匀土膏，然后放入密封的保湿缸中，静置 24 h。

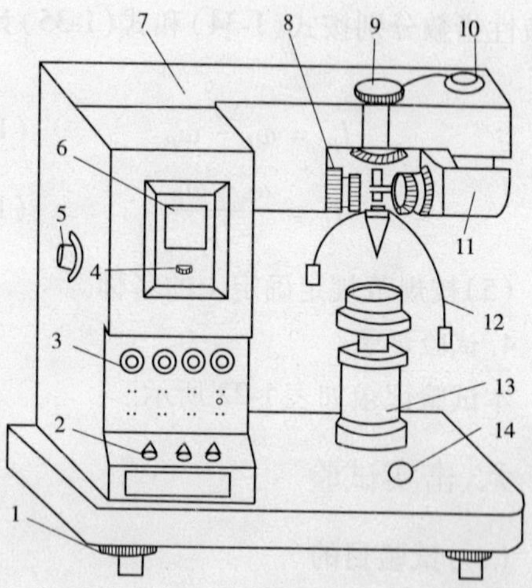

1—水平调节螺丝；2—控制开关；3—指示灯；
4—零线调节螺钉；5—反光镜调节螺钉；6—屏幕；
7—机壳；8—物镜调节螺钉；9—电池装置；
10—光源调节螺钉；11—光源；12—圆锥仪；
13—升降台；14—水平泡

图 1-17 光电式液塑限联合测定仪结构

(2)将制备好的土膏用调土刀调拌均匀，密实地填入试样杯中，应使空气逸出。高出试样杯的余土用刮土刀刮平，随即将试样杯放在仪器底座上。

(3)取圆锥仪，在锥体上涂一薄层凡士林，接通电源，使电磁铁吸稳圆锥仪。

(4)调节屏幕准线，使初读数为零。调节升降座，使圆锥仪锥角接触试样面，指示灯亮时圆锥在自重下沉入试样内，经 5 s 后立即测读圆锥下沉深度。

(5)取下试样杯，然后从杯中取 10 g 以上的试样 2 个，测定含水率。

(6)按以上(2) ~ (5)的步骤，测试其余 2 个试样的圆锥下沉深度和含水量。

3. 计算与制图

(1)计算含水率。按式(1-33)计算含水率，即

$$\omega = \left(\frac{m}{m_s} - 1\right) \times 100\% \qquad (1\text{-}33)$$

(2)绘制圆锥下沉深度 h 与含水率 ω 的关系曲线。以含水率为横坐标，圆锥下沉深度为纵坐标，在双对数纸上绘制 $h \sim \omega$ 的关系曲线。①三点连一条直线；②当三点不在一直线上时，通过高含水率的一点分别与其余两点连成两条直线，在圆锥下沉深度为 2 处查得相应的含水率，当两个含水率的差值小于 2%，应以该两点含水率的平均值与高含水率的点连成一线。③当两个含水率的差值大于或等于 2% 时，应补做试验。

(3)确定液限、塑限。在圆锥下沉深度 h 与含水率 ω 关系图(见图 1-18)上，查得下沉深度为 17 mm 所对应的含水率为液限 ω_L，由图 1-18 查得下沉深度为 2 mm 所对应的含水率为塑限 ω_P，以百分数表示，取整数。

(4)计算塑性指数和液性指数。塑性指数和液性指数分别按式(1-34)和式(1-35)计算，即

$$I_P = \omega_L - \omega_P \tag{1-34}$$

$$I_L = \frac{\omega - \omega_P}{I_P} \tag{1-35}$$

(5)按规范规定确定土的名称。

4. 试验记录

本试验记录如表1-22所示。

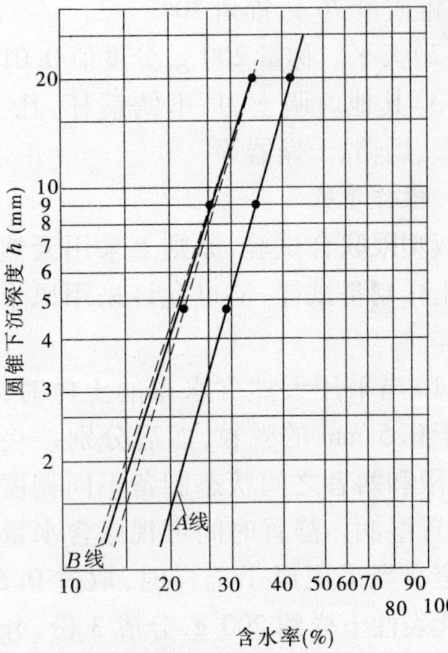

图1-18　圆锥下沉深度 h 与含水率 ω 关系图

六、击实试验

(一)试验目的

试验的目的是用标准的击实方法，测定土的密度与含水率的关系，从而确定土的最大干密度与最优含水率。

(二)试验方法与适用范围

(1)轻型击实试验适用于粒径小于5 mm的黏性土。

(2)重型击实试验适用于粒径小于20 mm的土。

表1-22　液塑限联合试验记录表

工程名称________　　土样说明　　试验日期

试 验 者________　　计 算 者　　校 核 者

试样编号	
圆锥下沉深度 h(mm)	
盒号	
盒质量(g)	
盒+湿土质量(g)	
盒+干土质量(g)	
湿土质量(g)	
土质量(g)	
水的质量(g)	
含水率 ω(%)	
平均含水率(%)	
液限 ω_L(%)	
塑限 ω_P(%)	
塑性指数 I_P	
液性指数 I_L	
土的名称	

（三）仪器设备

（1）击实仪。由击实筒、击锤和护筒组成，如图 1-19 所示。

（2）天平。称量 200 g，分度值 0.1 g。

（3）台秤。称量 10 kg，分度值 5 g。

（4）标准筛。孔径为 20 mm 圆孔筛和 5 mm 标准筛。

（5）试样推出器。宜用螺旋式千斤顶。

（6）其他。烘箱、喷水设备、碾土设备、盛土器、修土刀和保湿设备等。

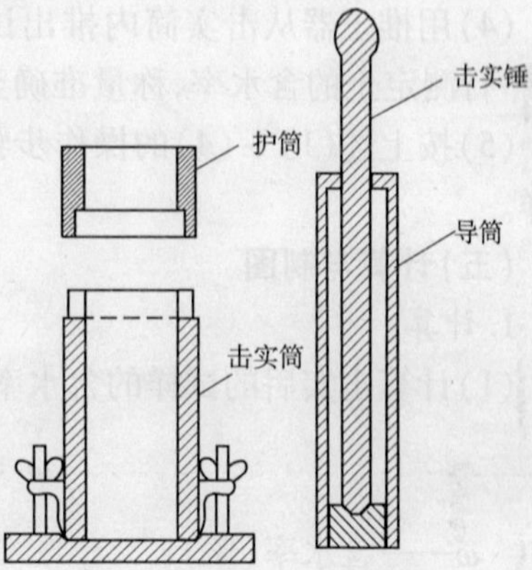

图 1-19　击实仪示意图

（四）操作步骤

1. 试样制备

1）干法制备

（1）取一定数量的代表性风干土样（轻型约为 20 kg），放在橡皮板上碾散。

（2）轻型击实试验过 5 mm 筛，将筛下土样拌匀，并测定土样的风干含水率。

（3）根据土的塑限预估最优含水率，按依次相差约 2% 的含水率制备一组（不少于 5 个）试样，其中应有 2 个含水率大于塑限，2 个含水率小于塑限，1 个含水率接近塑限，并按式（1-36）计算应加的水量，即

$$m_w = \frac{m}{1 + 0.01\omega_0} \times 0.01(\omega - \omega_0) \tag{1-36}$$

式中　m_w——土样所需加水质量，g；

m——风干含水率时的土样质量，g；

ω_0——风干含水率（%）；

ω——土样所要求的含水率（%）。

（4）将一定量的土样平铺于不吸水的盛土盘内（轻型击实取土约 2.5 kg），按预定含水率用喷水设备往土样上均匀喷洒所需加水量，拌匀并装入塑料袋内或密封于盛土器内静置备用。静置的时间分别为：高液限黏土不得少于 24 h，低液限黏土可酌情缩短，但不应少于 12 h。

2）湿法制备

（1）取天然含水率的代表性土样（轻型为 20 kg）碾散，过筛，将筛下土样拌匀，分别风干或加水到所要求的不同含水率。注意：制备试样时必须使土样中含水率均匀。

2. 试样击实

（1）将击实仪放在坚实的地面上，击实筒内壁和底板涂一薄层润滑油，连接好击实筒与底板，安装好护筒。检查仪器各部件及配套设备的性能是否正常，并做好记录。

（2）从制备好的一份试样中称取一定量土样，分 3 层倒入击实筒内并将土面整平分层击实。每层 25 击。

注意：①轻型击实法，每层土料的质量为 600 ~ 800 g，即其量应使击实后的试样高度

略高于击实筒的1/3；②两层交接面处的土应刨毛；③击实完成后，超出击实筒顶的试样高度应小于6 mm。

(3)用修土刀沿护筒内壁削挖后，扭动并取下护筒，测出超高(应取多个测值平均，准确至0.1 g)。沿击实筒顶细心修平试样，拆除底板。如试样底面超出筒外，亦应修平。擦净筒外壁，称量，准确至1 g。

(4)用推土器从击实筒内推出试样，从试样中心取2个一定量土样(轻型为15~30 g)，平行测定土的含水率，称量准确至0.01 g，含水率的平行差值不得大于1%。

(5)按上述(1)~(4)的操作步骤对其他含水率的土样进行击实，一般不得重复使用土样。

(五)计算与制图

1.计算

(1)计算击实后的试样的含水率。击实后的试样含水率按式(1-37)计算，即

$$\omega = \left(\frac{m}{m_d} - 1\right) \times 100\% \tag{1-37}$$

式中 ω——含水率(%)；

m——湿土质量，g；

m_d——干土质量，g。

(2)计算击实后各试样的干密度。干密度按式(1-38)计算，即

$$\rho_d = \frac{\rho}{1 + 0.01\omega} \tag{1-38}$$

式中 ρ_d——干密度，g/cm^3；

ρ——湿密度，g/cm^3，计算至0.01 g/cm^3。

ω——含水率(%)。

(3)计算土的饱和含水率。饱和含水率按式(1-39)计算，即

$$\omega_{sat} = \left(\frac{\rho_w}{\rho_d} - \frac{1}{G_s}\right) \times 100\% \tag{1-39}$$

式中 ω_{sat}——饱和含水率(%)；

G_s——土粒比重；

ρ_w——水的密度，g/cm^3。

2.制图

以干密度为纵坐标，含水率为横坐标，绘制干密度与含水率的关系曲线，即为击实曲线(见图1-20)。曲线峰值点的纵坐标、横坐标分别代表土的最大干密度和最优含水率。如果曲线不能得出峰值点，应进行补点试验。

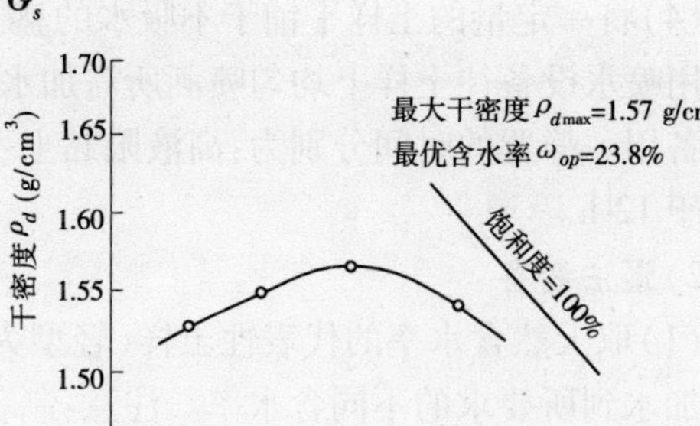

图1-20 干密度与含水率关系曲线

计算数个干密度下的饱和含水率。以干密度为纵坐标，含水率为横坐标，在击实曲线的图中绘制出饱和曲线，用以校正击实曲线。

3. 试验记录

本试验记录如表 1-23 所示。

表 1-23　击实试验记录表

工程名称______　土样类别______　试验日期______　土样编号______　仪器编号______

土粒相对密度____　试验者____　计算者____　校核者____　每层击数____　风干含水率____

试验序号	干密度（g/cm³）					含水率（%）							
	筒加土质量（g）	筒质量（g）	湿土质量（g）	密度（g/cm³）	干密度（g/cm³）	盒号	盒加湿土质量（g）	盒加干土质量（g）	盒质量（g）	湿土质量（g）	干土质量（g）	含水率（%）	平均含水率（%）
1													
2													
3													
4													
5													
最大干密度 =　　g/cm³						最优含水率 =　　%				饱和度 =　　%			
大于 5 mm 颗粒含水率 =　　%						校正后最大干密度 =　　g/cm³				校正后最优含水率 =　　%			

七、比重试验

（一）试验目的

土粒比重是土在 105～110 ℃下烘至恒值时的质量与土粒同体积 4 ℃纯水质量的比值。试验的目的是测定土粒比重。

（二）试验方法与适用范围

（1）粒径小于 5 mm 的土，用比重瓶法进行。

（2）粒径大于 5 mm 的土，其中含粒径大于 20 mm 的颗粒小于 10% 时，用浮称法进行，含粒径大于 20 mm 的颗粒大于 10% 时，用虹吸筒法进行；粒径小于 5 mm 部分用比重瓶法进行，取其加权平均值作为土粒比重。

(三)比重瓶法试验

1. 仪器设备

(1)比重瓶。容积 100 mL 或 50 mL;

(2)天平。称量 200 g,分度值 0.001 g;

(3)其他。恒温水槽、滴管、蒸馏水、温度计、砂浴、筛、漏斗、烘箱等。

2. 操作步骤

(1)将比重瓶烘干,称瓶质量 m_0,将烘干试样约 15 g 装入比重瓶内,称干土加瓶质量 m_3,精确至 0.001 g。

(2)为排出土中的空气,将已装有干土的比重瓶,注纯水至瓶的一半处,摇动比重瓶,并将瓶放在砂浴上煮沸。煮沸时间:自悬液沸腾时算起,砂及砂质土不应少于 30 min,黏土及粉质黏土不应少于 1 h。煮沸时应注意不使土液溢至瓶外。

(3)将煮沸经冷却的纯水注入有试样的比重瓶近满,把比重瓶放在恒温水槽内至温度稳定。待瓶内上部悬液澄清,用滴管注入纯水至瓶口,塞好瓶塞,使多余水分自瓶塞毛细管中溢出,将瓶外水分擦干后称瓶、水、土的总质量 m_2,精确至 0.001 g。然后立即测瓶内水的温度。

(4)根据测得的温度,从已绘制的温度与瓶、水总质量关系曲线中查得各试验温度下瓶、水的总质量 m_1。

3. 计算土粒比重

土粒比重按式(1-40)计算,即

$$G_s = \frac{m_s}{m_1 + m_s - m_2} G_{wT} \tag{1-40}$$

式中 G_s——土粒比重,计算精确至 0.001;

m_s——干土质量,g;

m_1——瓶、水质量,可查瓶、水质量关系曲线(由实验室提供);

m_2——瓶、水、土质量,g;

G_{wT}——T ℃时蒸馏水的比重,准确至 0.001,查表 1-24(不同温度时水的比重)。

表 1-24 不同温度时水的比重(近似值)

水温(℃)	4.0 ~ 12.5	12.5 ~ 19.0	19.0 ~ 23.5	23.5 ~ 27.5	27.5 ~ 30.5	30.5 ~ 33.0
水的比重	1.000	0.999	0.998	0.997	0.996	0.995

本试验需进行 2 次平行测定,其平行差值不得大于 0.02,取其算术平均值。

4. 试验记录

本试验记录见表 1-25。

表 1-25 比重试验记录表(比重瓶法)

工程名称________　　　　试验日期________　　　　土样编号________

试 验 者________　　　　计 算 者________　　　　校 核 者________

试样编号	比重瓶号	温度(℃)	液体比重	比重瓶质量(g)	瓶加干土质量(g)	干土质量(g)	瓶加液体质量(g)	瓶加液体加干土总质量(g)	与干土同体积液体质量(g)	比重	平均值
		(1)	(2)	(3)	(4)	(5)	(6)	(7)	(8)	(9)	
			查表			(4)-(3)			(5)+(6)-(7)	$\frac{(5)}{(8)}\times(2)$	

思考题

1-1　何谓土粒粒组？土粒六大粒组划分标准是什么？

1-2　黏土颗粒表面哪一层水膜对土的工程性质影响最大，为什么？

1-3　土的结构通常分为哪几种？它和矿物成分及成因条件有何关系？

1-4　在土的三相比例指标中，哪些指标是直接测定的？

1-5　液性指数是否会出现 $I_L>1.0$ 和 $I_L<0$ 的情况？相对密度是否会出现 $D_r>1.0$ 和 $D_r<0$ 的情况？

1-6　判断砂土松密程度有几种方法？

1-7　地基土分几大类？各类土的划分依据是什么？

1-8　何谓土的级配？土的级配曲线是怎样绘制的？为什么土的级配曲线用半对数坐标？

1-9　土的压实性与哪些因素有关？何谓土的最大干密度和最优含水率？

习　题

1-1　已知某土样的体积为 100 cm^3，烘干后质量为 144.5 g，土粒比重 $G_s=2.70$，含水率 $\omega=32.2\%$。计算图 1-21 中括号内的数值。

1-2　饱和黏性土的含水率 $\omega=40\%$，土粒比重 $G_s=2.7$。求土的孔隙比 e 和干密度 ρ_d。

1-3　经勘察，某土料场有土料 3×10^6 m^3，其天然孔隙比 $e_1=1.20$。问这些土料可填筑 $e_2=0.70$ 的土堤多少立方米？

1-4　黏性土的含水率 $\omega=36.4\%$，液限 $\omega_L=48\%$，塑限 $\omega_P=25.4\%$。试根据塑性指数 I_P 确定该土的名称，计算该土的液性指数 I_L，按液性指数确定土的状态。

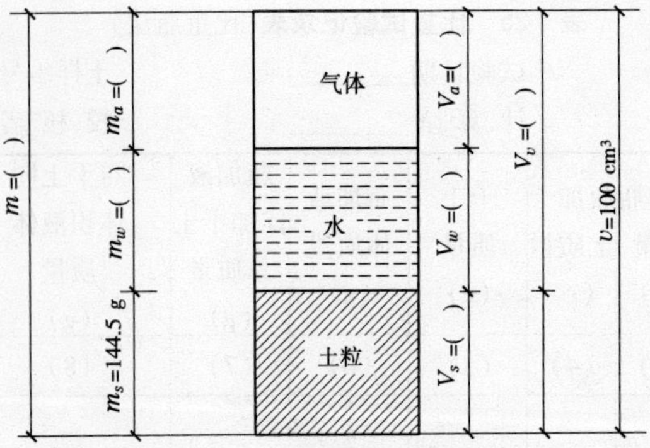

图 1-21

1-5　某土料场土料为低液限黏土，天然含水率 $\omega = 21\%$，比重 $G_s = 2.70$，室内标准击实试验得到最大干密度 $\rho_{d\max} = 1.85\ g/cm^3$。设计取压实度 $\lambda = 0.95$，并要求压实后土的饱和度 $S_r \leqslant 90\%$，问土料的天然含水率是否适于填筑？碾压时土料应控制多大的含水率？

1-6　某土样经试验测得体积为 100 cm^3，湿土质量为 187 g，烘干后，干土质量为 167 g。若土的比重 G_s 为 2.66，试求该土样的含水率 ω、密度 ρ、孔隙比 e、饱和度 S_r。

1-7　某碾压土坝的土量为 20 万 m^3，设计填筑干密度为 1.65 g/cm^3。料场的含水率为 12.0%，天然密度为 1.70 g/cm^3，液限为 32.0%，塑限为 20.0%，土粒比重为 2.72。问：

(1) 为满足填筑土坝的需要，料场至少要有多少立方米土料？

(2) 如每日坝体的填筑量为 3 000 m^3，该土的最优含水率为塑限的 95%，为达到最佳碾压效果，每天共需加水多少？

(3) 土坝填筑后的饱和度是多少？

第二章　土的渗透

【引导性案例】

在农田灌溉中,经渠道输水至田间,在渠首有一个流量时,到田间却不足一个流量,这部分损失的水去了哪儿呢?除了少量被蒸发外,大多数在沿途渗漏掉了,而且在不同材料的渠道中,产生的水量损失会不同,说明不同材料具有不同的渗透性,不同的土也具有不同的渗透性。

渗透是指水在压力作用下通过土中孔隙发生流动的现象,渗透性是指土体被水渗透的能力大小。如图 2-1 所示,由于上下游水位差的作用,土坝上游的水会通过坝体渗透到下游,水闸上游的水会通过闸基渗透到下游。

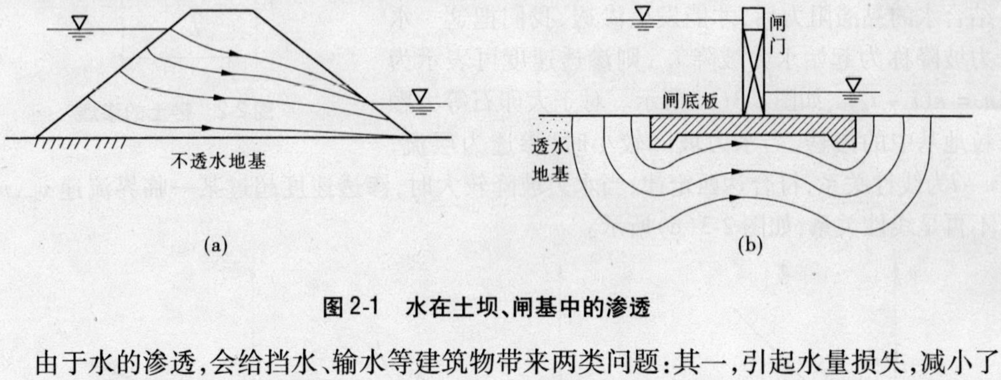

图 2-1　水在土坝、闸基中的渗透

由于水的渗透,会给挡水、输水等建筑物带来两类问题:其一,引起水量损失,减小了工程的经济效益,称为渗漏问题;其二,水在土中渗透,会使土中应力发生变化,改变土体的稳定条件,甚至造成土体的破坏,称为渗透稳定问题。

工程实践中,需要工程技术人员掌握一定的防渗技术,以解决好上述问题。

第一节　土的渗透理论

一、达西定律

为了研究水在土中的渗透规律,法国工程师达西做了大量的实验,于 1856 年总结得出,水在土中的渗透速度与土样两端的水头差成正比,与渗透长度成反比。

如图 2-2 所示,实验结果可表示为

$$v = k\frac{h}{L} = ki \tag{2-1}$$

或

$$q = vA = kiA \tag{2-2}$$

式中 v ——渗透速度,cm/s;

q ——渗透流量,cm^3/s;

h ——土样两侧的水头差,cm;

L ——土样的渗透长度,cm;

A ——垂直于渗透方向的土的截面面积,cm^2;

i ——水力坡降,$i = h/L$,即渗透单位长度的水头损失;

k ——渗透系数,cm/s。

式(2-1)或式(2-2)即为著名的达西定律,是水在土体中渗透的基本规律。但不同性质的土在不同水流形态下其渗透特点有所不同,对于砂土,当水流速度较小,处于层流状态时,其流速与水力坡降成正比关系,如图2-3(a)所示。当土体为黏性土时,由于受到结合水的黏滞阻力的影响,当水力坡降较小时,不发生渗透,只有当水力坡降达到一定数值,克服了结合水的黏滞阻力后,才能发生渗透,我们把这一水力坡降称为起始水力坡降 i_b,则渗透速度可表示为 $v = k(i - i_b)$,如图2-3(b)所示。对于大卵石等大颗粒地基中的渗透,当水力坡降较小时,渗透为层流,$v \sim i$为线性关系,符合达西定律;当水力坡降较大时,渗透速度超过某一临界流速 v_{cr},$v \sim i$ 不再是线性关系,如图2-3(c)所示。

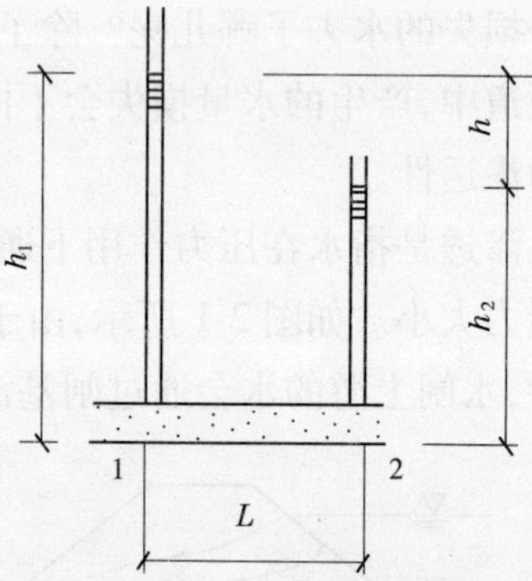

图2-2 砂土的渗透

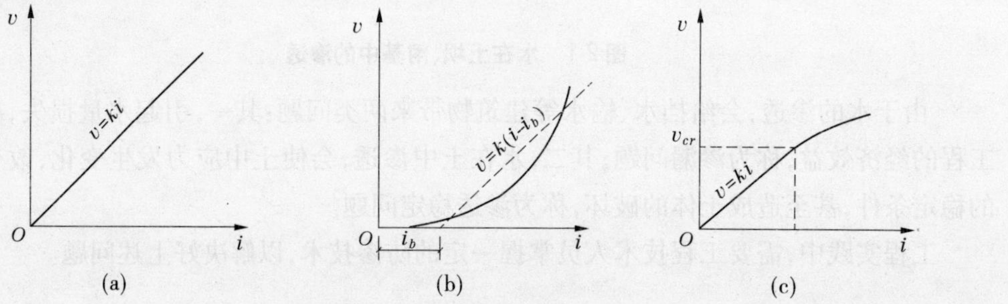

图2-3 不同情况的渗透规律

二、土的渗透作用机理

由于土具有多孔性质,孔隙连通形成通道,这就给水在土体中发生流动创造了基本的前提条件,在土体两端水头差作用下水便在土体中流动,所以说水渗透的动力在于水头压力即渗透力。渗透力是一种体积力,水在渗透过程中必然与土粒发生相互作用,在一定情况下,当渗透力达到一定程度时就会使土粒失去稳定而发生土粒的移动,对土体来说就发生了渗透变形,当土体变形达到一定程度就产生土体破坏。

一般来讲,在渗流进口处,土颗粒受到向下渗流的作用,渗透力与土的有效重力方向一致,渗透力增大了土有效重力的作用,对土体稳定有利;在渗透流线水平位置处,渗透力方向水平，与土粒重力方向成正交，渗透力会使土粒产生向下游移动的趋势；而在渗流逸出出口处，渗透力与土粒重力方向相反，就会使土的有效重力减轻，当渗透力大于土的有效重力时，就会发生渗流挟土涌出，土体失稳破坏。

土体变形有两种基本情况，即流土和管涌。流土是指在渗透力的作用下，土体表面某一部分土体整个被水流冲走的现象；管涌是指土中小颗粒在大颗粒孔隙中移动而被带走的现象。流土发生在土体表面，不发生在土体内部，而管涌既可发生在土体表面又可发生在土体内部。流土主要发生在细砂、粉砂及粉土等土层中，而管涌多发生在颗粒大小悬殊又缺少中间颗粒的土体中。

三、土的渗透评价指标

土的渗透评价指标有渗透系数、渗透力、水力坡降等。

(一)渗透系数

渗透系数 k 是综合反映土体渗透能力的一个指标，是渗透计算时用到的一个基本参数，其物理意义是单位水力坡降的渗透速度，常见土的渗透系数见表 2-1。渗透系数通常由试验测定，测定方法可分为室内渗透试验和现场渗透试验两大类。两者原理相同，均以达西定律为依据。

表 2-1　常见土的渗透系数

土类	渗透系数 k (cm/s)	土类	渗透系数 k (cm/s)
卵石、碎石、砾石	$>10^{-1}$	粉质黏土	$10^{-5} \sim 10^{-6}$
砂	$10^{-1} \sim 10^{-3}$	黏土	$<10^{-7}$
粉土	$10^{-3} \sim 10^{-4}$		

渗透系数反映了水在土中流动的难易程度，其大小受土的颗粒级配、密实程度、水温等因素的影响，具体分析如下。

1. 土粒大小与级配

土粒大小与级配关系到土中孔隙的大小及多少，对土的渗透系数影响最大。土粒越粗，孔隙越大，渗透系数就越大；级配良好时，总孔隙较少，渗透系数较小。

2. 土的密实度

同一种土，在不同密实状态下有不同的渗透性。土的密实度增加，孔隙体积减小，土的渗透性也就减小。

3. 水的温度

水在不同的温度下具有不同的黏滞性，影响到渗透的速度，对同一种土在不同的温度下所测渗透系数也就不同。为便于比较，统一使用标准温度 20 ℃的渗透系数，其他温度下的渗透系数 k_T 可换算为 20 ℃的渗透系数 k_{20} 。

$$k_{20} = k_T \frac{\eta_T}{\eta_{20}} \tag{2-3}$$

式中　k_T、k_{20} —— T ℃、20 ℃时土的渗透系数；

η_T 、η_{20} —— T ℃、20 ℃时水的动力黏滞系数，$\frac{\eta_T}{\eta_{20}}$ 值见表 2-2。

表 2-2　$\frac{\eta_T}{\eta_{20}}$与温度的关系

温度(℃)	5.0	5.5	6.0	6.5	7.0	7.5	8.0	8.5	9.0	9.5	10.0	10.5	11.0
$\frac{\eta_T}{\eta_{20}}$	1.501	1.478	1.455	1.435	1.414	1.393	1.373	1.353	1.334	1.315	1.297	1.279	1.261
温度(℃)	11.5	12.0	12.5	13.0	13.5	14.0	14.5	15.0	15.5	16.0	16.5	17.0	17.5
$\frac{\eta_T}{\eta_{20}}$	1.243	1.227	1.211	1.194	1.176	1.163	1.148	1.133	1.119	1.104	1.090	1.077	1.066
温度(℃)	18.0	18.5	19.0	19.5	20.0	20.5	21.0	21.5	22.0	22.5	23.0	24.0	25.0
$\frac{\eta_T}{\eta_{20}}$	1.050	1.038	1.025	1.012	1.000	0.988	0.976	0.964	0.953	0.943	0.932	0.910	0.890
温度(℃)	26.0	27.0	28.0	29.0	30.0	31.0	32.0	33.0	34.0	35.0			
$\frac{\eta_T}{\eta_{20}}$	0.870	0.850	0.833	0.815	0.798	0.781	0.765	0.750	0.735	0.720			

(二)渗透力

从土渗透作用机理可知，渗透力是土渗透动力，其大小为渗透水力坡降与水重度的乘积，其公式推导过程大致如下。如图 2-4 所示，在一圆筒内放置土样，两侧分别作用水头 h_1 、h_2 ，由于水头差的作用，水由左侧渗透至右侧。假设没有土体存在，则水会很快通过，而由于土的存在，使流速大大减小，说明土体对水流有很大的阻力，反之，水流给土体一作用力，这一水流对土体的作用力称为渗透力 j ，通常以土体单位体积上受到的力来表示。

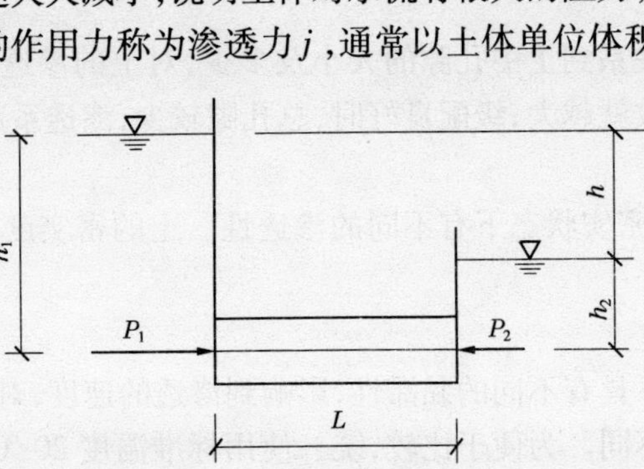

图 2-4　渗透力及其计算

水头 h_1 、h_2 在土样两端产生的压力分别为 $P_1 = \gamma_w h_1 A$，$P_2 = \gamma_w h_2 A$，土样体积为 AL，则单位体积土体上的渗透力为

$$j = \frac{P_1 - P_2}{AL} = \frac{\gamma_w h_1 A - \gamma_w h_2 A}{AL} = \frac{h_1 - h_2}{L}\gamma_w = \frac{h}{L}\gamma_w = i\gamma_w$$

即

$$j = i\gamma_w \tag{2-4}$$

渗透力的大小为 $i\gamma_w$，作用方向与渗透方向一致，作用于整个土体当中，是一种体积力，单位为 kN/m^3。

（三）临界水力坡降

水力坡降是渗透水头与渗径之比，是渗透力大小的决定因素，使土体开始发生渗透变形的水力坡降称为临界水力坡降。

我们首先分析一下流土的临界水力坡降，如图 2-5 所示，渗透变形试验中，左边贮水器可上下移动，贮水器中水经土样由右边溢水口溢出，当贮水器由低往高提升时，渗透力不断加大，贮水器较低时，不发生渗透变形，很高时则发生渗透变形。某一高度时，刚好发生渗透变形，这一高度所对应的水力坡降即为临界水力坡降，此时有 $j = \gamma'$。

由于

$$j = i\gamma_w, \gamma' = \frac{G_s - 1}{1 + e}\gamma_w$$

令

$$i\gamma_w = \frac{G_s - 1}{1 + e}\gamma_w$$

则有

$$i = \frac{G_s - 1}{1 + e}$$

此时的 i 即为临界水力坡降，用 i_{cr} 表示，即

$$i_{cr} = \frac{G_s - 1}{1 + e} \tag{2-5}$$

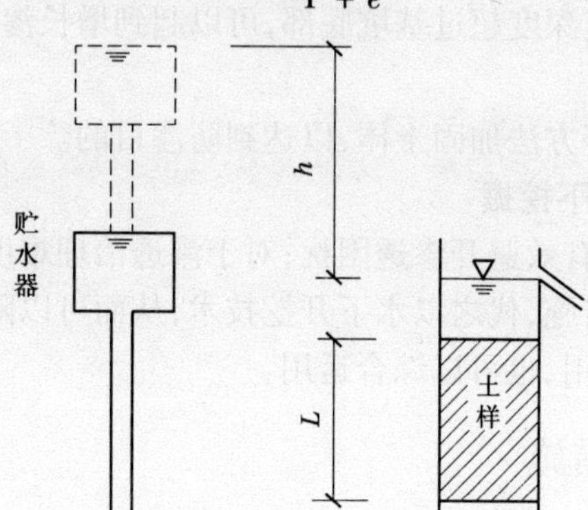

图 2-5 渗透变形试验

可以看出，i_{cr} 与土粒的比重 G_s、孔隙比 e 有关，是土抵抗渗透变形的极限能力，我们可通过实际产生的水力坡降 i 与临界水力坡降 i_{cr} 进行比较，来判断是否发生渗透变形：

当 $i < i_{cr}$ 时，不发生渗透变形；

当 $i > i_{cr}$ 时，发生渗透变形；

当 $i = i_{cr}$ 时，土体处于临界状态。

在工程设计中,为了保证建筑物的安全,通常将临界水力坡降 i_{cr} 除以安全系数(一般取2 ~3),作为允许的水力坡降$[i]$,设计上要求将实际的水力坡降控制在允许的水力坡降之内,即 $i \leqslant [i]$。

对于管涌,水力坡降比较复杂,与土粒径、孔隙率、渗透系数都有直接关系,实际工作中可参照有关经验公式,这里不再赘述。

第二节　土渗透理论的工程应用

由土的渗透机理可知,土体变形有管涌和流土两种,可实际上工程渗透破坏情况可能非常复杂,其影响因素包括有土的类别、颗粒组成、密度、水流条件以及防渗、排渗等,但概括起来不过是水力坡降和土的颗粒组成特性两大要素,所以其治理措施基本上归为两类:一类是降低水力坡降;一类是增强土体抗渗能力和创造良好的排水条件。

一、基坑开挖防渗排水措施

基坑开挖是工程实施的第一步,但往往由于地下水或地基土质、地形等因素,没有干地施工条件,或者受到渗透水流的干扰,造成基坑坍塌等现象,需要进行防渗处理,以保证正常施工,常用防渗措施有以下几种。

(一)井点降水法

先在基坑开挖范围按一定规则设置井点,抽水降低地下水位后再开挖,减少或消除基坑内外的水位差,以降低渗透水力坡降。

(二)板桩防渗

沿基坑壁打入板桩,其深度超过基坑底部,可以起到增长渗径和加固坑壁的作用。

(三)土层加固处理

可以采取冻结、注浆等方法加固土体,以达到防渗目的。

(四)枯水期施工或水下挖掘

采取枯水期施工可以有效避开渗透困扰;对于渗透治理难度大的工程项目,也可以进行水下挖掘,不采取防渗措施,代之以水下开挖技术,从而可以降低施工成本。

以上措施可以单独使用,也可以综合运用。

二、水工防渗排水措施

(一)设置垂直防渗体

即在水平方向上起到拦截水流的作用,常见结构物有截水槽、混凝土心墙、黏土心墙、旋喷混凝土桩心墙、板桩、帷幕灌浆、劈裂灌浆、地下连续防渗墙等。

(二)水平防渗体

防止水流的垂直入渗,常见有水平黏土铺盖(见图2-6)、盖重(见图2-7)、土工合成防渗膜等。

(三)反滤体

反滤体主要起到透水滤土的作用,常有三层构造,紧贴土体铺土工织物,覆以较细砂土，防止细小土颗粒透出，紧接砂层为较粗砂砾，用以阻止砂粒逸出，最外层再盖以砾石，构成反滤体结构，这样就能使水安全逸出而保持土体稳定。

（四）减压措施

泛指通过设置井点、排水沟槽等以达到减少或消除水头压力的措施。

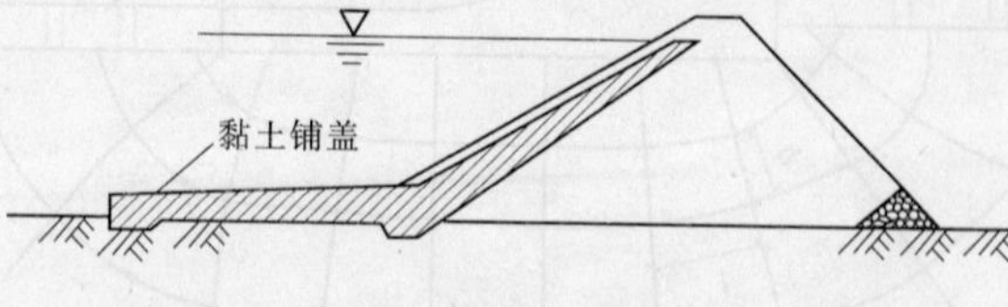

图 2-6　土坝水平黏土铺盖及堆石压重

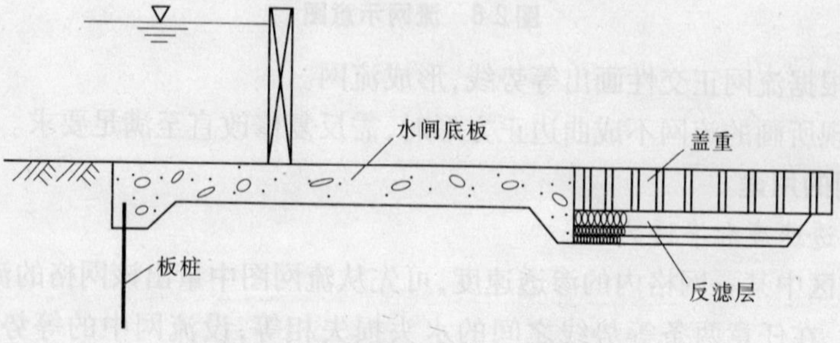

图 2-7　水闸垂直板桩及反滤层、盖重

三、流网的应用

（一）流网的概念

在工程实践中，往往需要确定某一区域的渗透参数，对于简单边界条件下的单向渗透，土中各处水力坡降相同，可以直接使用达西定律，确定出渗透速度和渗透流量。而实际工程往往比较复杂，水流形态往往是二维或三维的，土中各点的渗透特性并不相同，不能直接使用达西定律，这就要用到流场的概念，通过绘制流网较直观地解决实际问题。工程中常涉及一些轴线长度远大于其横向尺寸的构筑物，如坝基、闸基及带挡墙（或板桩）的基坑等，其共同的特点是渗透沿构筑物轴线方向的任意一个断面上，其渗透特性相同，我们可以把该区域称为平面流场，并且可以通过绘制流网形象地表达出来。

具体地说，流网是反映渗透特性的，由流线和等势线相互正交而形成的网状图形，如图 2-8 所示，流线代表水流的流动路径，等势线是将流线上具有相同总水头的各点连接起来的线，即在同一条等势线上，各点的总水头都相同，或者说测压管水位在同一水平线上。对于各向同性土，流网具有如下特征：①流网是相互正交的网格；②网格的长度 l 与宽度 b 的比值为定值，一般取 1.0，故流网为曲边正方形；③相邻等势线间的水头损失相等；④相邻流线间的渗透量相等。

（二）流网的绘制

根据流网的特性，可按以下步骤绘制流网：

（1）先按流动趋势画出流线。

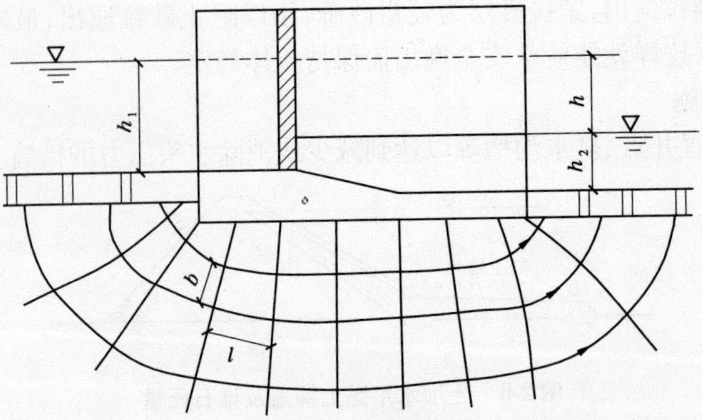

图 2-8　流网示意图

(2)然后根据流网正交性画出等势线,形成流网。

(3)如发现所画的流网不成曲边正方形时,需反复修改直至满足要求。

(三)流网的用途

1. 计算渗透速度和渗透力

计算渗透区中某一网格内的渗透速度,可先从流网图中量出该网格的流线长度 l。根据流网的特性,在任意两条等势线之间的水头损失相等,设流网中的等势线的数量为 n(包括边界等势线),上下游总水头差为 h,则任意两等势线间的水头差为 $\Delta h = \dfrac{h}{n-1}$。

而所求网格内的渗透速度和渗透力为

$$v = ki = k\frac{\Delta h}{l} = k\frac{h}{(n-1)l} \tag{2-6}$$

$$j = i\gamma_w \tag{2-7}$$

2. 计算渗透流量

由于任意两相邻流线间的单位渗透量相等,设整个流网的流线数量为 m(包括边界流线),则单位宽度内总的渗透量为

$$q = kib(m-1) = k\frac{h}{(n-1)l}b(m-1) \tag{2-8}$$

第三节　土的渗透试验

一、试验目的和适用范围

本试验的目的是测定土的渗透系数。土的渗透系数变化范围很大($10^{-1} \sim 10^{-8}$ cm/s)。渗透系数的测定对于不同土体应采用不同的方法:粗粒土采用常水头试验法,细粒土采用变水头试验法。

试验用水应采用实际作用于土中的天然水。如有困难允许用纯水或经过滤的清水。在试验前必须用抽气法或煮沸法进行脱气(包括天然水)。试验时的水温宜高于室温 3 ~4 ℃。

二、常水头试验

(一)试验原理

常水头试验是在整个试验过程中水头始终保持不变的一种方法,适用于透水性较大的粗粒土。

如图 2-9 所示,在圆柱形试验筒内装置土样,设土样截面面积为 A,长度为 L,试验时水头差为 h,这三者可以直接量出,试验时测得在时间 t 内流出的水量(体积)V,则透过土样的流量为 $\frac{V}{t}$,由达西定律应有 $\frac{V}{t}=k\frac{h}{L}A$,则

$$k=\frac{VL}{hAt} \tag{2-9}$$

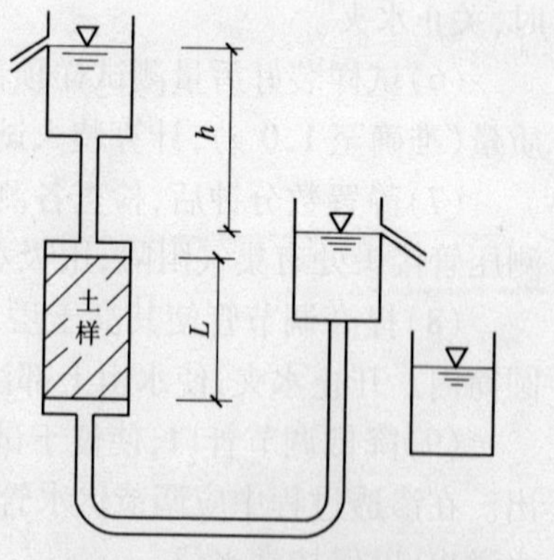

图 2-9 常水头试验示意图

(二)仪器设备

(1)常水头渗透仪(70 型渗透仪)。其中:封底圆筒的尺寸参数应符合《岩土工程仪器基本参数及通用技术条件》(GB/T 15406—2007)的规定;当使用其他尺寸的圆筒时,圆筒内径应大于试样最大粒径的 10 倍。玻璃测压管内径为 0.6 cm,分度值为 0.1 cm。常水头渗透仪装置如图 2-10所示。

(2)天平。称量 5 000 g,分度值 1.0 g。

(3)温度计。分度值 0.5 ℃。

(4)其他附属设备。木锤、秒表等。

(三)操作步骤

(1)按图 2-10 装好仪器,并检查各管路接头处是否漏水。将调节管与供水管连通,由仪器底部充水至水位略高于金属孔板,关止水夹。

(2)取具有代表性的风干试样 3 ~ 4 kg,称量准确至 1.0 g,并测定试样的风干含水率。

(3)将试样分层装入圆筒,每层厚 2 ~ 3 cm,用木锤轻轻击实到一定厚度,以控制其孔隙比。

如试样含黏粒较多,应在金属孔板上加铺厚约 2 cm 的粗砂过渡层,防止试验时细料流失,并量出过渡层厚度。

(4)每层试样装好后,连接供水管和调节管,并由调节管中进水,微开止水夹,使试样逐渐饱和。当水面与试样顶面齐平时,关止水夹。

饱和时水流不应过急,以免冲动试样。

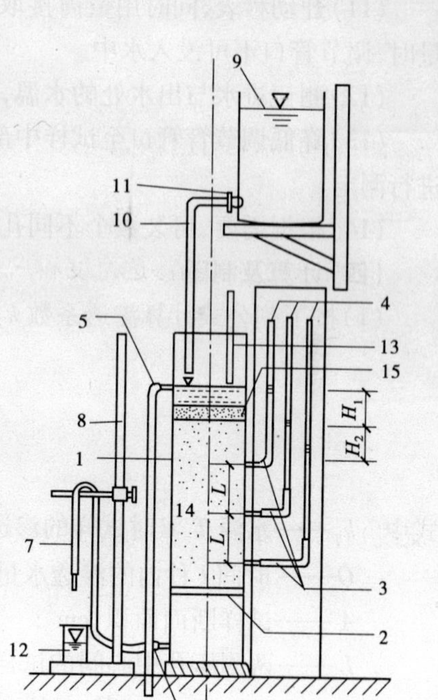

1—封底金属圆筒;2—金属孔板;3—测压孔;4—玻璃测压管;5—溢水孔;6—渗水孔;7—调节管;8—滑动支架;9—容量为 5 000 mL 的供水瓶;10—供水管;11—止水夹;12—容量为 500 mL 的量筒;13—温度计;14—试样;15—砾石层

图 2-10 常水头渗透仪装置

(5)依上述步骤逐层装试样，至试样高出上测压孔 3 ~4 cm 止。在试样上端铺厚约 2 cm 砾石做缓冲层。待最后一层试样饱和后，继续使水位缓缓上升至溢水孔。当有水溢出时，关止水夹。

(6)试样装好后量测试样顶部至仪器上口的剩余高度，计算试样净高。称剩余试样质量(准确至 1.0 g)，计算装入试样总质量。

(7)静置数分钟后，检查各测压管水位是否与溢水孔齐平。如不齐平，说明试样中或测压管接头处有集气阻隔，用吸水球进行吸水排气处理。

(8)提高调节管使其高于溢水孔，然后将调节管与供水管分开，并将供水管置于金属圆筒内。开止水夹，使水由上部注入金属圆筒内。

(9)降低调节管口，使位于试样上部 1/3 处，造成水位差，水即渗过试样，经调节管流出。在渗透过程中应调节供水管夹，使供水管流量略多于溢出水量。溢水孔应始终有余水溢出，以保持常水位。

(10)测压管水位稳定后，记录测压管水位，计算各测压管间的水位差。

(11)开动秒表，同时用量筒接取经一定时间的渗透水量，并重复 1 次。接取渗透水量时，调节管口不可没入水中。

(12)测记进水与出水处的水温，取平均值。

(13)降低调节管管口至试样中部及下部 1/3 处，以改变水力坡降，按(9) ~(12)重复进行测定。

(14)根据需要，可装数个不同孔隙比的试样，进行渗透系数的测定。

(四)计算及制图

(1)按下列公式计算渗透系数 k_T 及 k_{20}

$$k_T = \frac{QL}{hAt} \tag{2-10}$$

$$k_{20} = k_T \frac{\eta_T}{\eta_{20}} \tag{2-11}$$

式中 k_T——水温 T ℃时试样的渗透系数，cm/s；

Q——时间 t 秒内的渗透水量，cm^3；

A——试样断面面积，cm^2；

L——两测压孔中心间的试样高度，cm；

h——平均水位差$\left(\frac{H_1 + H_2}{2}\right)$，cm，$H_1$、$H_2$ 如图 2-10 所示；

t——时间，s；

k_{20}——标准温度(20 ℃)时试样的渗透系数，cm/s；

η_T——T ℃时水的动力黏滞系数，kPa · s($\times 10^{-6}$)；

η_{20}——20 ℃时水的动力黏滞系数，kPa · s($\times 10^{-6}$)。

(2)η_T/η_{20}与温度的关系见表 2-2。

(3)在测得的结果中取 3 ~4 个在允许差值范围以内的数值，求其平均值，作为试样在该孔隙比 e 时的渗透系数。

(五)记录

本试验记录格式如表 2-3 所示。

表 2-3　常水头渗透试验记录

工程名称________试样高度________干土质量________试验者________

土样编号________试样面积________土粒比重________计算者________

仪器编号________试样说明________测压孔间距__10 cm__校核者________

孔 隙 比________试验日期________

试验次数									
经过时间 t (s)		(1)							
测压管水位(cm)	Ⅰ管	(2)							
	Ⅱ管	(3)							
	Ⅲ管	(4)							
水位差(cm)	H_1	(5)	(2) - (3)						
	H_2	(6)	(3) - (4)						
	平均 h	(7)	$\frac{(5)+(6)}{2}$						
水力坡降 J		(8)	0.1 × (7)						
渗透水量 Q (cm^3)		(9)							
渗透系数 k_T (cm/s)		(10)	$\frac{(9)}{A\times(7)\times(1)}$						
平均水温(℃)		(11)							
校正系数 η_T/η_{20}		(12)							
水温 20 ℃渗透系数 k_{20} (cm/s)		(13)	(10) × (12)						
平均渗透系数 (cm/s)		(14)	$\frac{\sum(13)}{n}$						
备注									

三、变水头渗透试验

(一)试验原理

变水头试验是在整个试验过程中水头不断变化的一种方法,适用于透水性小的细粒土。

由于黏性土的透水性小,若用常水头法,流过土样的水量很小不易测准,或者由于需要的时间很长,会因蒸发而影响试验精度,故采用变水头试验。

如图 2-11 所示,土样上端连接一带刻度的竖直玻璃管,其横截面面积为 a 。玻璃管内为高水位，另一侧连接一溢水容器，为低水位（水位不变）。试验中玻璃管内水位逐渐降低，记录下时刻 t_1 和相应水头 h_1 、时刻 t_2 和相应水头 h_2 。

设在水头 h 下，经微小时段 dt，水位变化 $-dh$（负号表示水头随时间增长而减小），则在该时段内玻璃管内水量变化 $-a dh$，又由达西定律知流经土样的水量为 $dV = k\frac{h}{L}A dt$，两者应相等，即

$$-a dh = k\frac{h}{L}A dt \tag{2-12}$$

$$-\frac{dh}{h} = \frac{kA}{aL}dt \tag{2-13}$$

在时段 $t_1 \sim t_2$ 内，水头由 $h_2 \sim h_1$，将式(2-13)两端分别积分，得

$$-\int_{h_1}^{h_2}\frac{dh}{h} = \int_{t_1}^{t_2}\frac{kA}{aL}dt \tag{2-14}$$

$$\ln\frac{h_1}{h_2} = \frac{k}{L}\frac{A}{a}(t_2 - t_1) \tag{2-15}$$

$$k = \frac{aL}{A(t_2 - t_1)}\ln\frac{h_1}{h_2} \tag{2-16}$$

（二）仪器设备（南 55 型，如图 2-12 所示）

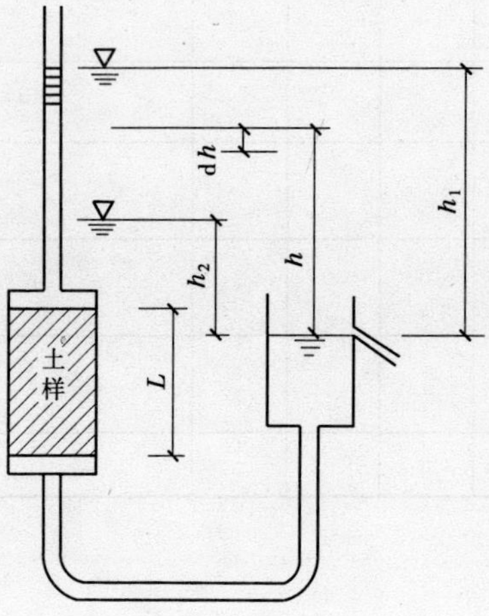

图 2-11　变水头试验示意图

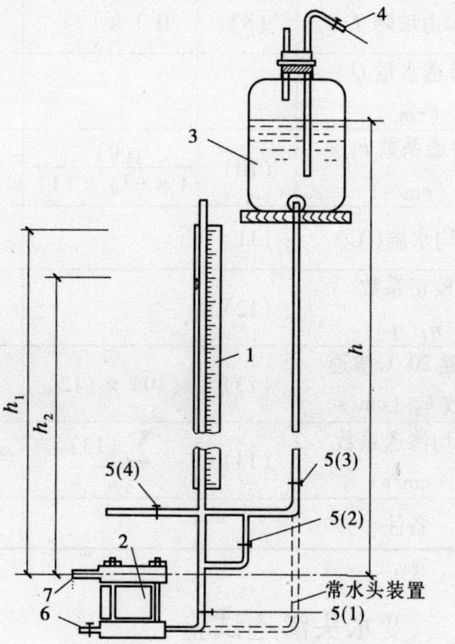

1—变水头管；2—渗透容器；3—供水瓶；
4—接水源管；5—进水管夹；6—排气管；7—出水管

图 2-12　变水头渗透装置

(1)渗透容器。由环刀、透水板、套筒及上下盖组成。

(2)水头装置。变水头管的内径,根据试样渗透系数选择不同尺寸,长度为 1.0 m 以上,分度值为 1.0 mm。

(3)其他。切土器、量筒、秒表、温度计、削土刀、凡士林等。

(三)操作步骤

(1)根据需要用环刀在垂直或平行土样层面切取原状试样或扰动土制备成给定密度的试样,并进行充分饱和。切土时应尽量避免结构扰动,并禁止用削土刀反复涂抹试样表面。

(2)将容器套筒内壁涂一薄层凡士林,然后将盛有试样的环刀推入套筒,并压入止水垫圈。把挤出的多余凡士林小心刮净。装好带有透水板的上下盖,并用螺丝拧紧,不得漏气漏水。

(3)把装好试样的渗透容器与水头装置连通。利用供水瓶中的水充满进水管,并注入渗透容器。开排气阀,将容器侧立,排除渗透容器底部的空气,直至溢出水中无气泡。关排气阀,放平渗透容器。

(4)在一定水头作用下静置一段时间,待出水管口有水溢出时,再开始进行试验测定。

(5)将水头管充水至需要高度后,关止水夹 5(2),开动秒表,同时测记起始水头 h_1。经过时间 t 后,再测记终了水头 h_2。如此连续测记 2~3 次后,再使水头管水位回升至需要高度,再连续测记数次,需 6 次以上,试验终止,同时测记试验开始时与终止时的水温。

(四)计算

(1)按式(2-17)计算渗透系数,即

$$k_T = 2.3\frac{aL}{At}\lg\frac{h_1}{h_2} \tag{2-17}$$

式中 a——变水头管截面面积,cm^2;

L——渗径,等于试样高度,cm;

h_1——开始时水头,cm;

h_2——终止时水头,cm;

A——试样的断面面积,cm^2;

t——时间,s。

(2)按式(2-18)计算标准温度下的渗透系数,即

$$k_{20} = k_T\frac{\eta_T}{\eta_{20}} \tag{2-18}$$

式中符号含义见常水头试验。

(3)按常水头试验规程规定计算该孔隙比的平均渗透系数。

(五)记录

本试验记录表格如表 2-4 所示。

表 2-4 变水头渗透试验记录表

工程名称________土样说明________试样面积________试验者________

土样编号________测压管断面面积________孔隙比________计算者________

仪器编号________试样高度________试验日期________校核者________

开始时间 t_1 (日 T 时:分)	(1)							
终了时间 t_2 (日 T 时:分)	(2)							
经过时间 t (s)	(3)	(2) - (1)						
开始水头 h_1 (cm)	(4)							
终了水头 h_2 (cm)	(5)							
$2.3\frac{aL}{At}$	(6)	$2.3\frac{aL}{A(3)}$						
$\lg\frac{h_1}{h_2}$	(7)	$\lg\frac{(4)}{(5)}$						
渗透系数 k_T (cm/s)	(8)	(6) × (7)						
水温(℃)	(9)							
校正系数 η_T/η_{20}	(10)							
渗透系数 k_{20} (cm/s)	(11)	(8) × (10)						
平均渗透系数 (cm/s)	(12)	$\frac{\sum(11)}{n}$						
备注								

思考题

2-1　土的渗透性对工程有何影响?

2-2　由 $v = ki$ 可知, i 增大时则 k 减小,对吗?

2-3　土的渗透系数随温度升高而增大吗?

2-4　临界水力坡降越大,土体越容易发生渗透变形吗?

习　题

2-1　一土样在 15 ℃下做常水头试验，土样长度 150 cm，横截面面积 80 cm^2，两端水头差 50 cm，通过土样的流量为 48 cm^3/min，试求该土样的渗透系数 k_{20}。

2-2　一原状土样做变水头试验，土样的截面面积 $A=30\ cm^2$，长度 $L=4\ cm$，水管的截面面积 $a=0.3\ cm^2$，试验开始时的作用水头 $h_1=112\ cm$，终止时水头 $h_2=95\ cm$，试验经历时间为 82 s，试求该土样的渗透系数 k。

第三章　土中的应力

【引导性案例】

图 3-1(a)是某地两个基础靠得很近的筒仓,由于地基应力重叠,引起上部结构严重倾斜,“亲密接触”。图 3-1(b)所示是 2003 年广东发生多起房屋倒塌,初步查明原因是天气严重干旱,过量开采地下水,地下水位急剧下降,附加应力增加,造成地面下陷。这些都是由土中应力的变化所引起的。

(a)　　　　　　　　(b)

图 3-1

地基土体中的应力,就其产生的原因主要有两种:由土体本身重量引起的自重应力和由外荷载引起的附加应力。土像其他材料一样,受力后也要产生应力和变形。在地基土层上建造建筑物,基础将建筑物的荷载传给地基,使地基中原有的应力状态发生变化,引起地基变形,从而使建筑物产生一定的沉降量和沉降差。如果应力变化引起的变形量在容许范围以内,则不致对建筑物的使用和安全造成危害;但当外荷载在土中引起的应力过大时,则不仅会使建筑物发生不能容许的过量沉降,甚至可以使土体发生整体破坏而失去稳定。因此,研究土中应力计算和分布规律是研究地基和土工建筑物变形和稳定问题的基础和依据。

工程实践中,只有掌握土中应力大小和分布规律的计算方法,才能对土中应力进行准确确定,从而对一定荷载作用下的土体变形和稳定情况进行判定。

第一节　土中应力种类及其计算

一、自重应力和基底压力

(一)自重应力

1. 均质土的自重应力

由土体的自重在地基引起的应力称为自重应力,是始终存在于土中的。自重应力是土体在加载前由于上覆地层引起的应力,该应力是指在受力单元体任意斜面上的应力;而竖向自重应力 σ_{cz} 则特指作用在单元体水平面上的垂直应力,该单元体埋深为 z,假定为密实材料(没有孔隙)。如图 3-2 所示。

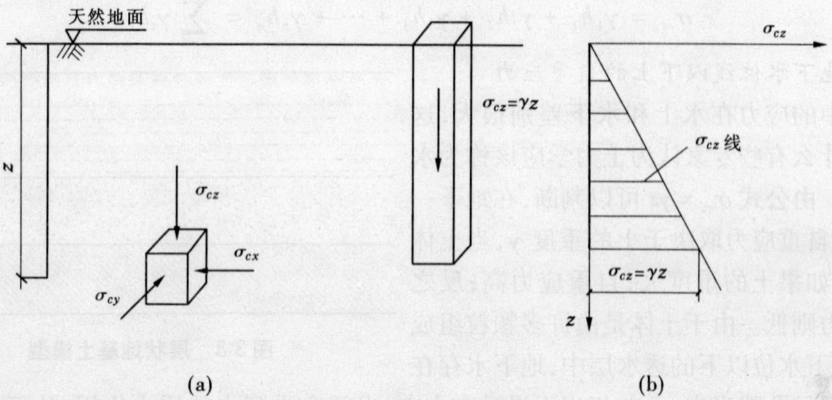

图 3-2　均质土的自重应力

自重应力或竖向自重应力取决于土体本身的特性。竖向自重应力 σ_{cz} 可通过一个简单的公式来确定,即

$$\sigma_{cz} = \gamma z \tag{3-1}$$

式中　z——受力单元体的埋深,m;

γ——土的重度,kN/m^3。

因为假定土体沿任一水平面上均匀地无限分布,由此地基土在自重作用下只能产生竖向变形,而不能产生侧向变形和剪切变形。从这个条件出发,根据弹性力学,侧向自重应力 σ_{cx} 和 σ_{cy} 应与 σ_{cz} 成正比,而剪应力均为零,并按下式计算

$$\sigma_{cx} = \sigma_{cy} = K_0 \sigma_{cz} \tag{3-2}$$

$$\tau_{xy} = \tau_{yz} = \tau_{zx} = 0 \tag{3-3}$$

式中　K_0——土的侧压力系数或静止土压力系数;

τ_{xy}、τ_{yz}、τ_{zx}——天然地面任意深度 z 处土单元体的剪应力。

土的静止土压力系数 K_0 值可在室内用三轴仪测得,在原位则可用自钻式旁压仪测试得到。

在缺乏试验资料时,可用下述经验公式估算:

砂性土　$$K_0 = 1 - \sin\varphi' \tag{3-4}$$

黏性土　$$K_0 = 0.95 - \sin\varphi' \tag{3-5}$$

超固结黏土　$$K_0 = OCR(1 - \sin\varphi') \tag{3-6}$$

式中　φ'——土的有效内摩擦角,(°);

OCR——土的超固结比。

由式(3-1)可知,自重应力变化规律是:自重应力随深度的增加而呈直线增加,即自重应力沿深度呈三角形分布,如图 3-2(b)所示。

2. 层状土的自重应力

地基土多为层状土，如图 3-3 所示，若各层土的厚度和重度分别为 h_i 和 γ_i，则第 n 层地面处土的自重应力表示为

$$\sigma_{cz} = \gamma_1 h_1 + \gamma_2 h_2 + \gamma_3 h_3 + \cdots + \gamma_n h_n = \sum_{i=1}^{n} \gamma_i h_i \tag{3-7}$$

3. 地下水位线以下土的自重应力

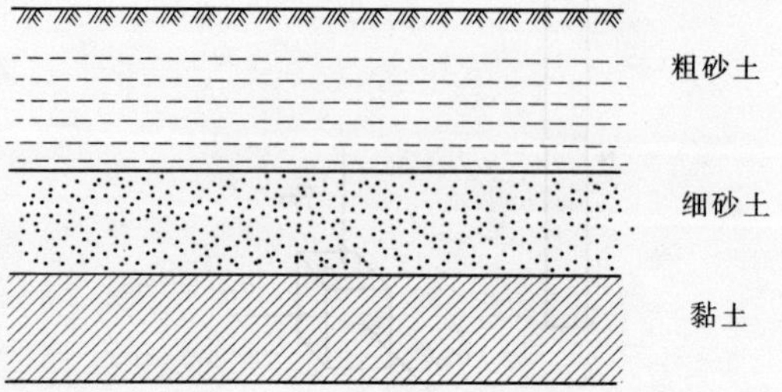

图 3-3　层状地基土模型

土中的应力在水上和水下差别很大，这就是为什么有些专家认为土力学应该称为水土力学。由公式 $\sigma_{cz}=\gamma z$ 可以判断，在地下一定深度，自重应力取决于土的重度 γ，当土体一定时，如果土的重度大，自重应力高；反之自重应力则低。由于土体是由许多颗粒组成的，在地下水位以下的透水层中，地下水存在于土粒间的孔隙当中，土粒相当于浸没在水中，也就会受到水的浮力作用，从而使得土粒间相互传递的自重作用减少。对于含水层，土的自重应力用浮重度来计算，正好相当于扣除了浮力的作用。因此，式(3-7)中地下水位以下的 γ_i 换成 γ'_i。如图 3-4 所示。

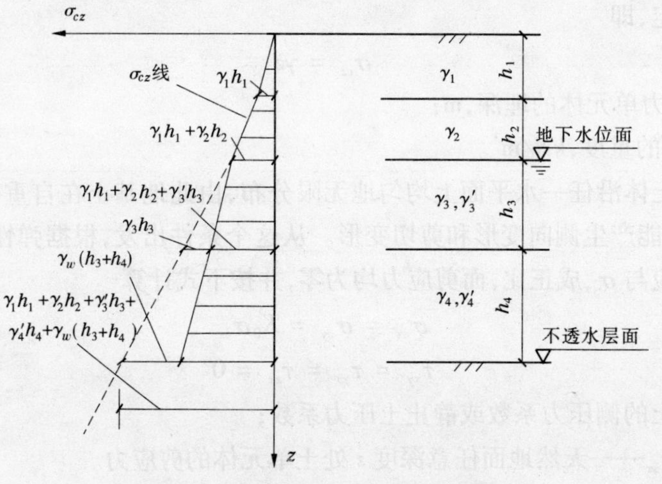

图 3-4　成层地基中土的自重应力分布

土的自重应力规律：分布线的斜率是重度，在等重度地基中随深度呈直线分布，自重应力在成层地基中呈折线分布，在土层分界面处和地下水位处发生转折或突变。

土层中的地下水位常有变化，这使得土中的自重应力也相应发生变化。①当地下水位下降时，地下水位变化范围内的土体，在水位变化前土颗粒受浮力作用，土的自重应力等于 $\gamma' z$，而地下水位下降后土颗粒不受浮力作用，自重应力等于 γz，因为 $\gamma' < \gamma$，所以土的自重应力增加，引起土体发生变形。如果大量抽取地下水，会造成地下水位大幅度下降，使原水位以下土体中的有效应力增加，造成地表大面积下沉。②当地下水位上升时，由于地下水位上升时原来本来没有受到浮力作用的土颗粒受到了浮力作用，致使土的自重应力减少。地下水上升除了引起自重应力减少外，还将引起黏性土地基承载力降低、自

重湿陷性黄土湿陷、挡土墙侧向压力增加、土坡稳定性降低等。一般发生在人工提高蓄水水位的地区或工业用水大量渗入地下的地区。

4. 不透水层对自重应力的影响

以上所讲浮力作用是针对透水层而言的,对于不透水层,也就是遇到完整的岩层或密实的黏土层,颗粒间很致密,地下水进入不到其孔隙当中。这样,从不透水层开始往下,浮力消失,其重度要以天然重度计算,而且含水层高度范围内的水重也要作用在该层面上,即透水与不透水的界面处,自重应力增加一个地下水的水压力。

【例 3-1】 绘出图 3-5 地基中的有效应力和水压力分布图。

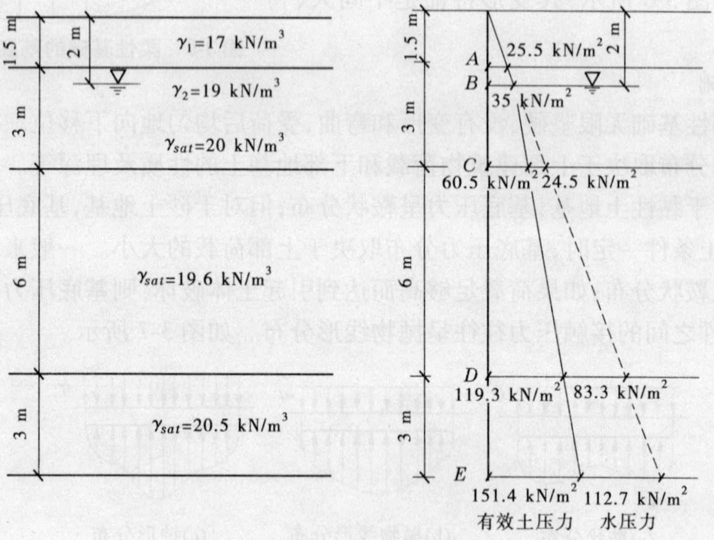

图 3-5 例 3-1 图

解:各层土分界面上的有效土压力分别为:

A 点处 $\sigma'_{cz}=17\times1.5=25.5(\text{kN/m}^2)$

B 点处 $\sigma'_{cz}=25.5+0.5\times19=35(\text{kN/m}^2)$

C 点处 $\sigma'_{cz}=35+2.5\times(20-9.8)=60.5(\text{kN/m}^2)$

D 点处 $\sigma'_{cz}=60.5+6\times(19.6-9.8)=119.3(\text{kN/m}^2)$

E 点处 $\sigma'_{cz}=119.3+3\times(20.5-9.8)=151.4(\text{kN/m}^2)$

水压力分别为:

C 点处 $u=2.5\times9.8=24.5(\text{kN/m}^2)$

D 点处 $u=24.5+6\times9.8=83.3(\text{kN/m}^2)$

E 点处 $u=83.3+3\times9.8=112.7(\text{kN/m}^2)$

即可绘出土压力和水压力的分布图如图 3-5 所示。

(二)基底压力

基础底面处单位面积土体所受到的压力,即为基底压力。建筑系统由上部结构、基础及地基土三部分组成。基础是上部结构与地基土的连接部分,建筑物荷载传到基础上,基础再把这一荷载传给地基土,产生了基础与地基土之间的基底压力。基底压力是计算地基中附加应力的依据，也是基础设计的依据。

1. 基底压力的分布

基底压力的分布受多种因素影响，包括上部建筑物的刚度、尺寸和大小，基础性质、埋深和土的性质。而基础性质对基底压力的分布起重要作用。本小节只讨论基础性质对基底压力分布的影响。

1）柔性基础

柔性基础，如土堤、土坝、路基等，在均布荷载作用下会发生挠曲（偏斜）。由于变形与弯曲，接触应力呈蝶形，如图 3-6 所示，其变形特征是中间大、两端小。

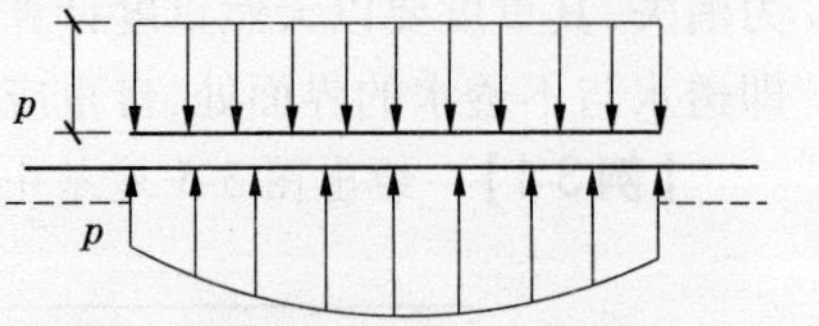

图 3-6　柔性基础的基底压力分布

2）刚性基础

理论上，刚性基础无限坚硬，没有变形和弯曲，受荷后均匀地向下移位。在这种条件下，基底压力的分布取决于上部建筑物荷载和下部地基土的性质及埋深等。例如，在均布荷载条件下，对于黏性土地基，基底压力呈鞍状分布；但对于砂土地基，基底压力呈抛物线形分布。地基土条件一定时，基底压力分布取决于上部荷载的大小。一般来说，如果荷载低，基底压力呈鞍状分布；如果荷载足够高而达到引起土体破坏，则基底压力呈钟形分布。在上述两种条件之间的接触压力往往呈抛物线形分布。如图 3-7 所示。

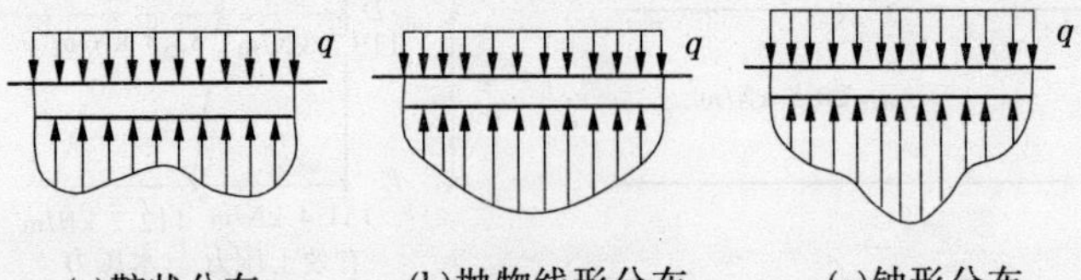

(a)鞍状分布　　(b)抛物线形分布　　(c)钟形分布

图 3-7　刚性基础的基底压力分布

2. 基底压力的简化计算

如上所述，无论是刚性基础或柔性基础，基底压力都是非均匀分布，其非均匀分布的特性给计算带来较大困难，而运用弹性力学和材料力学方法可以解决这一问题。线弹性力学研究表明：基底压力分布对地基土的影响仅在地面以下 1.5～2.0 m，超过这一范围，地基土的应力分布与基底压力的分布形状无关，而只决定于荷载合力的大小和位置。这样，我们就可以用材料力学方法来计算基底压力。此法虽有误差，但仍然被广泛应用。

1）中心荷载下的基底压力

现在，我们来分析在中心荷载与基础自重共同作用下产生的基底压力 p。把地基土视为不可压缩的介质，矩形基础在中心荷载作用下，基底压力简化为均匀分布，其基底压力 p 用如下公式表示

$$p = \frac{F + G}{A} \tag{3-8}$$

式中　p——基底压力，kPa；

A——基础底面面积，m^2；

F——基础上的垂直荷载，kN；

G——基础与回填土的重量,kN,$G=\gamma Ad$,其中 γ 为基础及基础上回填土的平均重度,一般取 20 kN/m^3,但地下水位以下的部分应取浮重度,d 为基础埋深,m。

条形基础理论上是指当 l/b 为无穷大时的矩形基础。实际工程中,当 l/b 大于或等于 10 时,即可按条形基础考虑。对于条形基础在中心荷载作用下的基底压力,同样简化为均匀分布,计算公式为

$$p = \overline{P}/b \tag{3-9}$$

式中 $\overline{P}$——沿基底长度方向 1 m 长基础上的荷载,kN/m;

b——基础宽度,m。

2)偏心荷载下矩形基础的基底压力

在单向偏心荷载条件下,沿 x 轴的基础边缘有两个不同的基底压力,即最大基底压力 p_{max} 和最小基底压力 p_{min},表达为

$$p_{\substack{max \\ min}} = \frac{P}{A} \pm \frac{M}{W} = \frac{P}{A}\left(1 \pm \frac{6e}{l}\right) \tag{3-10}$$

式中 p_{max}、p_{min}——基底边缘的最大压力和最小压力,kPa;

M——作用于基础底面的力矩,kN·m,$M=Pe$;

W——基础底面的抵抗矩,m^3,对于矩形基础 $W=\frac{bl^2}{6}$,b 为矩形基础的边长,l 为荷载偏心一边的边长;

e——荷载距中心的距离,即偏心距,m;

A——矩形基础的面积,m^2,$A=bl$。

由式(3-10)分析偏心距对基底压力的影响:

(1)当 $e<l/6$ 时,基底压力呈梯形分布,$p_{min}>0$;

(2)当 $e=l/6$ 时,基底压力呈三角形分布,$p_{min}=0$;

(3)当 $e>l/6$ 时,基底一端将出现拉力,$p_{min}<0$。

前两种情况都可利用式(3-10)计算基底压力。第三种将出现拉力,而基底与土体之间几乎不能承受拉力。在工程上不但不允许在基底上出现拉力,而且也不希望出现 $p_{min}=0$ 的现象。因此,在设计基础的尺寸时,应使合理偏心距控制在 $e<l/6$ 的范围内,以保证安全。但有时高耸结构物下的基底压力可能出现此种情况。实际上在土与基础之间不可能存在拉力,故基础底面下的压力将重新分布,如图 3-8(c)所示。此时得出基底边缘最大压力 p_{max} 为

$$p_{max} = \frac{2(F+G)}{3Kb} \tag{3-11}$$

式中 $K=\frac{l}{2}-e$。

还有一个可以确定偏心荷载下的任一点基底压力的普遍公式,即

$$p(x,y) = \frac{Q}{A} + \frac{M_x}{I_x}y + \frac{M_y}{I_y}x \tag{3-12}$$

式中 Q——总的竖向力,kN;

A——基底面积,m^2。

荷载对 x 轴的力矩 $M_x = Qe_y$ (3-13)

荷载对 y 轴的力矩 $M_y = Qe_x$ (3-14)

基础底面对 x 轴的惯性矩

$$I_x = \frac{lb^3}{12} \tag{3-15}$$

基础底面对 y 轴的惯性矩

$$I_y = \frac{bl^3}{12} \tag{3-16}$$

3)偏心荷载下条形基础的基底压力

若条形基础受偏心荷载作用,同样可在长度方向取一延米进行计算,则基底宽度方向两端的压力为

$$p_{\substack{max\\min}} = \frac{P}{b}(1 \pm \frac{6e}{b}) \tag{3-17}$$

式中 P——长度方向取 1 m 时,作用于基础上的总荷载;

b——条形基础的宽度。

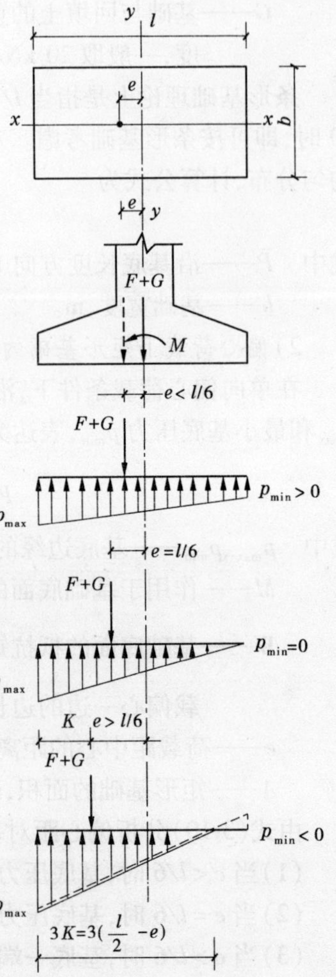

图 3-8 偏心荷载下的基底压力

二、地基中附加压力

基础通常是埋置在天然地面下一定深度的。由于天然土层在自重作用下的变形已经完成,故只有超出基底处原有自重应力的那部分应力才使地基产生附加变形,使地基产生附加变形的基底压力称为基底附加压力 p_0。因此,基底附加压力是上部结构和基础传到基底的接触压力与基底处原先存在于土中的自重应力之差,按下式计算

$$p_0 = p - \sigma_{cz} = p - \gamma_0 d \tag{3-18}$$

式中 p——基底平均压力,kPa;

σ_{cz}——基础底面处的自重应力,kPa;

γ_0——基底以上土的天然土层重度的加权平均值,地下水位以下取有效重度,kN/m³;

d——基础(底)埋深,m,从天然地面算起。

第二节 各种基础荷载情况下的基底压力和地基附加应力值计算

地基附加应力是指建筑物荷载在土体中引起的附加于原有自重应力之上的应力。其计算方法一般假定地基土是各向同性的、均质的线性变形体,而且在深度和水平方向上都是无限延伸的,即把地基看成是均质的线性变形半空间,这样就可以直接采用弹性力学中

关于弹性半空间的理论解答。

计算地基附加应力时，都把基底压力看成是柔性荷载，而不考虑基础刚度的影响。按照弹性力学，地基附加应力计算分为空间问题和平面问题两类。本节先介绍属于空间问题的集中力、矩形荷载和圆形荷载作用下的解答，然后介绍属于平面问题的线荷载和条形荷载作用下的解答，最后，再概要介绍一些非均质地基附加应力的弹性力学解答。

一、集中荷载

在弹性半空间表面上作用一个竖向集中力 F 时，半空间内任意点处所引起的应力和位移的弹性力学解答是由法国 J · 布辛奈斯克(Boussinesq, 1885)作出的。如图 3-9 所示，在半空间中任一点 $M(x,y,z)$ 处的 6 个应力分量的解答如下

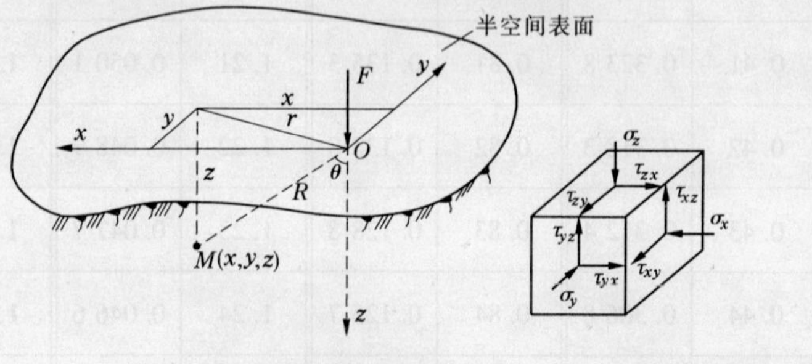

(a)半空间受力体系 (b)M点处的微单元体

图 3-9 一个竖向集中力作用下所引起的应力

$$\left.\begin{aligned}
\sigma_x &= \frac{3F}{2\pi}\left\{\frac{x^2 z}{R^5} + \frac{1-2\mu}{3}\left[\frac{R^2 - Rz - z^2}{R^3(R+z)} - \frac{x^2(2R+z)}{R^3(R+z)^2}\right]\right\} \\
\sigma_y &= \frac{3F}{2\pi}\left\{\frac{y^2 z}{R^5} + \frac{1-2\mu}{3}\left[\frac{R^2 - Rz - z^2}{R^3(R+z)} - \frac{y^2(2R+z)}{R^3(R+z)^2}\right]\right\} \\
\sigma_z &= \frac{3F}{2\pi}\frac{z^3}{R^5} = \frac{3F}{2\pi R^2}\cos^3\theta \\
\tau_{xy} &= \tau_{yx} = \frac{3F}{2\pi}\left\{\frac{xyz}{R^5} - \frac{1-2\mu}{3}\left[\frac{xy(2R+z)}{R^3(R+z)^2}\right]\right\} \\
\tau_{xz} &= \tau_{zx} = \frac{3F}{2\pi}\frac{xz^2}{R^5} \\
\tau_{yz} &= \tau_{zy} = \frac{3F}{2\pi}\frac{yz^2}{R^5}
\end{aligned}\right\} \tag{3-19}$$

对于土力学来说，水平面上的竖向应力分量 σ_z 具有特别重要的意义，因为它是使地基土产生压缩变形的直接原因，因此下面将主要讨论竖向应力的计算及其分布规律。

由图 3-9 的几何关系，σ_z 可写成如下形式

$$\sigma_z = \frac{3F}{2\pi}\frac{z^3}{R^5} = \frac{3}{2\pi}\frac{1}{\left[1+\left(\frac{r}{z}\right)^2\right]^{5/2}}\frac{F}{z^2} \tag{3-20}$$

$$R = \sqrt{z^2 + r^2} = \sqrt{x^2 + y^2 + r^2} = z\sqrt{1+\left(\frac{r}{z}\right)^2} \tag{3-21}$$

令 $K=\frac{3}{2\pi}\frac{1}{[(\frac{r}{z})^2+1]^{5/2}}$，则式(3-20)改写为

$$\sigma_z = K\frac{F}{z^2} \tag{3-22}$$

式中　K——集中力作用下的地基竖向附加应力系数，简称附加应力系数，可按 r/z 由表3-1查得。

表3-1　集中荷载作用下的附加应力系数 K

r/z	K	r/z	K	r/z	K	r/z	K	r/z	K
0	0.477 5	0.40	0.329 4	0.80	0.138 6	1.20	0.051 3	1.60	0.020 0
0.01	0.477 3	0.41	0.323 8	0.81	0.135 3	1.21	0.050 1	1.61	0.019 5
0.02	0.477 0	0.42	0.318 3	0.82	0.132 0	1.22	0.048 9	1.62	0.019 1
0.03	0.476 4	0.43	0.312 4	0.83	0.128 8	1.23	0.047 7	1.63	0.018 7
0.04	0.475 6	0.44	0.306 8	0.84	0.125 7	1.24	0.046 6	1.64	0.018 3
0.05	0.474 5	0.45	0.301 1	0.85	0.122 6	1.25	0.045 4	1.65	0.017 9
0.06	0.473 2	0.46	0.295 5	0.86	0.119 6	1.26	0.044 3	1.66	0.017 5
0.07	0.471 7	0.47	0.289 9	0.87	0.116 6	1.27	0.043 3	1.67	0.017 1
0.08	0.469 9	0.48	0.284 3	0.88	0.113 8	1.28	0.042 2	1.68	0.016 7
0.09	0.467 9	0.49	0.278 8	0.89	0.111 0	1.29	0.041 2	1.69	0.016 3
0.10	0.465 7	0.50	0.273 3	0.90	0.108 3	1.30	0.040 2	1.70	0.016 0
0.11	0.463 3	0.51	0.267 9	0.91	0.105 7	1.31	0.039 3	1.72	0.015 3
0.12	0.460 7	0.52	0.262 5	0.92	0.103 1	1.32	0.038 4	1.74	0.014 7
0.13	0.457 9	0.53	0.257 1	0.93	0.100 5	1.33	0.037 4	1.76	0.014 1
0.14	0.454 8	0.54	0.251 8	0.94	0.098 1	1.34	0.036 5	1.78	0.013 5
0.15	0.451 6	0.55	0.246 6	0.95	0.095 6	1.35	0.035 7	1.80	0.012 9
0.16	0.448 2	0.56	0.241 4	0.96	0.093 3	1.36	0.034 8	1.82	0.012 4

续表 3-1

r/z	K	r/z	K	r/z	K	r/z	K	r/z	K
0. 17	0. 444 6	0. 57	0. 236 3	0. 97	0. 091 0	1. 37	0. 034 0	1. 84	0. 011 9
0. 18	0. 440 9	0. 58	0. 231 3	0. 98	0. 088 7	1. 38	0. 033 2	1. 86	0. 011 4
0. 19	0. 437 0	0. 59	0. 226 3	0. 99	0. 086 5	1. 39	0. 032 4	1. 88	0. 010 9
0. 20	0. 432 9	0. 60	0. 221 4	1. 00	0. 084 4	1. 40	0. 031 7	1. 90	0. 010 5
0. 21	0. 428 6	0. 61	0. 216 5	1. 01	0. 082 3	1. 41	0. 030 9	1. 92	0. 010 1
0. 22	0. 424 2	0. 62	0. 211 7	1. 02	0. 080 3	1. 42	0. 030 2	1. 94	0. 009 7
0. 23	0. 419 7	0. 63	0. 207 0	1. 03	0. 078 3	1. 43	0. 029 5	1. 96	0. 009 3
0. 24	0. 415 1	0. 64	0. 202 4	1. 04	0. 076 4	1. 44	0. 028 8	1. 98	0. 008 9
0. 25	0. 410 3	0. 65	0. 199 8	1. 05	0. 074 4	1. 45	0. 028 2	2. 00	0. 008 5
0. 26	0. 405 4	0. 66	0. 193 4	1. 06	0. 072 7	1. 46	0. 027 5	2. 10	0. 007 0
0. 27	0. 400 4	0. 67	0. 188 9	1. 07	0. 070 9	1. 47	0. 026 9	2. 20	0. 005 8
0. 28	0. 395 4	0. 68	0. 184 6	1. 08	0. 069 1	1. 48	0. 026 3	2. 30	0. 004 8
0. 29	0. 390 2	0. 69	0. 180 4	1. 09	0. 067 4	1. 49	0. 025 7	2. 40	0. 004 0
0. 30	0. 384 9	0. 70	0. 176 2	1. 10	0. 065 8	1. 50	0. 025 1	2. 50	0. 003 4
0. 31	0. 379 6	0. 71	0. 172 1	1. 11	0. 064 1	1. 51	0. 024 5	2. 60	0. 002 9
0. 32	0. 374 2	0. 72	0. 168 1	1. 12	0. 062 6	1. 52	0. 024 0	2. 70	0. 002 4
0. 33	0. 368 7	0. 73	0. 164 1	1. 13	0. 061 0	1. 53	0. 023 4	2. 80	0. 002 1
0. 34	0. 363 2	0. 74	0. 160 3	1. 14	0. 059 5	1. 54	0. 022 9	2. 90	0. 001 7
0. 35	0. 357 7	0. 75	0. 156 5	1. 15	0. 058 1	1. 55	0. 022 4	3. 00	0. 001 5
0. 36	0. 352 1	0. 76	0. 152 7	1. 16	0. 056 7	1. 56	0. 021 9	3. 50	0. 000 7
0. 37	0. 346 5	0. 77	0. 149 1	1. 17	0. 055 3	1. 57	0. 021 4	4. 00	0. 000 4
0. 38	0. 340 8	0. 78	0. 145 5	1. 18	0. 053 9	1. 58	0. 020 9	4. 50	0. 000 2
0. 39	0. 335 1	0. 79	0. 142 0	1. 19	0. 052 6	1. 59	0. 020 4	5. 00	0. 000 1

从式(3-19)可知,由于竖直向集中力作用下地基中的应力状态是轴对称空间问题,因此可以在通过 F 作用线所切出的任意竖直面上进行 σ_z 分布特征的讨论。

1. 在集中力 F 作用线上的 σ_z 分布

在 F 作用线上,$r=0$,则

$$K = \frac{3}{2\pi} \tag{3-23}$$

$$\sigma_z = \frac{3F}{2\pi z^2} \tag{3-24}$$

当 $z=0$ 时,$\sigma_z=\infty$。出现这一结果是由于将集中力作用面积看做零所致。它一方面说明该解不适用集中力作用点处及其附近,因此在选择应力计算点时,不应过于接近集中力作用点;另一方面也说明在靠近 F 作用线处应力很大。

当 $z=\infty$ 时,$\sigma_z=0$。

可见,沿 F 作用线上的分布是随深度增加而递减的,如图 3-10 所示。

2. 在 $r>0$ 的竖直线上的 σ_z 分布

随着 z 的增加,σ_z 从零逐渐增大,至一定深度后又随着 z 的增加逐渐变小,如图 3-10 所示。

3. 在 $z=$ 常数的水平面上的 σ_z 分布

σ_z 值在集中力作用线上最大,并随着 r 的增加而逐渐减小。随着深度 z 增加,集中力作用线上的 σ_z 减小,而水平面上应力的分布趋于均匀,如图 3-10 所示。若在空间将 σ_z 相同的点连接成曲面,可以得到如图 3-11 所示的 σ_z 等值线,其空间曲面的形状如泡状,所以也称为应力泡。

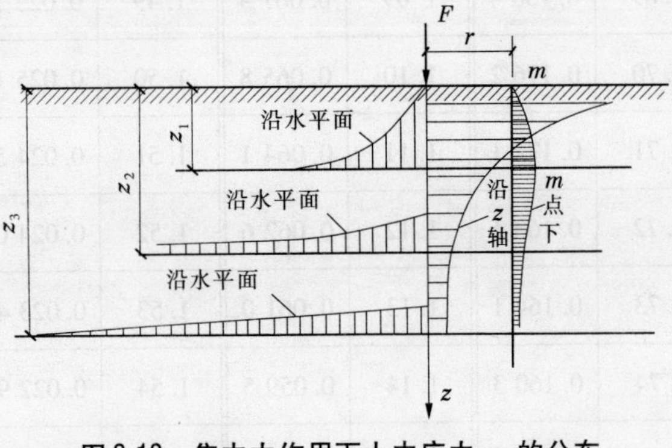

图 3-10 集中力作用下土中应力 σ_z 的分布

通过上述对应力 σ_z 分布图形的讨论,应该建立起土中应力分布的正确概念,即集中力 F 在地基中引起的附加应力 σ_z 的分布是向下、向四周无限扩散开的,与杆件中应力的传递完全不一样。

当地基表面作用有几个集中力时,可分别算出各集中力在地基中引起的附加应力,然后根据弹性体应力叠加原理求出附加应力的总和。图 3-12 中曲线 a 表示集中力 F_1 在 z 深度水平线上引起的应力分布,曲线 b 表示集中力 F_2 在同一水平线上引起的应力分布,把曲线 a 和曲线 b 相加得到曲线 c 就是该水平线上总的应力。

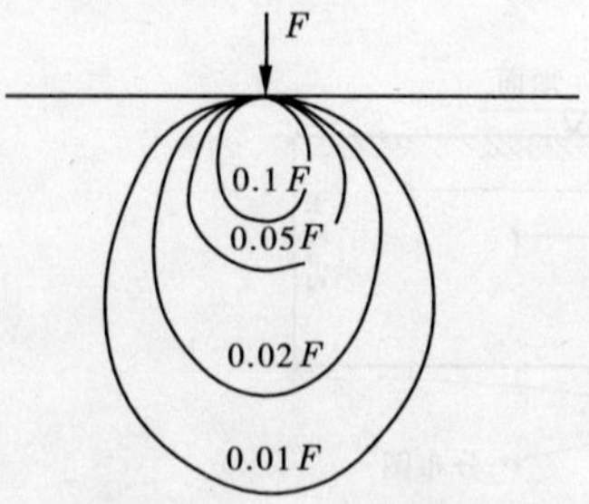

图 3-11　σ_z 的等值线

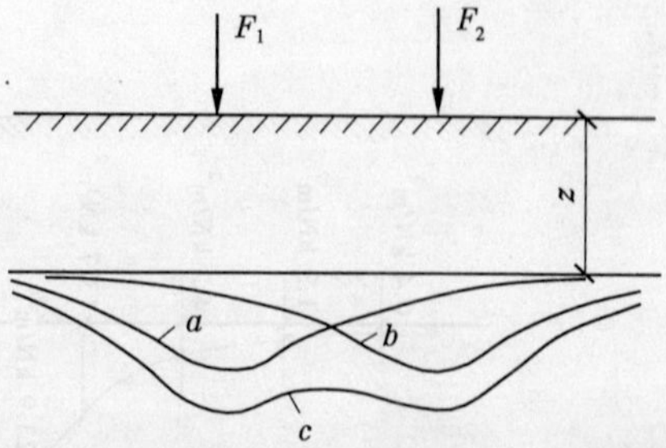

图 3-12　两个集中力作用下土中 σ_z 的叠加

在实际工程中，当基础底面形状不规则或荷载分布较复杂时，可将基底分为若干个小面积，把每个小面积上的荷载当成集中力，然后利用上述公式计算附加应力。如果小面积的最大边长小于计算应力点深度的1/3，用此法所得的应力值与正确应力值相比，误差不超过5%。

【例 3-2】　在地面作用一集中荷载 $F=200$ kN，试确定：

(1)在地基中 $z=2$ m 的水平面上，水平距离 $r=1$ m、2 m、3 m 和 4 m 各点的竖向附加应力 σ_z 值，并绘出分布图；

(2)在地基中 $r=0$ 的竖直线上距地面 $z=0$、1 m、2 m、3 m 和 4 m 处各点的 σ_z 值，并绘出分布图；

(3)取 $\sigma_z=20$ kN/m²、10 kN/m²、4 kN/m² 和 2 kN/m²，反算在地基中 $z=2$ m 的水平面上的 r 值和在 $r=0$ 的竖直线上的 z 值，并绘出相应于该 4 个应力值的 σ_z 等值线图。

解：(1)在地基中 $z=2$ m 的水平面上指定点的附加应力 σ_z 的计算数据，见表 3-2，σ_z 的分布图见图 3-13。

表 3-2　例 3-2 计算表格 1

z(m)	r(m)	r/z	K(查表 3-1)	$\sigma_z=K\frac{F}{z^2}$(kN/m²)
2	0	0	0.477 5	23.9
2	1	0.5	0.273 3	13.7
2	2	1.0	0.084 4	4.2
2	3	1.5	0.025 1	1.3
2	4	2.0	0.008 5	0.4

(2)在地基中 $r=0$ 的竖直线上，指定点的附加应力 σ_z 的计算数据见表 3-3。

σ_z 分布图见图 3-14。

(3)当指定附加应力 σ_z 时，反算 $z=2$ m 的水平面上的 r 值和在 $r=0$ 的竖直线上的 z 值的计算数据，见表 3-4、表 3-5。

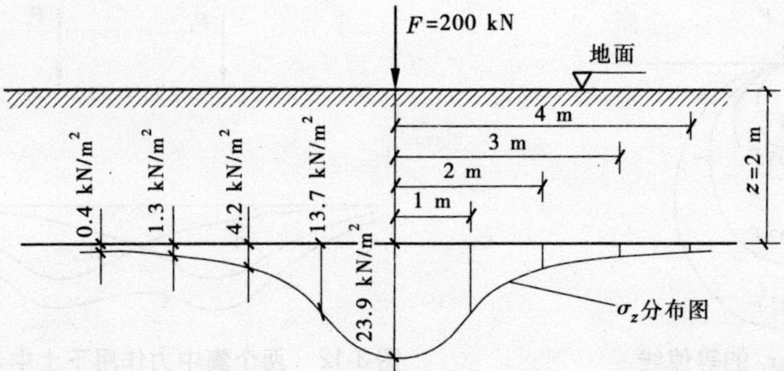

图 3-13　例 3-2 图 1

表 3-3　例 3-2 计算表格 2

z(m)	r(m)	r/z	K(查表 3-1)	$\sigma_z = K\dfrac{F}{z^2}$(kN/m²)
0	0	0	0.477 5	∞
1	0	0	0.477 5	95.5
2	0	0	0.477 5	23.9
3	0	0	0.477 5	10.6
4	0	0	0.477 5	6.0

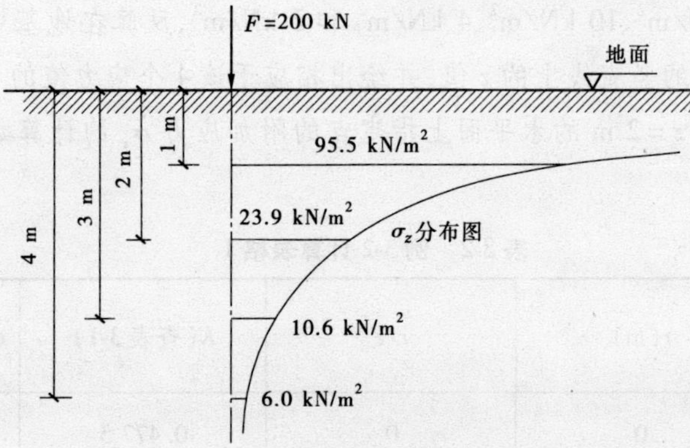

图 3-14　例 3-2 图 2

表 3-4　例 3-2 计算表格 3

σ_z(kN/m²)	z(m)	$K=\dfrac{\sigma_z z^2}{F}$	r/z(查表 3-1)	r(m)
20	2	0.400 0	0.27	0.54
10	2	0.200 0	0.65	1.30
4	2	0.080 0	1.02	2.04
2	2	0.040 0	1.30	2.60

表 3-5　例 3-2 计算表格 4

σ_z(kN/m^2)	r(m)	r/z	K(查表 3-1)	$z=\sqrt{\dfrac{KF}{\sigma_z}}$
20	0	0	0. 477 5	2. 19
10	0	0	0. 477 5	3. 09
4	0	0	0. 477 5	4. 89
2	0	0	0. 477 5	6. 91

附加应力的等值线图见图 3-15。

二、均布荷载

任何建筑物都要通过一定尺寸的基础把荷载传给地基。基础的形状和基础底面上的压力分布各不相同,但都可以利用前述集中荷载引起的应力计算方法和弹性体中的应力叠加原理,计算地基内任意点的附加应力。以下讨论矩形分布荷载在地基中引起的附加应力计算。

(一)条形基础

如图 3-16 所示,当地基表面宽度为 b 的条形基础上作用着竖直均布荷载 p 时,地基内任意点 M 处的附加应力为

$$d\sigma_z = \frac{2z^3}{\pi[(x-\xi)^2+z^2]^2}p\,d\xi \tag{3-25}$$

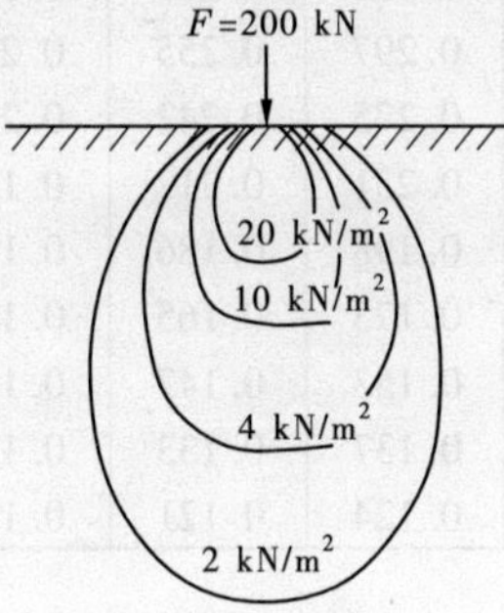

图 3-15　例 3-2 图 3

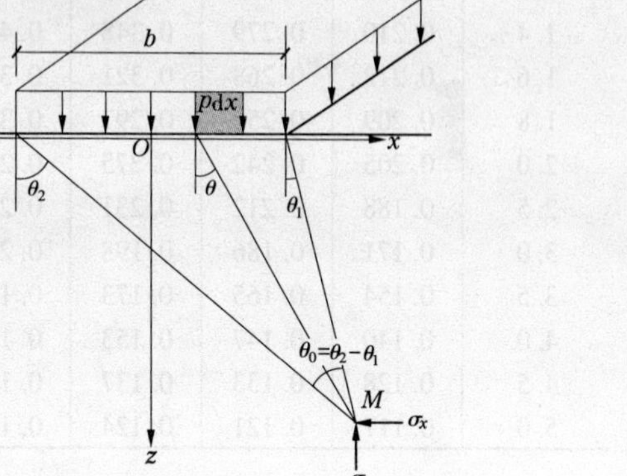

图 3-16　条形基础竖向均布荷载作用下的附加应力

将式(3-25)沿宽度 b 积分,即可得 M 点的附加应力

$$\sigma = \int_0^b \pi \frac{2z^3}{[\pi(x-\xi)^2+z^2]^2}p\,d\xi$$

$$= \frac{p}{\pi}\left[\arctan\frac{m}{n} - \arctan\frac{m-1}{n} + \frac{mn}{m^2+n^2} - \frac{n(m-1)}{n^2+(m-1)^2}\right] \tag{3-26}$$

写成简化形式为

$$\sigma_z = K_z^s p \tag{3-27}$$

条形面积均布荷载在地基内引起的水平向应力和剪应力简化式分别为

$$\sigma_x = K_x^s p \tag{3-28}$$

$$\tau_z = K_{xz}^s p \tag{3-29}$$

其中应力分布系数 K_z^s,K_x^s,K_{xz}^s 分别为条形面积受竖直均布荷载时的竖向附加应力分布系数、水平向应力分布系数和剪应力分布系数。K_z^s 可按 $m = x/b$ 和 $n = z/b$ 的数值由表 3-6 查得。

表 3-6　条形基础受竖直均布荷载作用下的竖向附加应力系数 K_z^s

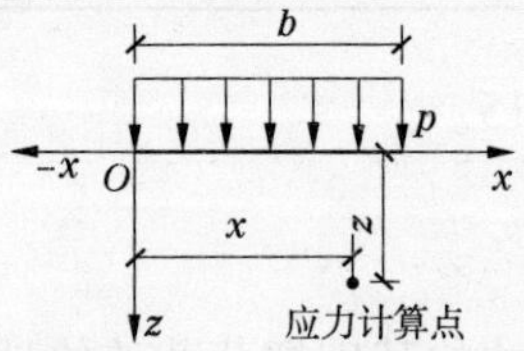

$n = z/b$	$m = x/b$								
	-0.5	-0.25	0	0.25	0.5	0.75	1.00	1.25	1.50
0.01	0.001	0	0.500	0.999	0.999	0.999	0.500	0	0.001
0.1	0.002	0.011	0.499	0.988	0.997	0.988	0.499	0.011	0.002
0.2	0.011	0.091	0.498	0.936	0.978	0.936	0.498	0.091	0.011
0.4	0.056	0.174	0.489	0.797	0.881	0.797	0.489	0.174	0.056
0.6	0.111	0.243	0.468	0.679	0.756	0.679	0.468	0.243	0.111
0.8	0.155	0.276	0.440	0.586	0.642	0.586	0.440	0.276	0.155
1.0	0.186	0.288	0.409	0.511	0.549	0.511	0.409	0.288	0.186
1.2	0.202	0.287	0.375	0.450	0.478	0.450	0.375	0.287	0.202
1.4	0.210	0.279	0.348	0.400	0.420	0.400	0.348	0.279	0.210
1.6	0.212	0.268	0.321	0.360	0.374	0.360	0.321	0.268	0.212
1.8	0.209	0.255	0.297	0.326	0.337	0.326	0.297	0.255	0.209
2.0	0.205	0.242	0.275	0.298	0.306	0.298	0.275	0.242	0.205
2.5	0.188	0.212	0.231	0.244	0.248	0.244	0.231	0.212	0.188
3.0	0.171	0.186	0.198	0.206	0.208	0.206	0.198	0.186	0.171
3.5	0.154	0.165	0.173	0.178	0.179	0.178	0.173	0.165	0.154
4.0	0.140	0.147	0.153	0.156	0.158	0.156	0.153	0.147	0.140
4.5	0.128	0.133	0.137	0.139	0.140	0.139	0.137	0.133	0.128
5.0	0.117	0.121	0.124	0.126	0.126	0.126	0.124	0.121	0.117

(二)矩形基础

地基表面有一矩形面积,宽度为 b,长度为 l,其上作用着竖直均布荷载,荷载强度为 p,求地基内各点的附加应力。现先求出矩形面积角点下的应力,再利用角点法求出任意点下的应力。

1. 角点下的应力的计算

角点下的应力是指图 3-17 中 O、A、C、D 四个角点下任意深度处的应力,只要深度 z 一样,则四个角点下的应力都相同。将坐标的原点取在角点 O 上,在荷载面积内任取微分面积 $\mathrm{d}A = \mathrm{d}x\mathrm{d}y$,并将其上作用的荷载以集中力 $\mathrm{d}P$ 代替,则 $\mathrm{d}P = p_0\mathrm{d}A = p_0\mathrm{d}x\mathrm{d}y$,该集中力在角点 O 以下深度 z 处 M 点所引起的竖直向附加应力 $\mathrm{d}\sigma_z$ 为

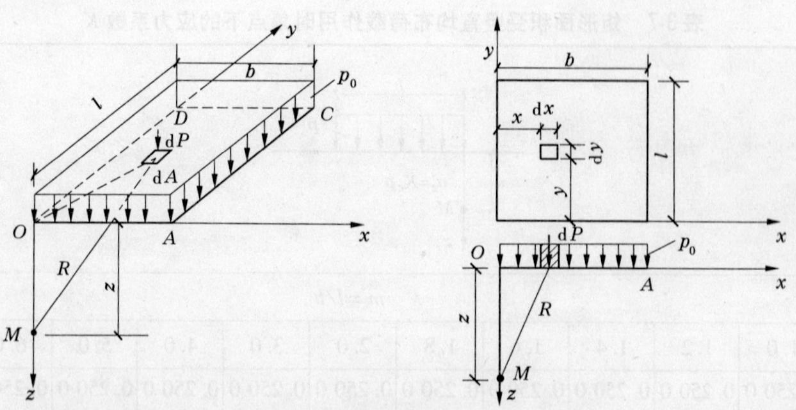

图 3-17　均布矩形荷载角点下的附加应力

$$\mathrm{d}\sigma_z = \frac{3\mathrm{d}P}{2\pi}\frac{z^3}{R^5} = \frac{3p_0}{2\pi}\frac{z^3}{(x^2+y^2+z^2)^{5/2}}\mathrm{d}x\mathrm{d}y$$

于是
$$\sigma_z = \int_0^l\int_0^b \frac{3p_0}{2\pi}\frac{z^3}{(x^2+y^2+z^2)^{5/2}}\mathrm{d}x\mathrm{d}y$$

$$= \frac{p_0}{2\pi}\left[\frac{lbz(l^2+b^2+2z^2)}{(l^2+z^2)(b^2+z^2)\sqrt{l^2+b^2+z^2}} + \arcsin\frac{lb}{\sqrt{(l^2+z^2)(b^2+z^2)}}\right]$$

令
$$K_c = \frac{1}{2\pi}\left[\frac{lbz(l^2+b^2+2z^2)}{(l^2+z^2)(b^2+z^2)\sqrt{l^2+b^2+z^2}} + \arcsin\frac{lb}{\sqrt{(l^2+z^2)(b^2+z^2)}}\right]$$

则得
$$\sigma_z = K_c p_0 \qquad (3\text{-}30)$$

若令 $m = l/b$，$n = z/b$，则有

$$K_c = \frac{1}{2\pi}\left[\frac{mn(m^2+2n^2+1)}{(m^2+n^2)(1+n^2)\sqrt{m^2+n^2+1}} + \arcsin\frac{m}{\sqrt{(m^2+n^2)(1+n^2)}}\right]$$

式中　K_c——均布矩形荷载角点下的竖向附加应力系数，简称角点应力系数，可按 m 及 n 值由表 3-7 查得。

在均布荷载作用下，矩形基础角点下深度 z 处点的竖向附加应力表示成如下形式

$$\sigma_z = K_c p \qquad (3\text{-}31)$$

式中　p——竖向矩形均布荷载，kPa；

K_c——竖向矩形均布荷载作用时，角点下的附加应力系数，它是 l/b 和 z/b 的函数，可由表 3-7 查得（l 为矩形基底的长边，b 为短边）。

2. 任意点的应力——角点法

对于均布矩形荷载下的附加应力计算点不位于角点下的情况，可利用式(3-31)以角点法求得。图 3-18 中列出计算点不位于角点下的四种情况（在图 3-18 中 O 点以下任意深度 z 处）。计算时，通过 O 点把荷载面分成若干个矩形面积，这样，O 点就必然是划分出的各个矩形的公共角点，然后再按式(3-31)计算每个矩形角点下同一深度 z 处的附加应力 σ_z，并求其代数和。四种情况的算式分别如下：

表 3-7　矩形面积受竖直均布荷载作用时角点下的应力系数 K_c

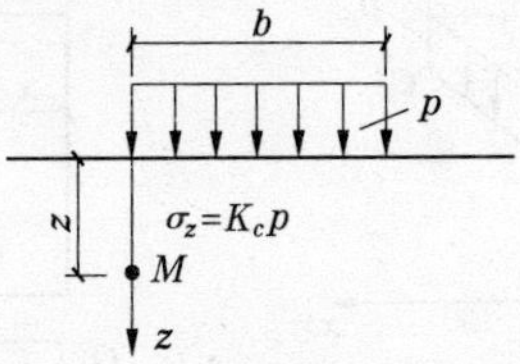

$n=z/b$	$m=l/b$										
	1. 0	1. 2	1. 4	1. 6	1. 8	2. 0	3. 0	4. 0	5. 0	6. 0	10. 0
0	0. 250 0	0. 250 0	0. 250 0	0. 250 0	0. 250 0	0. 250 0	0. 250 0	0. 250 0	0. 250 0	0. 250 0	0. 250 0
0. 2	0. 248 6	0. 248 9	0. 249 0	0. 249 1	0. 249 1	0. 249 1	0. 249 2	0. 249 2	0. 249 2	0. 249 2	0. 249 2
0. 4	0. 240 1	0. 242 0	0. 242 9	0. 243 4	0. 243 7	0. 243 9	0. 244 2	0. 244 3	0. 244 3	0. 244 3	0. 244 3
0. 6	0. 222 9	0. 227 5	0. 230 0	0. 235 1	0. 232 4	0. 232 9	0. 233 9	0. 234 1	0. 234 2	0. 234 2	0. 234 2
0. 8	0. 199 9	0. 207 5	0. 212 0	0. 214 7	0. 216 5	0. 217 6	0. 219 6	0. 220 0	0. 220 2	0. 220 2	0. 220 2
1. 0	0. 175 2	0. 185 1	0. 191 1	0. 195 5	0. 198 1	0. 199 9	0. 203 4	0. 204 2	0. 204 4	0. 204 5	0. 204 6
1. 2	0. 151 6	0. 162 6	0. 170 5	0. 175 8	0. 179 3	0. 181 8	0. 187 0	0. 188 2	0. 188 5	0. 188 7	0. 188 8
1. 4	0. 130 8	0. 142 3	0. 150 8	0. 156 9	0. 161 3	0. 164 4	0. 171 2	0. 173 0	0. 173 5	0. 173 8	0. 174 0
1. 6	0. 112 3	0. 124 1	0. 132 9	0. 143 6	0. 144 5	0. 148 2	0. 156 7	0. 159 0	0. 159 8	0. 160 1	0. 160 4
1. 8	0. 096 9	0. 108 3	0. 117 2	0. 124 1	0. 129 4	0. 133 4	0. 143 4	0. 146 3	0. 147 4	0. 147 8	0. 148 2
2. 0	0. 084 0	0. 094 7	0. 103 4	0. 110 3	0. 115 8	0. 120 2	0. 131 4	0. 135 0	0. 136 3	0. 136 8	0. 137 4
2. 2	0. 073 2	0. 083 2	0. 091 7	0. 098 4	0. 103 9	0. 108 4	0. 120 5	0. 124 8	0. 126 4	0. 127 1	0. 127 7
2. 4	0. 064 2	0. 073 4	0. 081 2	0. 087 9	0. 093 4	0. 097 9	0. 110 8	0. 115 6	0. 117 5	0. 118 4	0. 119 2
2. 6	0. 056 6	0. 065 1	0. 072 5	0. 078 8	0. 084 2	0. 088 7	0. 102 0	0. 107 3	0. 109 5	0. 110 6	0. 111 6
2. 8	0. 050 2	0. 058 0	0. 064 9	0. 070 9	0. 076 1	0. 080 5	0. 094 2	0. 099 9	0. 102 4	0. 103 6	0. 104 8
3. 0	0. 044 7	0. 051 9	0. 058 3	0. 064 0	0. 069 0	0. 073 2	0. 087 0	0. 093 1	0. 095 9	0. 097 3	0. 098 7
3. 2	0. 040 1	0. 046 7	0. 052 6	0. 058 0	0. 062 7	0. 066 8	0. 080 6	0. 087 0	0. 090 0	0. 091 6	0. 093 3
3. 4	0. 036 1	0. 042 1	0. 047 7	0. 052 7	0. 057 1	0. 061 1	0. 074 7	0. 081 4	0. 084 7	0. 086 4	0. 088 2
3. 6	0. 032 6	0. 038 2	0. 043 3	0. 048 0	0. 052 3	0. 056 1	0. 069 4	0. 076 3	0. 079 9	0. 081 6	0. 083 7
3. 8	0. 029 6	0. 034 8	0. 039 5	0. 043 9	0. 047 9	0. 051 6	0. 064 5	0. 071 7	0. 075 3	0. 077 3	0. 079 6
4. 0	0. 027 0	0. 031 8	0. 036 2	0. 040 3	0. 044 1	0. 047 4	0. 060 3	0. 067 4	0. 071 2	0. 073 3	0. 075 8
4. 2	0. 024 7	0. 029 1	0. 033 3	0. 037 1	0. 040 7	0. 043 9	0. 056 3	0. 063 4	0. 067 4	0. 069 6	0. 072 4
4. 4	0. 022 7	0. 026 8	0. 030 6	0. 034 3	0. 037 6	0. 040 7	0. 052 7	0. 059 7	0. 063 9	0. 066 2	0. 069 2
4. 6	0. 020 9	0. 024 7	0. 028 3	0. 031 7	0. 034 8	0. 037 8	0. 049 3	0. 056 4	0. 060 6	0. 063 0	0. 066 3
4. 8	0. 019 3	0. 022 9	0. 026 2	0. 029 4	0. 032 4	0. 035 2	0. 046 3	0. 053 3	0. 057 6	0. 060 1	0. 063 5
5. 0	0. 017 9	0. 021 2	0. 024 3	0. 027 4	0. 030 2	0. 032 8	0. 043 5	0. 050 4	0. 054 7	0. 057 3	0. 061 0
6. 0	0. 012 7	0. 015 1	0. 017 4	0. 019 6	0. 021 8	0. 023 8	0. 032 5	0. 038 8	0. 043 1	0. 046 0	0. 050 6
7. 0	0. 009 4	0. 011 2	0. 013 0	0. 014 7	0. 016 4	0. 018 0	0. 025 1	0. 030 6	0. 034 6	0. 037 6	0. 042 8
8. 0	0. 007 3	0. 008 7	0. 010 1	0. 011 4	0. 012 7	0. 014 0	0. 019 8	0. 024 6	0. 028 3	0. 031 1	0. 036 7
9. 0	0. 005 8	0. 006 9	0. 008 0	0. 009 1	0. 010 2	0. 011 2	0. 016 1	0. 020 2	0. 023 5	0. 026 2	0. 031 9
10. 0	0. 004 7	0. 005 6	0. 006 5	0. 007 4	0. 008 3	0. 009 2	0. 013 2	0. 016 7	0. 019 8	0. 022 2	0. 028 0

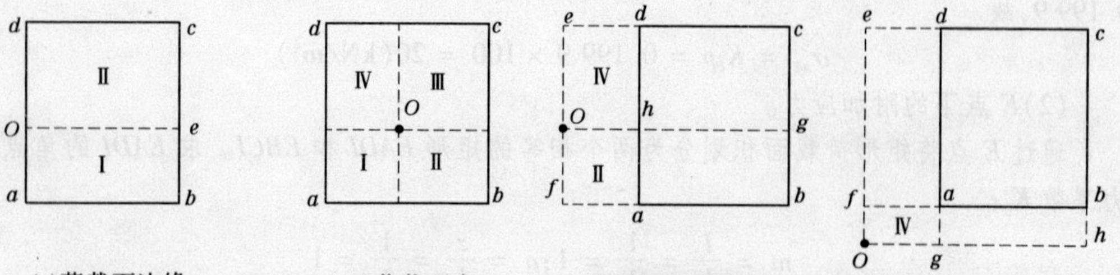

(a)荷载面边缘　(b)荷载面内　(c)荷载面边缘外侧　(d)荷载面角点外侧

图 3-18　以角点法计算均布矩形荷载下的地基附加应力

(1)计算点 O 在荷载面边缘,如图 3-18(a)所示

$$\sigma_z = (K_{c\,\mathrm{I}} + K_{c\,\mathrm{II}})p$$

(2)计算点 O 在荷载面内,如图 3-18(b)所示

$$\sigma_z = (K_{c\,\mathrm{I}} + K_{c\,\mathrm{II}} + K_{c\,\mathrm{III}} + K_{c\,\mathrm{IV}})p$$

(3)计算点 O 在荷载面边缘外侧,如图 3-18(c)所示

$$\sigma_z = (K_{c\,\mathrm{I}} - K_{c\,\mathrm{II}} + K_{c\,\mathrm{III}} - K_{c\,\mathrm{IV}})p$$

其中,下标Ⅰ、Ⅱ、Ⅲ、Ⅳ分别为矩形 $Ofbg$、$Ofah$、$Ogce$ 和 $Ohde$ 的编号。

(4)计算点 O 在荷载面角点外侧,如图 3-18(d)所示

$$\sigma_z = (K_{c\,\mathrm{I}} - K_{c\,\mathrm{II}} - K_{c\,\mathrm{III}} + K_{c\,\mathrm{IV}})p$$

其中,下标Ⅰ、Ⅱ、Ⅲ、Ⅳ分别为矩形 $Ohce$、$Ohbf$ 和 $Ogde$ 和 $Ogaf$ 的编号。

式中　$K_{c\,\mathrm{I}}$、$K_{c\,\mathrm{II}}$、$K_{c\,\mathrm{III}}$、$K_{c\,\mathrm{IV}}$——相应于面积Ⅰ、Ⅱ、Ⅲ、Ⅳ的角点应力系数。

必须指出,查表时所取用边长 l 应为任一矩形荷载面的长度,而 b 则为宽度,以下各种情况相同,不再赘述。

【例 3-3】　今有均布荷载 $p = 100\ \mathrm{kN/m^2}$,荷载面积为 2 m×1 m,如图 3-19 所示,求荷载面积上角点 A、边点 E、中心点 O 以及荷载面积外 F 点和 G 点等各点下 $z = 1$ m 深度处的附加应力,并利用计算结果说明附加应力的扩散规律。

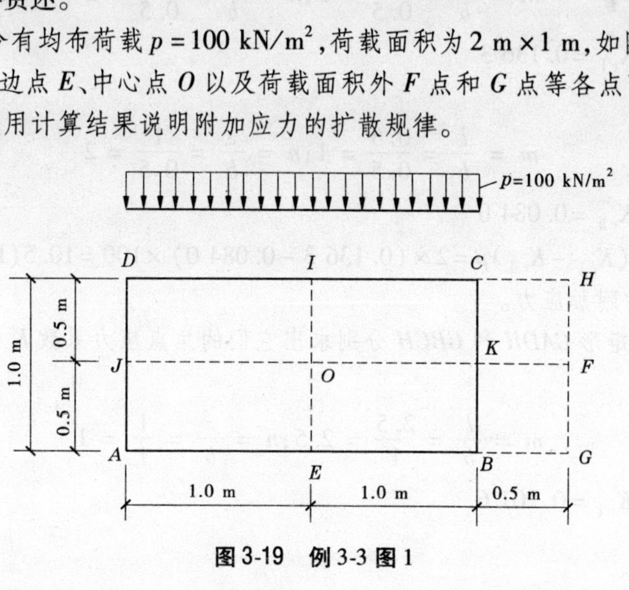

图 3-19　例 3-3 图 1

解:

(1)A 点下的附加应力。

A 点是矩形 $ABCD$ 的角点,且 $m = l/b = 2/1 = 2$,$n = z/b = 1/1 = 1$,查表 3-7 得 $K_c =$

0. 199 9，故

$$\sigma_{zA} = K_c p = 0.1999 \times 100 = 20(\text{kN/m}^2)$$

(2) E 点下的附加应力。

通过 E 点将矩形荷载面积划分为两个相等的矩形 $EADI$ 和 $EBCI$。求 $EADI$ 的角点应力系数 K_c：

$$m = \frac{l}{b} = \frac{1}{1} = 1; n = \frac{z}{b} = \frac{1}{1} = 1$$

查表 3-7 得 $K_c = 0.1752$，故

$$\sigma_{zE} = 2K_c p = 2 \times 0.1752 \times 100 = 35(\text{kN/m}^2)$$

(3) O 点下的附加应力。

通过 O 点将原矩形面积分为 4 个相等的矩形 $OEAJ$，$OJDI$，$OICK$ 和 $OKBE$。求 $OEAJ$ 角点的附加应力系数 K_c

$$m = \frac{l}{b} = \frac{1}{0.5} = 2; n = \frac{z}{b} = \frac{1}{0.5} = 2$$

查表 3-7 得 $K_c = 0.1202$，故

$$\sigma_{zO} = 4K_c p = 4 \times 0.1202 \times 100 = 48(\text{kN/m}^2)$$

(4) F 点下的附加应力。

过 F 点作矩形 $FGAJ$，$FJDH$，$FGBK$ 和 $FKCH$。假设 $K_{c\text{I}}$ 为矩形 $FGAJ$ 和 $FJDH$ 的角点应力系数；$K_{c\text{II}}$ 为矩形 $FGBK$ 和 $FKCH$ 的角点应力系数。

求 $K_{c\text{I}}$：

$$m = \frac{l}{b} = \frac{2.5}{0.5} = 5; n = \frac{z}{b} = \frac{1}{0.5} = 2$$

查表 3-7 得 $K_{c\text{I}} = 0.1363$

求 $K_{c\text{II}}$：

$$m = \frac{l}{b} = \frac{0.5}{0.5} = 1; n = \frac{z}{b} = \frac{1}{0.5} = 2$$

查表 3-7 得 $K_{c\text{II}} = 0.0840$

故 $$\sigma_{zF} = 2(K_{c\text{I}} - K_{c\text{II}})p = 2 \times (0.1363 - 0.0840) \times 100 = 10.5(\text{kN/m}^2)$$

(5) G 点下的附加应力。

通过 G 点作矩形 $GADH$ 和 $GBCH$ 分别求出它们的角点应力系数 $K_{c\text{I}}$ 和 $K_{c\text{II}}$。

求 $K_{c\text{I}}$：

$$m = \frac{l}{b} = \frac{2.5}{1} = 2.5; n = \frac{z}{b} = \frac{1}{1} = 1$$

查表 3-7 得 $K_{c\text{I}} = 0.2016$

求 $K_{c\text{II}}$：

$$m = \frac{l}{b} = \frac{1}{0.5} = 2; n = \frac{z}{b} = \frac{1}{0.5} = 2$$

查表 3-7 得 $K_{c\text{II}} = 0.1202$

故 $\sigma_{zG}=(K_{c\,\mathrm{I}}-K_{c\,\mathrm{II}})p=(0.2016-0.1202)\times100=8.1(\mathrm{kN/m^2})$

将计算结果绘成图3-20,可以看出,在矩形面积受均布荷载作用时,不仅在受荷面积垂直下方的范围内产生附加应力,而且在荷载面积以外的地基土中(F、G 点下方)也会产生附加应力。另外,在地基中同一深度处(例如 $z=1$ m),离受荷面积中线愈远的点,其附加应力值愈小,矩形面积中点处附加应力最大。

将中点 O 下和 F 点下不同深度的附加应力求出并绘成曲线,如图3-20(b)所示,可看出地基中附加应力的扩散规律。

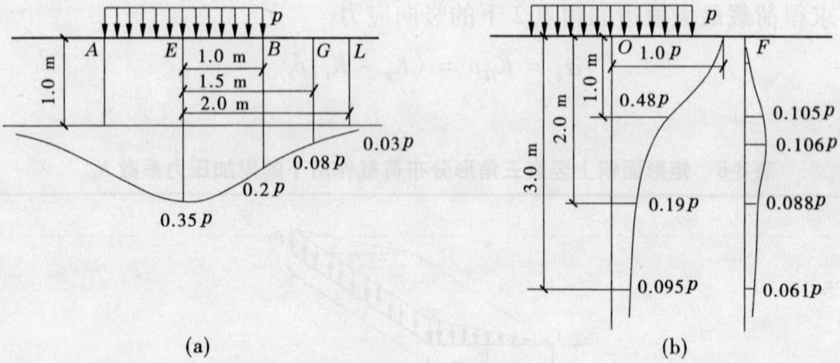

图3-20　例3-3 图2

三、三角形荷载

设竖向荷载沿矩形面积一边 b 方向上呈三角形分布(沿另一边的荷载分布不变),荷载的最大值为 p_t(见图3-21)。将荷载面内某一微面积 $\mathrm{d}A=\mathrm{d}x\mathrm{d}y$ 上的分布荷载以集中力 $\frac{x}{b}p_t\mathrm{d}x\mathrm{d}y$ 代替。于是,角点下深度 z 处的附加应力为

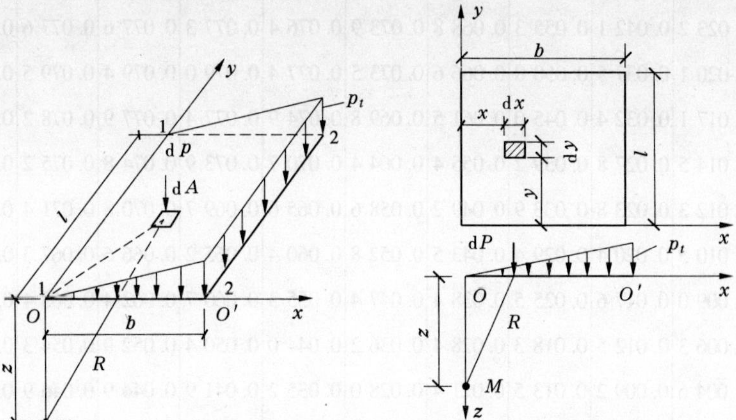

图3-21　三角形分布的矩形荷载

$$d\sigma_z = \frac{3p_t}{2\pi}\frac{xz^3}{b(x^2+y^2+z^2)^{5/2}}dxdy \tag{3-32}$$

在整个矩形面积内进行积分后得角点 1 下的竖向附加应力为

$$\sigma_z = K_t p_t \tag{3-33}$$

$$K_t = \frac{mn}{2\pi}\left[-\frac{n^2}{(1+n^2)\sqrt{(m^2+n^2+1)}}+\frac{1}{\sqrt{(m^2+n^2)}}\right]$$

式中　K_t——矩形面积竖直三角形分布荷载角点下的应力分布系数,可由表 3-8 查得。

同理,还可求得荷载最大值边的角点 2 下的竖向应力

$$\sigma_z = K_{t2}p = (K_c - K_t)p_t \tag{3-34}$$

表 3-8　矩形面积上竖直三角形分布荷载作用下的附加压力系数 K_t

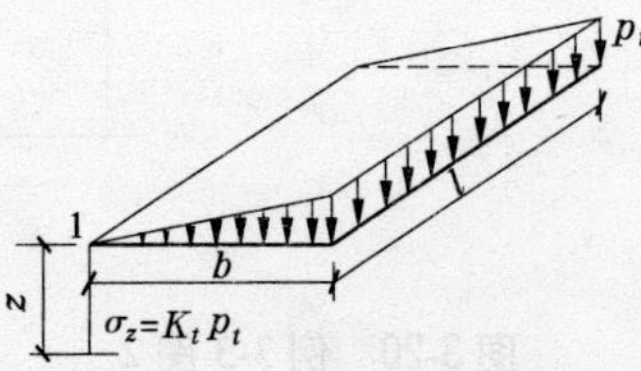

$n=z/b$	$m=l/b$										
	0.2	0.4	0.6	1.0	1.4	2.0	3.0	4.0	6.0	8.0	10.0
0	0.000 0	0.000 0	0.000 0	0.000 0	0.000 0	0.000 0	0.000 0	0.000 0	0.000 0	0.000 0	0.000 0
0.2	0.022 3	0.028 0	0.029 6	0.030 4	0.030 5	0.030 6	0.030 6	0.030 6	0.030 6	0.030 6	0.030 6
0.4	0.026 9	0.042 0	0.048 7	0.053 1	0.054 3	0.054 7	0.054 8	0.054 9	0.054 9	0.054 9	0.054 9
0.6	0.025 9	0.044 8	0.056 0	0.065 4	0.068 4	0.069 6	0.070 1	0.070 2	0.070 2	0.070 2	0.070 2
0.8	0.023 2	0.042 1	0.055 3	0.068 8	0.073 9	0.076 4	0.077 3	0.077 6	0.077 6	0.077 6	0.077 6
1.0	0.020 1	0.037 5	0.050 8	0.066 6	0.073 5	0.077 4	0.079 0	0.079 4	0.079 5	0.079 6	0.079 6
1.2	0.017 1	0.032 4	0.045 0	0.061 5	0.069 8	0.074 9	0.077 4	0.077 9	0.078 2	0.078 3	0.078 3
1.4	0.014 5	0.027 8	0.039 2	0.055 4	0.064 4	0.070 7	0.073 9	0.074 8	0.075 2	0.075 2	0.075 3
1.6	0.012 3	0.023 8	0.033 9	0.049 2	0.058 6	0.065 6	0.069 7	0.070 8	0.071 4	0.071 5	0.071 5
1.8	0.010 5	0.020 4	0.029 4	0.043 5	0.052 8	0.060 4	0.065 2	0.066 6	0.067 3	0.067 5	0.067 5
2.0	0.009 0	0.017 6	0.025 5	0.038 4	0.047 4	0.055 3	0.060 7	0.062 4	0.063 4	0.063 6	0.063 6
2.5	0.006 3	0.012 5	0.018 3	0.028 4	0.036 2	0.044 0	0.050 4	0.052 9	0.054 3	0.054 7	0.054 8
3.0	0.004 6	0.009 2	0.013 5	0.021 4	0.028 0	0.035 2	0.041 9	0.044 9	0.046 9	0.047 4	0.047 6
5.0	0.001 8	0.003 6	0.005 4	0.008 8	0.012 0	0.016 1	0.021 4	0.024 8	0.025 3	0.029 6	0.030 1
7.0	0.000 9	0.001 9	0.002 8	0.004 7	0.006 4	0.008 9	0.012 4	0.015 2	0.018 6	0.020 4	0.021 2
10.0	0.000 5	0.000 9	0.001 4	0.002 3	0.003 3	0.004 6	0.006 6	0.008 4	0.011 1	0.012 3	0.013 9

四、梯形荷载

土工建筑物中的土坝与土堤，横截面均为梯形。有坝身自重引起的基底压力呈梯形分布，可将堤顶分布荷载分解为三角形分布荷载和均布荷载，分别计算地基中同一点的 σ_z，然后叠加，即求得地基中任意点的附加应力。

思考题

3-1 土的自重应力分布有何规律？分布图如何绘制？成层土的自重应力分布图中各层斜率受什么影响？地下水和不透水层对自重应力有何影响？

3-2 土中附加应力分布有何规律？

习　题

3-1 某场地天然土层分布如图 3-22 所示，试计算图中 1、2、3 点的竖向有效自重应力及孔隙水压力。

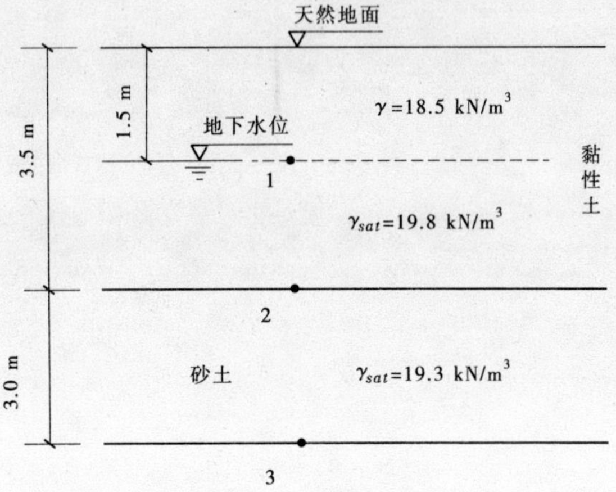

图 3-22　习题 3-1 图

3-2 规定以地表作为 0 基准面，向下为正。在 0 ~ 2 m 为重度 $\gamma_1 = 20$ kN/m^3 的土体，在 2 ~ 3 m 为重度 $\gamma_2 = 15$ kN/m^3 的土体，在 3 m 深处为地下水的水面，在 3 ~ 6 m 为 $\gamma_{3sat} = 18$ kN/m^3 的土体，在 6 m 深处为一不透水层，在 6 ~ 8 m 深处为 $\gamma_4 = 16$ kN/m^3 的土体。求 0 ~ 8 m 的自重应力情况并作出自重应力分布图。

3-3 如图 3-23 所示，已知 $ABCD$ 为一矩形基础，$AB = 2$ m，$AD = 1$ m，其上作用均布荷载，其 $p = 10$ kPa，其中 E 到 AB 的距离为 2 m，E 到 BC 的距离为 2 m，求 E 点以下 4 m 处的附加应力。

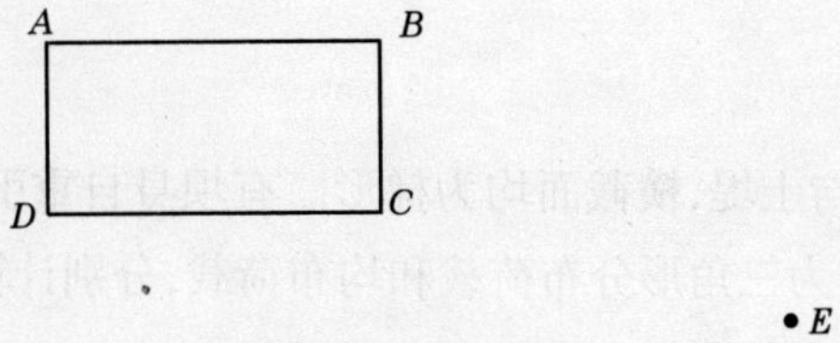

图 3-23　习题 3-3 图

第四章　土的压缩

【引导性案例】

举世闻名的意大利比萨斜塔，自1173年动工，至1178年建至第4层，高约29 m，因塔明显倾斜而停工。94年后，于1272年复工，经6年时间，建完第7层，高48 m，再次停工82年。于1360年再次复工，至1370年竣工。全塔共8层，高度为55 m。

由于塔基的压缩，在建造过程中及建成后不断倾斜，塔曾向南倾斜5.5°，南北两端沉降差1.8 m，塔顶离中心线5.27 m，历经多次补救现仍倾斜严重，1990年，因其安全性，塔对公众关闭。

由此可见，在工程实践中，能够准确预见和测定建筑物地基沉降量，是一件非常重要的事情。

第一节　土压缩有关理论

一、土压缩的基本原理

(一)有效应力原理

众所周知，土具有压缩性，即土体在压力作用下会产生体积减小。土体积减小有两种情况：一是土体三相本身被压缩；二是土体结构变化，即孔隙减小，土颗粒靠拢。对于第一种情况，工程中常可忽略不计，我们研究的土压缩主要限于第二种情况。

在一定压力作用下，通过对土中任一点进行受力分析可知，土中任一点总应力为土颗粒之间作用力与孔隙水压力之和，公式表达为

$$\sigma = \sigma' + u \tag{4-1}$$

式中　σ——总应力；

u——孔隙水压力；

σ'——土粒骨架承担的压力。

对于饱和土体，孔隙水充满了整个土中孔隙，当受到外力作用初始瞬间，外力全部由孔隙水承担，随着孔隙水的排出，外力则由土颗粒与水共同承担，随着孔隙水逐渐排出，孔隙水压力逐渐减小，有效应力逐渐增大，有效应力使土体颗粒间相互错动而发生压缩变形，最终外力全部由土粒骨架承担。整个过程中我们看出，孔隙水压力属于中性力，不能承受剪力，土颗粒之间的作用力是土粒发生相对移动的直接原因，也是土体强度变化的原因，我们称之为有效应力，土压缩的实质是土中孔隙水压力消散、有效应力增长的过程，这就是通常所说的有效应力原理。

由于有效应力σ'作用在土粒骨架之间，很难直接测定，通常都是在已知总应力σ和测定孔隙水压力u之后，利用$\sigma' = \sigma - u$求得。

(二)渗透固结原理

由大量工程实践可知,一般的黏土地基沉降要几年甚至几十年才能完成,这主要是因为地基沉降时间取决于地基渗透排水过程,所以饱和土体的固结可称为渗透固结。如果孔隙水只在一个方向渗透、土体只能沿一个方向被压缩,我们把这一变形的时间过程称为单向渗透固结,对于荷载分布很广的薄层土中发生的渗透固结,或土层相对于基底尺寸很小时,可近似看做单向渗透固结,同时做如下基本假设:

(1)土是均质的、完全饱和的;

(2)土粒和水是不可压缩的;

(3)土层的压缩和土中水的渗流只沿竖向发生,是单向(一维)的;

(4)土中水的渗流服从达西定律,且土的渗透性和压缩性在渗流过程中保持不变;

(5)外荷载是一次瞬时施加的。

在以上假设条件下,可由渗透连续性建立微分方程,结合达西定律和有效应力原理求得不同边界下时间与变形的关系,我们把以饱和土体的渗透固结为理论基础研究解决土体沉降与时间关系的理论称为渗透固结原理。

二、土的压缩性指标

土的压缩性指标有压缩系数和压缩模量,可由侧限压缩试验所绘制的压缩曲线得到。

(一)压缩试验与压缩曲线

压缩试验是研究土的压缩性最基本的方法,在这里我们仅介绍室内侧限压缩试验的原理,侧限是指土体在侧向(水平向)受到限制不能变形,这种试验是为了模拟地基的主要变形特征,即主要考虑垂直压缩变形。

1. 室内侧限压缩试验原理

土的室内侧限压缩试验又称固结试验,采用的试验装置为压缩仪,如图 4-1 所示。试验时将切有土样的环刀置于刚性护环中,由于金属环刀及刚性护环的限制,使得土样在竖向压力作用下只能发生竖向变形,而无侧向变形。在土样上下两侧放置透水石使土样的孔隙水排出。压缩过程中竖向压力通过刚性板施加给土样,常规压缩试验通过逐级加荷进行,常用的分级加荷量 p 为:50 kPa、100 kPa、200 kPa、300 kPa、400 kPa。每一级荷载下,待压缩稳定后,测定总压缩量 ΔH(可通过百分表量测),便可得到 $\Delta H \sim p$ 关系。

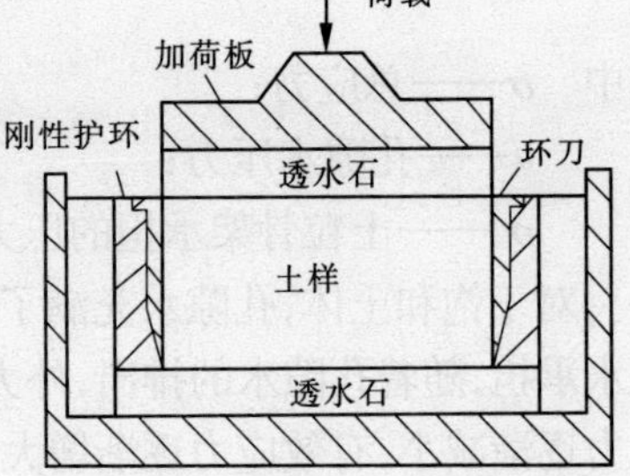

图 4-1 压缩仪的压缩容器简图

由于土体体积的变化主要是孔隙体积的变化,一个压缩量对应一个孔隙比,为了扣除试样高度的影响,我们需将压缩量 ΔH 换算为相应的孔隙比。

如图 4-2 所示,设土样初始高度为 H_0,孔隙比为 e_0。在荷载 p_i 作用下土样稳定后总压缩量为 ΔH_i(各级荷载的 ΔH_i 均从 H_0 算起),孔隙比为 e_i,假设压缩前后土粒的体积不变,可推得

$$e_i = e_0 - \frac{\Delta H_i}{H_0}(1 + e_0) \tag{4-2}$$

式(4-2)中土样初始孔隙比 e_0 可由土样初始状态的实测指标换算求得，即

$$e_0 = \frac{G_s \rho_w (1 + \omega_0)}{\rho_0} - 1 \tag{4-3}$$

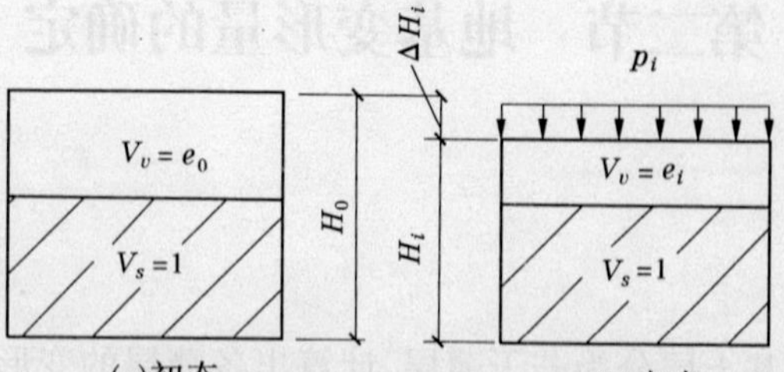

(a)初态　　(b)末态

图 4-2　侧限压缩试验加荷前后孔隙比

2. 压缩曲线

根据式(4-2)即可得到各级荷载 p_i 下对应的孔隙比 e_i，从而可绘制出土样的压缩曲线，即 $e \sim p$ 曲线，如图 4-3 所示。

压缩曲线反映了土的压缩性的高低，曲线越陡，土的压缩性越高。反之，压缩性越低。

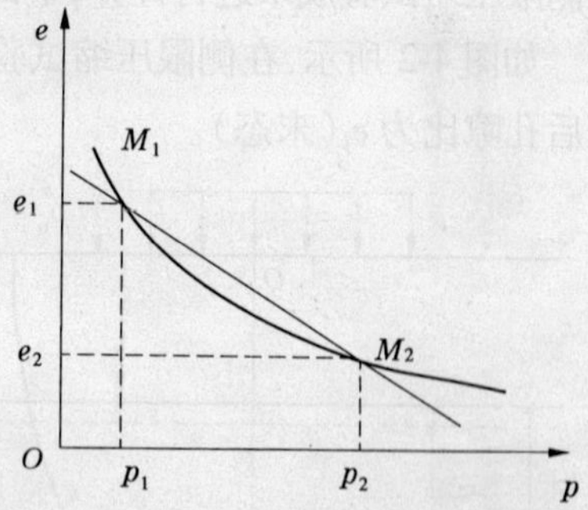

图 4-3　压缩曲线

(二)压缩性指标

1. 压缩系数 a

压缩曲线的陡缓可以反映压缩性的高低，我们以通过曲线上两点 M_1、M_2 的直线来代替曲线，以直线的斜率代替曲线的陡缓，将此斜率定义为压缩系数 a，即

$$a = \frac{e_1 - e_2}{p_2 - p_1} \quad (\text{MPa}^{-1}) \tag{4-4}$$

同样，压缩系数 a 可以反映压缩性的高低，a 值越大，压缩性越高，由于对同一种土所取 M_1、M_2 点的位置不同，会得到不同的斜率，为了便于比较，工程上一般采用 100 ~ 200 kPa 的压力区间对应的压缩系数 a_{1-2} 来评价土的压缩性高低，即

$a_{1-2} < 0.1\ \text{MPa}^{-1}$ 属低压缩性土；

$0.1\ \text{MPa}^{-1} \leqslant a_{1-2} < 0.5\ \text{MPa}^{-1}$ 属中压缩性土；

$a_{1-2} \geqslant 0.5\ \text{MPa}^{-1}$ 属高压缩性土。

2. 压缩模量 E_s

压缩模量是指土体在侧限条件下受压时，竖向压应力增量 Δp 与相应的压应变 ε 的比值，用 E_s 表示，即

$$E_s = \frac{\Delta p}{\varepsilon} \quad (\text{MPa}) \tag{4-5}$$

压缩模量越小，土的压缩性越高。

当 $E_s \leq 4$ MPa 时，为高压缩性土；

当 4 MPa $< E_s \leq 15$ MPa 时，为中压缩性土；

当 $E_s > 15$ MPa 时，为低压缩性土。

第二节　地基变形量的确定

一、分层总和法

(一) 计算原理

分层总和法是将地基土层分为若干薄层，计算出各薄层的变形量，再求其和得总变形量。计算各薄层变形量时，假设地基土只在竖向发生压缩变形，没有侧向变形，故可利用室内侧限压缩试验成果进行计算，下面以单层土为例来说明其计算原理。

如图 4-2 所示，在侧限压缩试验中，土样有前后两个状态，压缩前孔隙比为 e_0（初态），压缩后孔隙比为 e_i（末态）。

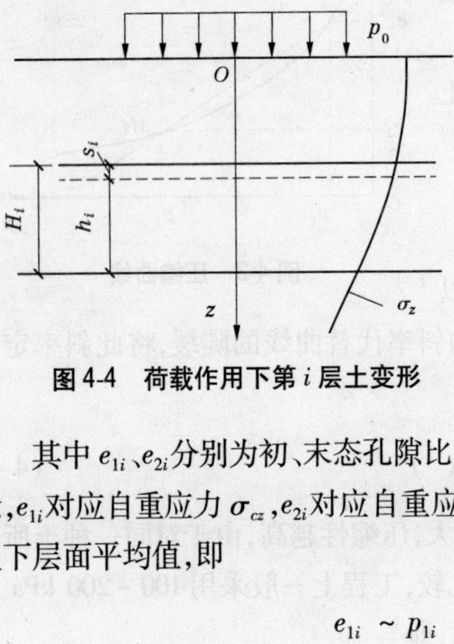

图 4-4　荷载作用下第 i 层土变形

如图 4-4 所示，基底下第 i 层土在建筑物荷载作用下，由厚度 H_i 压缩至 h_i，竖向变形量为 s_i。该层土在建筑物作用前后也有两个状态，设初态孔隙比为 e_{1i}，末态孔隙比为 e_{2i}，与式(4-2)相类比可得

$$e_{2i} = e_{1i} - (1 + e_{1i})\frac{s_i}{H_i} \tag{4-6}$$

$$s_i = \frac{e_{1i} - e_{2i}}{1 + e_{1i}}H_i \tag{4-7}$$

其中 e_{1i}、e_{2i} 分别为初、末态孔隙比，可由压缩曲线查得，根据自重应力和附加应力的概念，e_{1i} 对应自重应力 σ_{cz}，e_{2i} 对应自重应力 σ_{cz} 与附加应力 σ_z 之和。对一定厚度的土层可取上下层面平均值，即

$$e_{1i} \sim p_{1i} = \overline{\sigma}_{czi} = \frac{1}{2}(\sigma_{czi} + \sigma_{czi-1}) \tag{4-8}$$

$$e_{2i} \sim p_{2i} = \overline{\sigma}_{czi} + \overline{\sigma}_{zi} = \frac{1}{2}(\sigma_{czi} + \sigma_{czi-1}) + \frac{1}{2}(\sigma_{zi} + \sigma_{zi-1}) \tag{4-9}$$

式中　σ_{czi-1}、σ_{czi}——第 i 层土上、下层面的自重应力；

σ_{zi-1}、σ_{zi}——第 i 层土上、下层面的附加应力。

若已知的压缩资料为压缩系数，由式(4-7)和压缩系数定义式，可得变形计算的另一公式，即

$$s_i = \frac{a}{1 + e_{1i}}\overline{\sigma}_{zi}H_i \tag{4-10}$$

(二)计算步骤

(1)地基土分层。成层土的层面(不同土层的压缩性及重度不同)及地下水位面(水位下土受到浮力)是天然的分层界面,其中较厚土层需再分,分层厚度一般不宜大于 0.4*b*(*b* 为基底宽度)。

(2)计算各分层界面处土的自重应力,土的自重应力应从天然地面起算。

(3)计算基底压力及基底附加压力。

(4)计算各分层界面处附加应力。

(5)确定计算深度(压缩层厚度)。一般取地基附加应力等于 0.2 倍自重应力所对应的深度处作为沉降计算深度的限值(即 $\sigma_z/\sigma_{cz} \leqslant 0.2$);若在该深度以下为高压缩性土,则应取地基附加应力等于 0.1 倍自重应力所对应深度处作为沉降计算深度的限值(即 $\sigma_z/\sigma_{cz} \leqslant 0.1$)。

(6)用式(4-7)计算各分层土的压缩量 s_i。

(7)计算总变形量:$s = \sum s_i = \sum_{i=1}^{n} \frac{e_{1i} - e_{2i}}{1 + e_{1i}} H_i$。

【例 4-1】 如图 4-5(a)所示,某条形基础宽度 $b = 5$ m,受中心荷载 $\overline{P} = 360$ kN/m 的作用,基础埋深 $d = 2$ m,地下水位位于地面下 3 m,水位以下土的饱和重度 $\gamma_{sat} = 19.8$ kN/m³,土的压缩曲线见图 4-5(b)(*A*、*B* 线分别为地下水位上、下的压缩曲线),试计算基底中心点下的地基变形值。

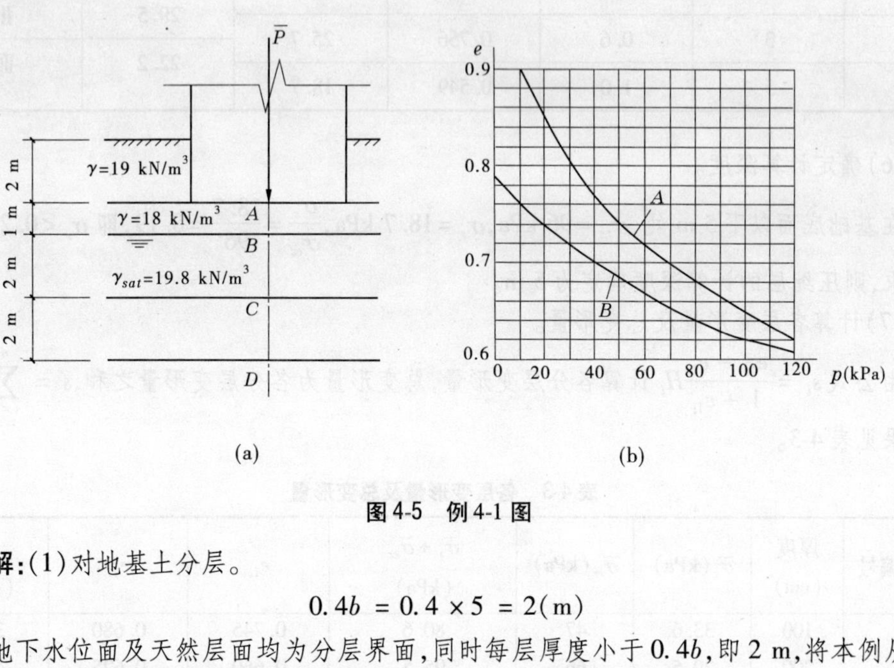

图 4-5 例 4-1 图

解:(1)对地基土分层。

$$0.4b = 0.4 \times 5 = 2(\text{m})$$

地下水位面及天然层面均为分层界面,同时每层厚度小于 0.4*b*,即 2 m,将本例从基底往下分为 3 层,层厚分别为 1 m、2 m、2 m。

(2)计算各层面自重应力及各土层平均自重应力。

自重应力是地基土层压缩前的应力,从原天然地面算起,计算结果见表 4-1。

(3)计算基底压力。

$$p = \frac{\overline{P}}{b} = \frac{360}{5} = 72(\text{kPa})$$

(4)计算基底附加压力。

$$p_0 = p - \gamma d = 72 - 19 \times 2 = 34(\text{kPa})$$

(5)计算基底中点下各层面深度的附加应力 σ_z 及各层面平均附加应力 $\overline{\sigma_z}$,深度从基础底面算起,计算结果见表 4-2。

表 4-1　自重应力计算

位置	深度 z(m)	σ_{cz}(kPa)	$\overline{\sigma}_{cz}$(kPa)	土层编号
A	2	38	47	Ⅰ
B	3	56	66	Ⅱ
C	5	76	86	Ⅲ
D	7	96		

表 4-2　附加应力计算表($x/b=0$)

位置	深度 z(m)	z/b	K_z^s(查表 3-6)	σ_z(kPa)	$\overline{\sigma}_z$	土层编号
A	0	0	1.00	34	33.6	Ⅰ
B	1	0.2	0.978	33.3	29.5	Ⅱ
C	3	0.6	0.756	25.7	22.2	Ⅲ
D	5	1.0	0.549	18.7		

(6)确定计算深度。

在基础底面以下 5 m 处,$\sigma_{cz}=96$ kPa,$\sigma_z=18.7$ kPa,$\frac{\sigma_z}{\sigma_{cz}}=\frac{18.7}{96}=0.19$,即 $\sigma_z<0.2\sigma_{cz}$,符合要求,则压缩层的计算深度确定为 5 m。

(7)计算各层变形量及总变形量。

由公式 $s_i = \frac{e_{1i}-e_{2i}}{1+e_{1i}}H_i$ 计算各分层变形量,总变形量为各分层变形量之和,$s = \sum_{i=1}^{n} s_i$,计算结果见表 4-3。

表 4-3　各层变形量及总变形量

土层编号	厚度(cm)	$\overline{\sigma}_z$(kPa)	$\overline{\sigma}_{cz}$(kPa)	$\overline{\sigma}_z+\overline{\sigma}_{cz}$(kPa)	e_{1i}	e_{2i}	s_i(cm)
Ⅰ	100	33.6	47	80.6	0.745	0.680	3.7
Ⅱ	200	29.5	66	95.5	0.660	0.625	4.2
Ⅲ	200	22.2	86	108.2	0.635	0.615	2.4
$s = \sum_{i=1}^{3} s_i = 3.7 + 4.2 + 2.4 = 10.3$(cm)							

分层总和法能适应各种地质条件与荷载条件，计算指标也比较容易测定，所以它是目前最广泛的一种计算方法，但由于它只考虑了地基的垂直变形，计算值与实测值往往有一定的误差。因此，《建筑地基基础设计规范》（GB 50007—2002）中又推荐了一种计算方法，通常称为规范法。

二、规范法（GB 50007—2002）

规范法是在分层总和法的基础上，引入土层平均附加应力的概念，通过平均附加应力系数，对分层总和法进行简化，并参考了大量的实测变形资料，引入经验系数对计算结果进行修正。

（一）计算原理及公式

以下从压缩模量的定义式推导出规范法公式，压缩模量是指在侧限条件下，土样的竖向应力变化量 Δp 与相应的竖向应变 ε 的比值，用 E_s 表示，即 $E_s=\Delta p/\varepsilon$。

1. 无穷小薄层土的变形

如图4-6所示，在基底附加压力 p_0 作用下，设地面下 z 深度处有一薄层土厚度为 $\mathrm{d}z$，产生竖向变形 $\mathrm{d}s$。

根据附加应力的概念，土中某点的附加应力即为该点的压力增量，故 $\mathrm{d}z$ 厚土层竖向应力变化量 Δp 即为该处的附加应力 σ_z，又竖向应变 ε 可表示为 $\mathrm{d}s/\mathrm{d}z$，所以有 $E_s=\sigma_z/(\mathrm{d}s/\mathrm{d}z)$，则

$$\mathrm{d}s=\frac{\sigma_z}{E_s}\mathrm{d}z \tag{4-11}$$

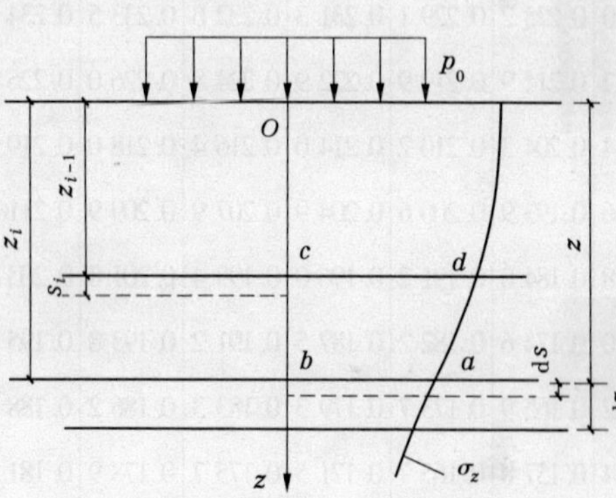

图4-6　无穷小薄层及一定厚度土层变形

2. 有一定厚度土层的变形

如图4-6所示，地面下第 i 层土，埋深从 z_{i-1} 至 z_i，压缩模量为 E_{si}，在地面荷载 p_0 作用下，该层土竖向变形为 s_i，则由式(4-11)得

$$s_i=\int_{z_{i-1}}^{z_i}\mathrm{d}s=\int_{z_{i-1}}^{z_i}\frac{\sigma_z}{E_{si}}\mathrm{d}z=\frac{1}{E_{si}}\int_{z_{i-1}}^{z_i}\sigma_z\mathrm{d}z \tag{4-12}$$

由图4-6可以看出，式(4-12)中的 $\int_{z_{i-1}}^{z_i}\sigma_z\mathrm{d}z$ 就是在第 i 层内附加应力分布图形 $abcd$ 的面积。由此可知，第 i 层土的变形为该层土附加应力分布图形的面积除以该层的压缩模量。

E_{si} 可用侧限压缩试验中得出的数据，对于厚度不大的土层来说可以认为是定值。

根据附加应力计算公式 $\sigma_z=p_0\alpha$，由式(4-12)得

$$s_i=\frac{1}{E_{si}}\int_{z_{i-1}}^{z_i}p_0\alpha\mathrm{d}z=\frac{p_0}{E_{si}}\left(\int_0^{z_i}\alpha\mathrm{d}z-\int_0^{z_{i-1}}\alpha\mathrm{d}z\right)$$

令
$$\overline{\alpha}_i=\frac{\int_0^{z_i}\alpha\mathrm{d}z}{z_i},\overline{\alpha}_{i-1}=\frac{\int_0^{z_{i-1}}\alpha\mathrm{d}z}{z_{i-1}}$$

则

$$s_i = \frac{p_0}{E_{si}}(\overline{\alpha}_i z_i - \overline{\alpha}_{i-1} z_{i-1}) \tag{4-13}$$

可以看出,$\overline{\alpha}_i$ 为基底到深度 z_i 范围内的平均附加应力系数,$\overline{\alpha}_{i-1}$ 为基底到深度 z_{i-1} 范围内的平均附加应力系数,根据荷载情况和计算点深度由相应表查得。对于矩形基底受均布荷载时,角点下的平均附加应力系数可查表4-4。

表4-4　矩形面积上均布荷载作用下角点的平均附加应力系数 $\overline{\alpha}$

z/b	l/b												
	1.0	1.2	1.4	1.6	1.8	2.0	2.4	2.8	3.2	3.6	4.0	5.0	10.0
0	0.250 0	0.250 0	0.250 0	0.250 0	0.250 0	0.250 0	0.250 0	0.250 0	0.250 0	0.250 0	0.250 0	0.250 0	0.250 0
0.2	0.249 6	0.249 7	0.249 7	0.249 8	0.249 8	0.249 8	0.249 8	0.249 8	0.249 8	0.249 8	0.249 8	0.249 8	0.249 8
0.4	0.247 4	0.247 9	0.248 1	0.248 3	0.248 3	0.248 4	0.248 5	0.248 5	0.248 5	0.248 5	0.248 5	0.248 5	0.248 5
0.6	0.242 3	0.243 7	0.244 4	0.244 8	0.245 1	0.245 2	0.245 4	0.245 5	0.245 5	0.245 5	0.245 5	0.245 5	0.245 6
0.8	0.234 6	0.237 2	0.238 7	0.239 5	0.240 0	0.240 3	0.240 7	0.240 8	0.240 9	0.240 9	0.241 0	0.241 0	0.241 0
1.0	0.225 2	0.229 1	0.231 3	0.232 6	0.233 5	0.234 0	0.234 6	0.234 9	0.235 1	0.235 2	0.235 2	0.235 3	0.235 3
1.2	0.214 9	0.219 9	0.222 9	0.224 8	0.226 0	0.226 8	0.227 8	0.228 2	0.228 5	0.228 6	0.228 7	0.228 8	0.228 9
1.4	0.204 3	0.210 2	0.214 0	0.216 4	0.218 0	0.219 1	0.220 4	0.221 1	0.221 5	0.221 7	0.221 8	0.222 0	0.222 1
1.6	0.193 9	0.200 6	0.204 9	0.207 9	0.209 9	0.211 3	0.213 0	0.213 8	0.214 3	0.214 6	0.214 8	0.215 0	0.215 2
1.8	0.184 0	0.191 2	0.196 0	0.199 4	0.201 8	0.203 4	0.205 5	0.206 6	0.207 3	0.207 7	0.207 9	0.208 2	0.208 4
2.0	0.174 6	0.182 2	0.187 5	0.191 2	0.193 8	0.195 8	0.198 2	0.199 6	0.200 4	0.200 9	0.201 2	0.201 5	0.201 8
2.2	0.165 9	0.173 7	0.179 3	0.183 3	0.186 2	0.188 3	0.191 1	0.192 7	0.193 7	0.194 3	0.194 7	0.195 2	0.195 5
2.4	0.157 8	0.165 7	0.171 5	0.175 7	0.178 9	0.181 2	0.184 3	0.186 2	0.187 3	0.188 0	0.188 5	0.189 0	0.189 5
2.6	0.150 3	0.158 3	0.164 2	0.168 6	0.171 9	0.174 5	0.177 9	0.179 9	0.181 2	0.182 0	0.182 5	0.183 2	0.183 8
2.8	0.143 3	0.151 4	0.157 4	0.161 9	0.165 4	0.168 0	0.171 7	0.173 9	0.175 3	0.176 3	0.176 9	0.177 7	0.178 4
3.0	0.136 9	0.144 9	0.151 0	0.155 6	0.159 2	0.161 9	0.165 8	0.168 2	0.169 8	0.170 8	0.171 5	0.172 5	0.173 3
3.2	0.131 0	0.139 0	0.145 0	0.149 7	0.153 3	0.156 2	0.160 2	0.162 8	0.164 5	0.165 7	0.166 4	0.167 5	0.168 5
3.4	0.125 6	0.133 4	0.139 4	0.144 1	0.147 8	0.150 8	0.155 0	0.157 7	0.159 5	0.160 7	0.161 6	0.162 8	0.163 9
3.6	0.120 5	0.128 2	0.134 2	0.138 9	0.142 7	0.145 6	0.150 0	0.152 8	0.154 8	0.156 1	0.157 0	0.158 3	0.159 5
3.8	0.115 8	0.123 4	0.129 3	0.134 0	0.137 8	0.140 8	0.145 2	0.148 2	0.150 2	0.151 6	0.152 6	0.154 1	0.155 4
4.0	0.111 4	0.118 9	0.124 8	0.129 4	0.133 2	0.136 2	0.140 8	0.143 8	0.145 9	0.147 4	0.148 5	0.150 0	0.151 6
4.2	0.107 3	0.114 7	0.120 5	0.125 1	0.128 9	0.131 9	0.136 5	0.139 6	0.141 8	0.143 4	0.144 5	0.146 2	0.147 9
4.4	0.103 5	0.110 7	0.116 4	0.121 0	0.124 8	0.127 9	0.132 5	0.135 7	0.137 9	0.139 6	0.140 7	0.142 5	0.144 4
4.6	0.100 0	0.107 0	0.112 7	0.117 2	0.120 9	0.124 0	0.128 7	0.131 9	0.134 2	0.135 9	0.137 1	0.139 0	0.141 0
4.8	0.096 7	0.103 6	0.109 1	0.113 6	0.117 3	0.120 4	0.125 0	0.128 3	0.130 7	0.132 4	0.133 7	0.135 7	0.137 9

续表4-4

z/b	l/b												
	1.0	1.2	1.4	1.6	1.8	2.0	2.4	2.8	3.2	3.6	4.0	5.0	10.0
5.0	0.093 5	0.100 3	0.105 7	0.110 2	0.113 9	0.116 9	0.121 6	0.124 9	0.127 3	0.129 1	0.130 4	0.132 5	0.134 8
5.2	0.090 6	0.097 2	0.102 6	0.107 0	0.110 6	0.113 6	0.118 3	0.121 7	0.124 1	0.125 9	0.127 3	0.129 5	0.132 0
5.4	0.087 8	0.094 3	0.099 6	0.103 9	0.107 5	0.110 5	0.115 2	0.118 6	0.121 1	0.122 9	0.124 3	0.126 5	0.129 2
5.6	0.085 2	0.091 6	0.096 8	0.101 0	0.104 6	0.107 6	0.112 2	0.115 6	0.118 1	0.120 0	0.121 5	0.123 8	0.126 6
5.8	0.082 8	0.089 0	0.094 1	0.098 3	0.101 8	0.104 7	0.109 4	0.112 8	0.115 3	0.117 2	0.118 7	0.121 1	0.124 0
6.0	0.080 5	0.086 6	0.091 6	0.095 7	0.099 1	0.102 1	0.106 7	0.110 1	0.112 6	0.114 6	0.116 1	0.118 5	0.121 6
6.2	0.078 3	0.084 2	0.089 1	0.093 2	0.096 6	0.099 5	0.104 1	0.107 5	0.110 1	0.112 0	0.113 6	0.116 1	0.119 3
6.4	0.076 2	0.082 0	0.086 9	0.090 9	0.094 2	0.097 1	0.101 6	0.105 0	0.107 6	0.109 6	0.111 1	0.113 7	0.117 1
6.6	0.074 2	0.079 9	0.084 7	0.088 6	0.091 9	0.094 8	0.099 3	0.102 7	0.105 3	0.107 3	0.108 8	0.111 4	0.114 9
6.8	0.072 3	0.077 9	0.082 6	0.086 5	0.089 8	0.092 6	0.097 0	0.100 4	0.103 0	0.105 0	0.106 6	0.109 2	0.112 9
7.0	0.070 5	0.076 1	0.080 6	0.084 4	0.087 7	0.090 4	0.094 9	0.098 2	0.100 8	0.102 8	0.104 4	0.107 1	0.110 9
7.2	0.068 8	0.074 2	0.078 7	0.082 5	0.085 7	0.088 4	0.092 8	0.096 2	0.098 7	0.100 8	0.102 3	0.105 1	0.109 0
7.4	0.067 2	0.072 5	0.076 9	0.080 6	0.083 8	0.086 5	0.090 8	0.094 2	0.096 7	0.098 8	0.100 4	0.103 1	0.107 1
7.6	0.065 6	0.070 9	0.075 2	0.078 9	0.082 0	0.084 6	0.088 9	0.092 2	0.094 8	0.096 8	0.098 4	0.101 2	0.105 4
7.8	0.064 2	0.069 3	0.073 6	0.077 1	0.080 2	0.082 8	0.087 1	0.090 4	0.092 9	0.095 0	0.096 6	0.099 4	0.103 6
8.0	0.062 7	0.067 8	0.072 0	0.075 5	0.078 5	0.081 1	0.085 3	0.088 6	0.091 2	0.093 2	0.094 8	0.097 6	0.102 0
8.2	0.061 4	0.066 3	0.070 5	0.073 9	0.076 9	0.079 5	0.083 7	0.086 9	0.089 4	0.091 4	0.093 1	0.095 9	0.100 4
8.4	0.060 1	0.064 9	0.069 0	0.072 4	0.075 4	0.077 9	0.082 0	0.085 2	0.087 8	0.089 8	0.091 4	0.094 3	0.093 8
8.6	0.058 8	0.063 6	0.067 6	0.071 0	0.073 9	0.076 4	0.080 5	0.083 6	0.086 2	0.088 2	0.089 8	0.092 7	0.097 3
8.8	0.057 6	0.062 3	0.066 3	0.069 6	0.072 4	0.074 9	0.079 0	0.082 1	0.084 6	0.086 6	0.088 2	0.091 2	0.095 9
9.2	0.055 4	0.059 9	0.063 7	0.067 0	0.069 7	0.072 1	0.076 1	0.079 2	0.081 7	0.083 7	0.085 3	0.088 2	0.093 1
9.6	0.053 3	0.057 7	0.061 4	0.064 5	0.067 2	0.069 6	0.073 4	0.076 5	0.078 9	0.080 9	0.082 5	0.085 5	0.090 5
10.0	0.051 4	0.055 6	0.059 2	0.062 2	0.064 9	0.067 2	0.071 0	0.073 9	0.076 3	0.078 3	0.079 9	0.082 9	0.088 0
10.4	0.049 6	0.053 7	0.057 2	0.060 1	0.062 7	0.064 9	0.068 6	0.071 6	0.073 9	0.075 9	0.077 5	0.080 4	0.085 7
10.8	0.047 9	0.051 9	0.055 3	0.058 1	0.060 6	0.062 8	0.066 4	0.069 3	0.071 7	0.073 6	0.075 1	0.078 1	0.083 4
11.2	0.046 3	0.050 2	0.053 5	0.056 3	0.058 7	0.060 9	0.064 4	0.067 2	0.069 5	0.071 4	0.073 0	0.075 9	0.081 3
11.6	0.044 8	0.048 6	0.051 8	0.054 5	0.056 9	0.059 0	0.062 5	0.065 2	0.067 5	0.069 4	0.070 9	0.073 8	0.079 3
12.0	0.043 5	0.047 1	0.050 2	0.052 9	0.055 2	0.057 3	0.060 6	0.063 4	0.065 6	0.067 4	0.069 0	0.071 9	0.077 4
12.8	0.040 9	0.044 4	0.047 4	0.049 9	0.052 1	0.054 1	0.057 3	0.059 9	0.062 1	0.063 9	0.065 4	0.068 2	0.073 9
13.6	0.038 7	0.042 0	0.048 8	0.047 2	0.049 3	0.051 2	0.054 3	0.056 8	0.058 9	0.060 7	0.062 1	0.064 9	0.070 7
14.4	0.036 7	0.039 8	0.042 5	0.044 8	0.046 8	0.048 6	0.051 6	0.054 0	0.056 1	0.057 7	0.059 2	0.061 9	0.067 7
15.2	0.034 9	0.037 9	0.040 4	0.042 6	0.044 6	0.046 3	0.049 2	0.051 5	0.053 5	0.055 1	0.056 5	0.059 2	0.065 0
16.0	0.033 2	0.036 1	0.038 5	0.040 7	0.042 5	0.044 2	0.046 9	0.049 2	0.051 1	0.052 7	0.054 0	0.056 7	0.062 5
18.0	0.029 7	0.032 3	0.034 5	0.036 4	0.038 1	0.039 6	0.042 2	0.044 2	0.046 0	0.047 5	0.048 7	0.051 2	0.057 0
20.0	0.026 9	0.029 2	0.031 2	0.033 0	0.034 5	0.035 9	0.038 3	0.040 2	0.041 8	0.043 2	0.044 4	0.046 8	0.052 4

3. 计算深度范围内土的变形

若地基计算深度范围内分为 n 层土，则其总变形 s' 为各土层变形之和，即

$$s' = \sum_{i=1}^{n} s_i = \sum_{i=1}^{n} \frac{p_0}{E_{si}}(\bar{\alpha}_i z_i - \bar{\alpha}_{i-1} z_{i-1}) \tag{4-14}$$

加入沉降计算经验系数 ψ_s 后可得

$$s = \psi_s s' = \psi_s \sum_{i=1}^{n} \frac{p_0}{E_{si}}(\bar{\alpha}_i z_i - \bar{\alpha}_{i-1} z_{i-1}) \tag{4-15}$$

式(4-15)即为规范法计算地基最终沉降量的公式。

(二)沉降计算经验系数 ψ_s

ψ_s 为沉降计算经验系数，一般根据地区沉降观测资料及经验确定，也可按表 4-5 查取。

表 4-5　沉降计算经验系数 ψ_s

基底附加压力	$\bar{E}_s$(MPa)				
	2.5	4.0	7.0	15.0	20.0
$p_0 \geq f_{ak}$	1.4	1.3	1.0	0.4	0.2
$p_0 \leq 0.75f_{ak}$	1.1	1.0	0.7	0.4	0.2

注：$\bar{E}_s$ 为变形计算深度范围内压缩模量的当量值。

$\bar{E}_s$ 可按式(4-16)计算，即

$$\bar{E}_s = \frac{\sum A_i}{\sum \frac{A_i}{E_{si}}} \tag{4-16}$$

$$A_i = \int_{z_{i-1}}^{z_i} \alpha \mathrm{d}z = \int_0^{z_i} \alpha \mathrm{d}z - \int_0^{z_{i-1}} \alpha \mathrm{d}z = \bar{\alpha}_i z_i - \bar{\alpha}_{i-1} z_{i-1} \tag{4-17}$$

式中　A_i——第 i 层土附加应力系数沿土层厚度的积分值。

(三)沉降计算深度

《建筑地基基础设计规范》(GB 50007—2002)规定沉降计算深度 z_n 应符合下式要求

$$\Delta s'_n \leq 0.025 \sum_{i=1}^{n} \Delta s'_i \tag{4-18}$$

式中　$\Delta s'_i$——在计算深度范围内，第 i 层土的计算变形值；

$\Delta s'_n$——自试算深度往上取 Δz 厚度的土层的压缩量，Δz 的取值按表 4-6 确定。

表 4-6　Δz 取值表

b(m)	$b \leq 2$	$2 < b \leq 4$	$4 < b \leq 8$	$b > 8$
Δz(m)	0.3	0.6	0.8	1.0

注：如确定的沉降计算深度下部仍有较软弱土层时，应继续往下进行计算。

当无相邻荷载影响，基础宽度为 1 ~ 30 m 时，地基沉降计算深度也可按下列简化公式计算

$$z_n = b(2.5 - 0.4\ln b) \tag{4-19}$$

式中　b——基础宽度，m。

在计算深度范围内存在基岩时，z_n 取至基岩表面。

【例4-2】　如图4-7所示，某基础底面尺寸为4.8 m×3.2 m，埋深为1 m，基础重度为20 kN/m³，传至基础顶面的中心荷载 $F=2\ 000$ kN，地基为粉质黏土，天然重度 $\gamma=16.0$ kN/m³，地下水位在地面下3.4 m处，地下水位上下土层侧限压缩模量分别为 $E_{s1}=5.5$ MPa，$E_{s2}=6.2$ MPa，持力层的地基承载力特征值 $f_{ak}=120$ kPa，用规范法计算基础中点的最终沉降量。

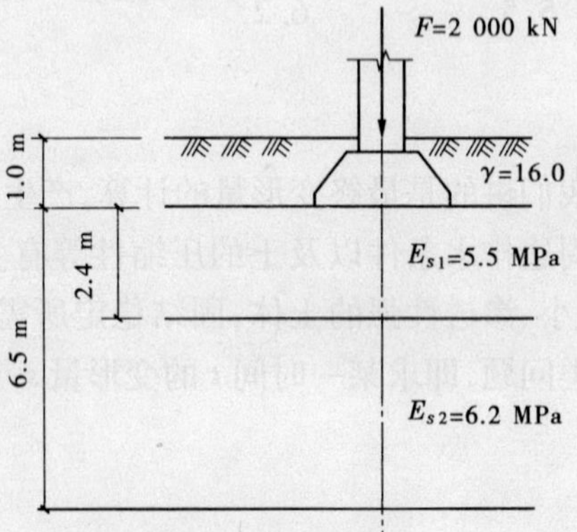

图4-7　例4-2图

解：(1)确定沉降计算深度 z_n。

对于独立基础，地基沉降计算深度 z_n 按简化公式计算

$$z_n = b(2.5 - 0.4\ln b) = 3.2 \times (2.5 - 0.4\ln 3.2) = 6.5(\text{m})$$

(2)基底附加压力 p_0。

$$p_0 = \frac{F+G}{A} - \gamma d = \frac{2\ 000 + 3.2 \times 4.8 \times 1 \times 20}{3.2 \times 4.8} - 16.0 \times 1 = 134(\text{kPa})$$

(3)求平均附加应力系数 $\overline{\alpha}$。

根据 l/b 和 z/b 查表4-4，计算结果见表4-7。

表4-7　平均附加应力系数 $\overline{\alpha}$

z(m)	l/b	$z/b(b=3.2/2=1.6)$	$\overline{\alpha}$
0	1.5	0	$4\times0.250\ 0=1.000$
2.4	1.5	1.5	$4\times0.210\ 8=0.843\ 2$
6.5	1.5	4.1	$4\times0.125\ 0=0.500\ 0$

(4)确定修正系数 ψ_s。

$$A_1 = \overline{\alpha}_1 z_1 - \overline{\alpha}_0 z_0 = 0.843\ 2 \times 2.4 - 1.000 \times 0 = 2.024$$

$$A_2 = \overline{\alpha}_2 z_2 - \overline{\alpha}_1 z_1 = 0.500\ 0 \times 6.5 - 0.843\ 2 \times 2.4 = 1.226$$

$$\overline{E}_s = \frac{\sum A_i}{\sum \frac{A_i}{E_{si}}} = \frac{2.024 + 1.226}{\frac{2.024}{5.5} + \frac{1.226}{6.2}} = 5.74(\text{MPa})$$

由于 $p_0 = 134\ \text{kPa} > f_{ak} = 120\ \text{kPa}$，查表 4-5 得 $\psi_s = 1.13$。

(5)计算基础中点最终沉降量 s。

$$s = \psi_s s' = \psi_s \sum_{i=1}^{n} \frac{p_0}{E_{si}}(\overline{\alpha}_i z_i - \overline{\alpha}_{i-1} z_{i-1})$$

$$= 1.13 \times (\frac{134}{5.5} \times 2.024 + \frac{134}{6.2} \times 1.226) = 85.7(\text{mm})$$

三、渗透固结法

对于地基的变形，以上我们讲的是最终变形量的计算，产生最终变形量的时间长短即固结速度与土体的渗透性、周边排水条件以及土的压缩性等有关，主要是土体的渗透性，对于砂土和碎石土等压缩性小、渗透性强的土体，固结稳定所需时间很短；而对饱和的黏性土而言，一般需要解决两类问题，即求某一时间 t 的变形量 s_t 或求某一变形量 s_t 所需的时间 t。

(一)固结度概念

固结度是指土层在固结过程中任一时刻的压缩量 s_t 与最终压缩量 s 之比，即

$$U_t = \frac{s_t}{s} \tag{4-20}$$

因最终压缩量 s 可由前述的分层总和法或规范法求得，所以只要知道 U_t 和 t 的关系，便可解决上述两类问题。

(二) U_t 和 t 的关系

根据太沙基一维渗透固结理论，对于一定假设条件下的固结情况，可得固结度 U_t 与时间 t 的关系。U_t 和 t 的关系可通过中间变量时间因数 T_v 联系起来，即 $U_t \sim T_v \sim t$。

1. T_v 与 t 的关系

T_v 与 t 的关系可通过式(4-21)换算，即

$$T_v = \frac{C_v t}{H'^2} \tag{4-21}$$

$$C_v = \frac{k(1 + e_1)}{a\gamma_w} \tag{4-22}$$

式中 C_v——土的固结系数，cm^2/年；

k——渗透系数；

e_1——土的初始孔隙比；

a——压缩系数；

H'——压缩土层中孔隙水的最大渗径，单面排水时为土层厚度，即 $H' = H$，双面排水时为土层厚度的一半，即 $H' = H/2$。

2. U_t 与 T_v 的关系

U_t 与 T_v 的关系可由表 4-8 查得，表中 α 值的确定方法：①单面排水时，$\alpha=\frac{\sigma_z{}'}{\sigma_z{}''}$，即透水侧的附加应力值比不透水侧的附加应力值；②双面排水时，$\alpha=1$。

表 4-8 单面排水时不同 α 下的 $U_t \sim T_v$ 关系

α	T_v										
	$U_t=0$	$U_t=0.1$	$U_t=0.2$	$U_t=0.3$	$U_t=0.4$	$U_t=0.5$	$U_t=0.6$	$U_t=0.7$	$U_t=0.8$	$U_t=0.9$	$U_t=1.0$
0	0	0.049	0.100	0.154	0.217	0.290	0.380	0.500	0.660	0.950	∞
0.2	0	0.027	0.073	0.126	0.186	0.26	0.35	0.46	0.63	0.92	∞
0.4	0	0.016	0.056	0.106	0.164	0.24	0.33	0.44	0.60	0.90	∞
0.6	0	0.012	0.042	0.092	0.148	0.22	0.31	0.42	0.58	0.88	∞
0.8	0	0.010	0.036	0.079	0.134	0.20	0.29	0.41	0.57	0.86	∞
1.0	0	0.008	0.031	0.071	0.126	0.20	0.29	0.40	0.57	0.85	∞
1.5	0	0.008	0.024	0.058	0.107	0.17	0.26	0.38	0.54	0.83	∞
2.0	0	0.006	0.019	0.050	0.095	0.16	0.24	0.36	0.52	0.81	∞
3.0	0	0.005	0.016	0.041	0.082	0.14	0.22	0.34	0.50	0.79	∞
4.0	0	0.004	0.014	0.040	0.080	0.13	0.21	0.33	0.49	0.78	∞
5.0	0	0.004	0.013	0.034	0.069	0.12	0.20	0.32	0.48	0.77	∞
7.0	0	0.003	0.012	0.030	0.065	0.12	0.19	0.31	0.47	0.76	∞
10.0	0	0.003	0.011	0.028	0.060	0.11	0.18	0.30	0.46	0.75	∞
20.0	0	0.003	0.010	0.026	0.060	0.11	0.17	0.29	0.45	0.74	∞
∞	0	0.002	0.009	0.024	0.048	0.09	0.16	0.23	0.44	0.73	∞

（三）解决两类问题的步骤

1. 已知土层的最终变形量 s，求某一固结历时 t 的变形量 s_t

（1）由资料 k、a、e_1 求固结系数 C_v，$C_v=\frac{k(1+e_1)}{a\gamma_w}$；

（2）求时间因数 T_v，$T_v=\frac{C_v t}{H'^2}$；

（3）确定 α，$\alpha=\frac{\sigma_z'}{\sigma_z''}$（双面排水时 $\alpha=1$）；

（4）由 α 和 T_v 查表 4-8 得 U_t；

（5）求 s_t，$s_t=sU_t$。

2. 已知土层的最终变形量 s，求土层达到某一变形量 s_t 时所需的时间 t

（1）求 U_t，$U_t=\frac{s_t}{s}$；

(2)确定 α，$\alpha=\dfrac{\sigma_z'}{\sigma_z''}$（双面排水时 $\alpha=1$）；

(3)由 U_t 和 α 查表4-8得 T_v；

(4)求 C_v，$C_v=\dfrac{k(1+e_1)}{a\gamma_w}$；

(5)求 t，$t=\dfrac{T_v H'^2}{C_v}$。

【例4-3】 某基础基底中心点下的固结应力分布如图4-8所示。地基系饱和黏土层，厚度 $H=6$ m，其底面为坚硬不透水层，土层的初始孔隙比 $e_1=0.8$，压缩系数 $a=0.4$ $\mathrm{MPa^{-1}}$，渗透系数 $k=0.014$ m/年。试求：

(1)加荷1年后地基的变形量；

(2)地基的固结度达80%时所需的时间。

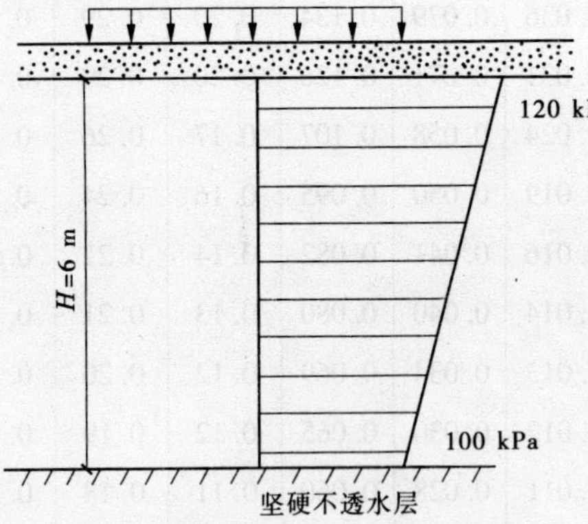

图4-8　例4-3图

解：(1)加荷1年后的地基变形量。

首先计算地基最终变形量。

该土层固结应力平均值为

$$\overline{\sigma_z}=\frac{120\ \mathrm{kPa}+100\ \mathrm{kPa}}{2}=110\ \mathrm{kPa}$$

黏土层的最终变形量为

$$s=\frac{a}{1+e_1}\overline{\sigma}_z H=\frac{0.4\ \mathrm{MPa^{-1}}}{1+0.8}\times 110\ \mathrm{kPa}\times 6\ \mathrm{m}$$

$$=\frac{0.4\ \mathrm{MPa^{-1}}}{1+0.8}\times 110\times 10^{-3}\ \mathrm{MPa}\times 6\times 10^{3}\ \mathrm{mm}=146.7\ \mathrm{mm}$$

其次计算加荷1年后的地基变形量。

土的固结系数为

$$C_v=\frac{k(1+e_1)}{a\gamma_w}=\frac{0.014\ \mathrm{m}/年\times(1+0.8)}{0.4\ \mathrm{MPa^{-1}}\times 9.8\ \mathrm{kN/m^3}}=\frac{0.014\ \mathrm{m^2}/年\times(1+0.8)}{0.4\ \mathrm{MPa^{-1}}\times 9.8\ \mathrm{kN/m^2}}$$

$$=\frac{0.014\ \mathrm{m^2}/年\times(1+0.8)}{0.4\ \mathrm{MPa^{-1}}\times 9.8\times 10^{-3}\ \mathrm{MPa}}=6.43\ \mathrm{m^2}/年$$

$$\alpha = \frac{120}{100} = 1.2$$

$$T_v = \frac{C_v t}{H'^2} = \frac{6.43\text{m}^2\ 年/1\ 年}{(6\text{m})^2} = 0.18$$

查表 4-8，加荷 1 年后地基固结度 $U_t = 0.48$，因此 $s_{t=1} = sU_t = 146.7\ \text{mm} \times 0.48 = 70.4$ mm。

(2) $U_t = 80\%$ 时所需的时间。

由 $\alpha = 1.2$，$U_t = 0.8$，查表 4-8 得 $T_v = 0.56$，则

$$t = \frac{T_v H'^2}{C_v} = \frac{0.56 \times (6\text{m})^2}{6.43\ \text{m}^2/年} = 3.14\ 年$$

第三节　土压缩试验

一、固结试验

(一)试验目的和适用范围

本试验的目的是测定试样在侧向和轴向排水条件下的变形和压力（或孔隙比与压力）的关系以及变形和时间的关系，以便计算土的压缩性指标，主要包括土的压缩系数 a、压缩模量 E_s 等，评定土的压缩性，为估算建筑物沉降量及历经不同时间的固结度提供必备的计算参数。

本试验适用于饱和及非饱和的黏性土。

(二)试验仪器设备

(1)固结容器。由环刀、护环、透水板、加压上盖和量表架等组成，如图 4-9 所示。

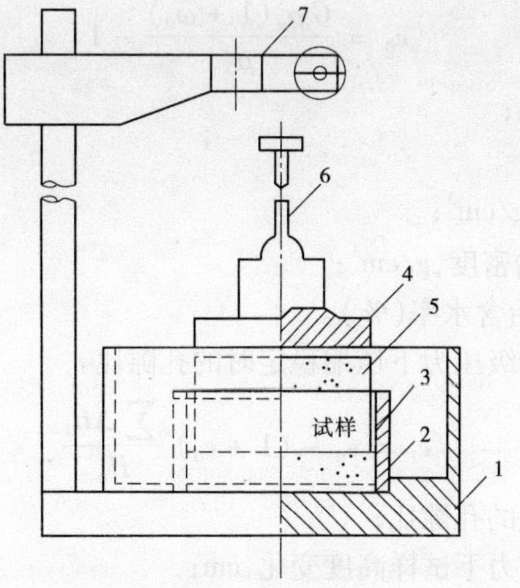

1—水槽；2—护环；3—环刀；4—加压上盖；5—透水板；6—量表导杆；7—量表架

图 4-9　固结容器示意图

(2)加压设备。可采用量程为5～10 kN的杠杆式、磅称式或其他加压设备。

(3)变形测量设备。百分表量程为10 mm,分度值为0.01 mm,或准确度为全量程的0.2%的位移传感器。

(4)其他。刮土刀、钢丝锯、天平、秒表等。

(三)操作步骤

(1)根据工程需要,切取原状土样或制备给定密度与含水率的扰动土试样。

(2)如系冲填土,先将土样调成液限或1.2～1.3倍液限的土膏,拌和均匀,在保湿器内静置24 h;然后把环刀倒置于小玻璃板上,用调土刀把土膏填入环刀,排除气泡刮平,称量。

(3)测定试样的含水率及密度。

(4)在固结容器内放置护环、透水板和薄滤纸,将带有环刀的试样,小心装入护环,然后在试样上放薄滤纸、透水板和加压盖板,置于加压框架下,对准加压框架的正中,安装量表,并调节其量测距离不小于8 mm。

(5)为保证试样与仪器上下各部件之间接触良好,应施加1 kPa的预压压力。调整百分表指针读数为零。加压等级一般为12.5 kPa、25.0 kPa、50.0 kPa、100 kPa、200 kPa、400 kPa、800 kPa、1 600 kPa、3 200 kPa 。最后一级的压力应大于上覆土层的计算压力100～200 kPa。慢速法固结稳定的标准为24 h。由于学时所限,试验要求只加50 kPa、100 kPa、200 kPa、400 kPa四级荷载,用常规快速法,间隔1 h逐级加压,每级荷载按要求时间测记量表读数,并加测最后级荷重下24 h的稳定读数,稳定标准为量表读数每小时变化不大于0.005 mm。

(6)所有荷载加完后,将土取出,环刀擦净,置于天平上再称环刀的质量。

(四)计算和制图

(1)应按下式计算初始孔隙比e_0

$$e_0 = \frac{G_s \rho_w (1 + \omega_0)}{\rho_0} - 1 \tag{4-23}$$

式中 e_0——初始孔隙比;

G_s——土粒比重;

ρ_w——水的密度,g/cm^3;

ρ_0——试样的初始密度,g/cm^3;

ω_0——试样的初始含水率(%)。

(2)应按下式计算各级压力下压缩稳定时的孔隙比e_i

$$e_i = e_0 - (1 + e_0)\frac{\sum \Delta H_i}{H_0} \tag{4-24}$$

式中 e_i——某级压力下的孔隙比;

$\sum \Delta H_i$——某级压力下试样高度变化,cm;

H_0——试样初始高度,cm。

(3)以孔隙比e为纵坐标,压力p为横坐标,绘制孔隙比与压力的关系曲线,即$e \sim p$曲线,如图4-10所示。

(4)按下式计算土的压缩系数 a_{1-2}(MPa^{-1})

$$a_{1-2}=\frac{e_1-e_2}{0.1} \tag{4-25}$$

式中 a_{1-2}——100~200 kPa 的压缩系数,MPa^{-1};

e_1——压缩曲线上 100 kPa 所对应的孔隙比;

e_2——压缩曲线上 200 kPa 所对应的孔隙比。

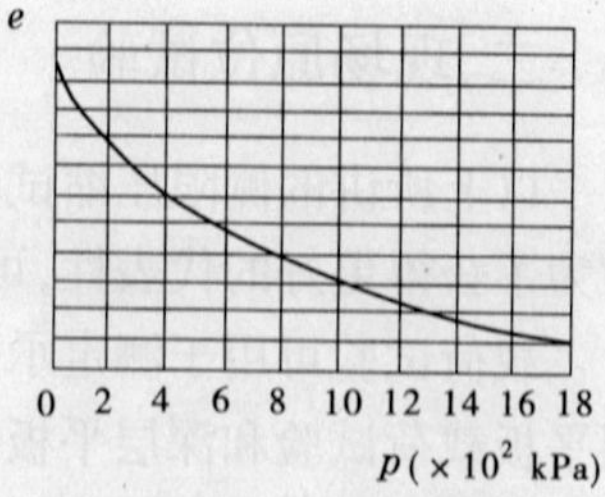

图 4-10 $e\sim p$ 关系曲线

(5)按下式计算土的压缩模量 E_s(MPa)

$$E_s=\frac{1+e_1}{a_{1-2}} \tag{4-26}$$

式中 E_s——100~200 kPa 的压缩模量,MPa。

(6)评定土的压缩性。

(五)记录

试验记录格式见表 4-9。

表 4-9 快速固结试验记录表

工程名称________ 试验者________

土样编号________ 计算者________

试验日期________ 校核者________

试样初始高度:H_0 = mm 试样初始孔隙比:e_0 =

$K=(H_n)_T/(H_n)_t$ =

加压历时(h)	压力(kPa)	校正前试样总变形量(mm)	校正后试样总变形量(mm)	压缩后试样高度(mm)	孔隙比
	p	$(H_i)_t$	$\sum\Delta H_i=K(H_i)_t$	$H=H_0-\sum\Delta H_i$	$e_i=e_0-(1+e_0)\frac{\sum\Delta H_i}{H_0}$

a_{1-2} = ________(MPa^{-1}); E_s = ________(MPa);

因此,该土为________(高、中、低)压缩性土。

二、现场原位试验

以上所讲的侧限压缩试验是在室内进行的，有时取原状土很困难，或者在土层不均匀时为了获得更好的代表性，可采用原位试验的方法，下面介绍其中的载荷试验。

载荷试验可用于测定承压板下应力主要影响范围内岩土的承载力和变形特性。有浅层平板载荷试验和深层平板载荷试验，以下仅介绍浅层平板载荷试验，它适用于浅层地基土。载荷试验应布置在有代表性的地点，每个场地不宜少于3个，当场地内岩土体不均时，应适当增加，试验时载荷板应布置在基础底面标高处。

载荷试验的技术要求应符合下列规定：

(1)试坑宽度或直径不应小于承压板宽度或直径的3倍。

(2)试坑底的岩土应避免扰动，保持其原状结构和天然湿度，并在承压板下铺设不超过20 mm的砂垫层找平。

(3)载荷试验宜采用圆形刚性承压板，根据土的软硬或岩体裂隙密度选用合适的尺寸，承压板面积不应小于0.25 m^2，对软土和粒径较大的填土不应小于0.5 m^2。

(4)载荷试验加荷方式应采用分级维持荷载沉降相对稳定法（常规慢速法），加荷等级不应少于8级，宜取10～12级。

(5)承压板的沉降可采用百分表或电测位移计量测，其精度不应低于0.01 mm。

(6)对慢速法，当试验对象为土体时，每级荷载施加后，间隔10 min、10 min、10 min、15 min、15 min，以后每间隔30 min测读一次沉降，当在连读2 h内，每小时沉降量小于0.1 mm时，可认为沉降已达相对稳定标准，施加下一级荷载。

(7)当出现下列情况之一时，可终止试验：①承压板周围的土出现明显侧向挤出；②荷载与沉降曲线出现明显陡降；③在某级荷载下，24 h沉降速率不能达到稳定；④沉降量与承压板直径（或宽度）之比大于或等于0.06。

根据载荷试验结果，可绘制荷载 p 与沉降量 s 的关系曲线，并根据弹性理论反算出土的变形模量，还可利用载荷试验的结果评定地基土的承载力。

思考题

4-1　土体压缩变形的原因是什么？最终变形量和变形快慢受哪些因素影响？

4-2　土的压缩曲线如何得到？有何作用？

4-3　土的压缩系数和压缩模量有何联系与区别？

4-4　分层总和法和规范法有何联系与区别？

4-5　何谓固结度？在变形与时间的关系计算中有何作用？

习　题

4-1　对一土样做侧限压缩试验，已知试样的天然重度 $\gamma=18.2\ kN/m^3$，天然含水率

$\omega = 30\%$，土粒比重 $G_s = 2.75$，试样高度 $H = 20$ mm，试样在各级荷载作用下压缩稳定后的总变形量如表 4-10 所列，试绘制 $e \sim p$ 曲线。

表 4-10　试样在各级荷载作用下压缩稳定后的总变形量

压力 p(kPa)	0	50	100	200	300	400
稳定后的变形量 ΔH(mm)	0	0.915	1.299	1.876	2.301	2.556

4-2　某矩形基础宽 6 m，长 18 m，基础埋深 $d = 3$ m，受垂直中心荷载 $P = 13\ 500$ kN 作用，地基为均质土，且在自重作用下已压缩稳定。地下水位位于地面以下 9 m 深度处，地基土重度 $\gamma = 18$ kN/m^3，饱和重度 $\gamma_{sat} = 19.6$ kN/m^3，地基土的压缩曲线如图 4-11 所示，试求基础中点下的变形量。

4-3　某饱和黏土层地基，厚度为 8 m，上下为砂层，由建筑物在黏土层中引起的附加应力 σ_z 的分布如图 4-12 所示，已知黏土层的物理力学性质指标为：$e_1 = 0.8$，$a = 0.25$ MPa^{-1}，$k = 2$ cm/年。试求：加荷 1 年后地基的变形量，地基固结度达 80% 所需的时间。

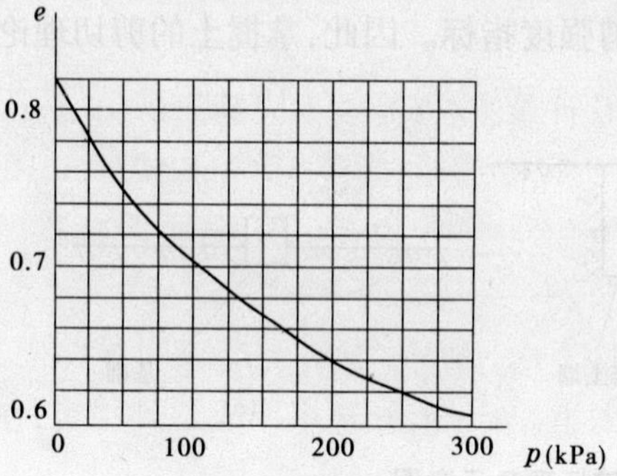

图 4-11　习题 4-2 图

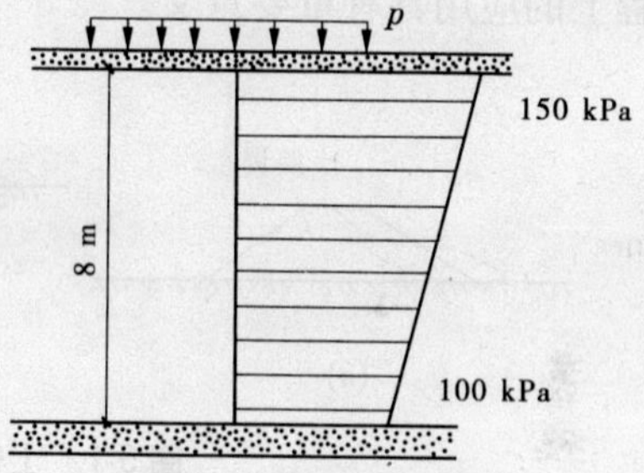

图 4-12　习题 4-3 图

第五章　土的抗剪强度

【引导性案例】

某钢筋混凝土筏基工程建成1 h后垂直沉降达30多cm，整体向一侧倾斜，并在一昼夜内倾倒。而后发现上部钢筋混凝土基础坚如磐石，仅有极少的表面裂缝。

这是典型的地基破坏案例，主要是由于土体强度不足以承受上部荷载作用所致。土的抗剪强度是指土体抵抗剪切破坏的极限能力。当土中某点由外力所产生的剪应力达到土的抗剪强度时，土体就会发生一部分相对于另一部分的移动，该点便发生了剪切破坏。工程实践和室内试验都验证了建筑物地基和土工建筑物的破坏绝大多数属于剪切破坏。例如，堤坝、路堤边坡的坍滑（见图5-1(a)），挡土墙后填土失稳（见图5-1(b)）及建筑物地基失稳（见图5-1(c)）等都是由于沿某一些面上的剪应力超过土的抗剪强度所造成的。由此可见，土的抗剪强度指标是土的重要力学性质之一，在计算承载力、评价地基稳定性以及计算挡土墙的土压力时，都要用到土的抗剪强度指标。因此，掌握土的剪切理论及其在工程上的应用具有重要意义。

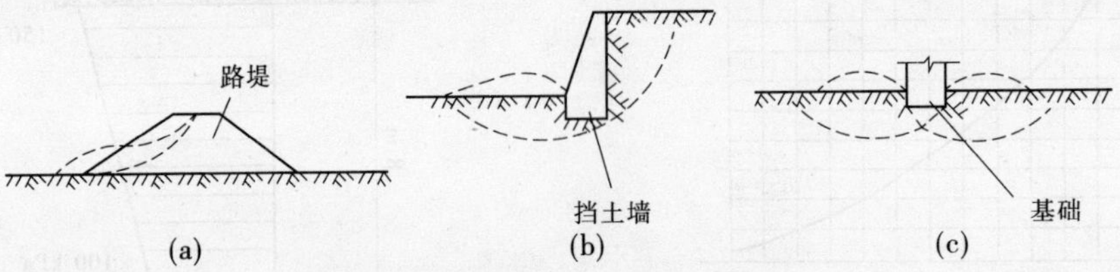

图5-1　土体的剪切破坏现象示意图

第一节　土的剪切理论

一、库仑定律

土体发生剪切破坏时，将沿着其内部某一曲面（滑动面）产生相对滑动，而该滑动面上的剪应力就等于土的抗剪强度。1776年，法国学者库仑根据砂土的剪切试验结果（见图5-2(a)），将土的抗剪强度表达为滑动面上法向应力的线性函数，即

$$\tau_f = \sigma\tan\varphi \tag{5-1}$$

以后库仑又根据黏性土的试验结果（见图5-2(b)），提出更为普遍的抗剪强度表达形式，即

$$\tau_f = C + \sigma\tan\varphi \tag{5-2}$$

式中　τ_f——土的抗剪强度，kPa；

σ——剪切滑动面上的法向应力，kPa；

C——土的黏聚力,kPa;

φ——土的内摩擦角,(°)。

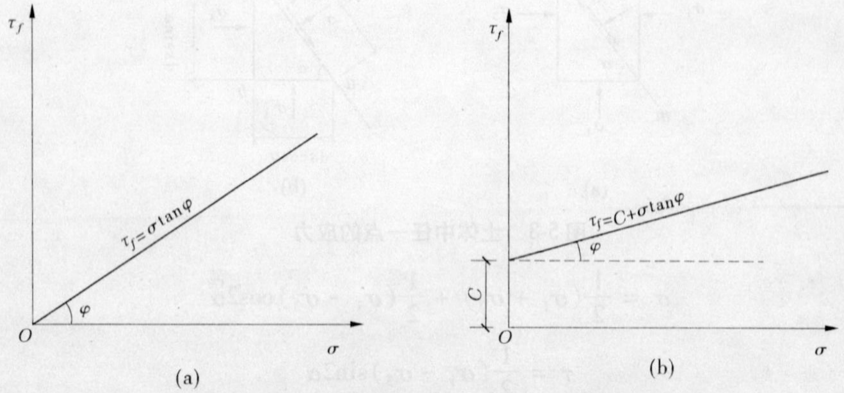

图 5-2　抗剪强度与法向应力的关系曲线图

上述土的抗剪强度数学表达式,也称为库仑定律,它表明在一般应力水平下,土的抗剪强度与滑动面上的法向应力之间成直线关系。其中 C、φ 称为土的强度指标,可通过剪切试验测得。

1936 年,太沙基提出了有效应力原理。根据有效应力原理,土中某点的总应力 σ 等于有效应力 σ' 和孔隙水压力 u 之和,即 $\sigma=\sigma'+u$,只有有效应力的变化才会引起强度的变化。因此,土的抗剪强度可表示为剪切破坏面上法向有效应力的函数

$$\tau_f = C' + \sigma'\tan\varphi' \tag{5-3}$$

或

$$\tau_f = C' + (\sigma - u)\tan\varphi' \tag{5-4}$$

式中　C'、φ'——有效黏聚力和有效内摩擦角,统称为有效应力抗剪强度指标。

二、土的极限平衡

从土所受的应力及其强度指标的关系来分析,土的极限平衡条件是指土体处于极限平衡状态时,土体所受的大、小主应力(σ_1、σ_3)与抗剪强度指标(φ、C)之间的关系式。为了导出极限平衡条件,必须分析土体中任一点的应力状态。

(一)土中任一点的应力状态

下面仅研究平面问题,在土体中取一单元体,如图 5-3(a)所示,设作用在该单元体上的大、小主应力分别为 σ_1 和 σ_3,在单元体内与大主应力 σ_1 作用平面成任意角 α 的斜截面 mn 上有正应力和剪应力分别为 σ 和 τ。为了建立 σ、τ 与 σ_1、σ_3 之间的关系,截取楔形脱离体 abc,如图 5-3(b)所示,将各力分别在水平方向和垂直方向投影,根据静力平衡条件,可得

$$\sigma_3 ds\sin\alpha - \sigma ds\sin\alpha + \tau ds\cos\alpha = 0$$

$$\sigma_1 ds\cos\alpha - \sigma ds\cos\alpha - \tau ds\sin\alpha = 0$$

联立求解以上方程得斜截面 mn 上的应力为

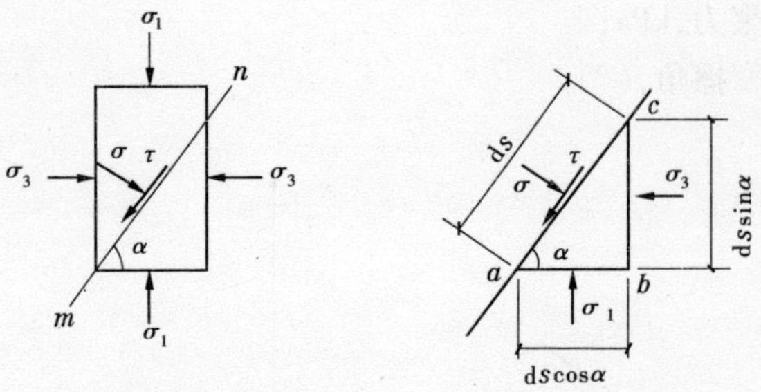

(a) (b)

图 5-3　土体中任一点的应力

$$\sigma = \frac{1}{2}(\sigma_1 + \sigma_3) + \frac{1}{2}(\sigma_1 - \sigma_3)\cos 2\alpha \tag{5-5}$$

$$\tau = \frac{1}{2}(\sigma_1 - \sigma_3)\sin 2\alpha \tag{5-6}$$

由以上两式可知，在 σ_1、σ_3 已知的情况下，斜截面 mn 上的法向应力 σ 和剪应力 τ 仅与斜截面倾角 α 有关。由式(5-5)和式(5-6)得

$$\left[\sigma - \frac{1}{2}(\sigma_1 + \sigma_3)\right]^2 + \tau^2 = \frac{1}{2}(\sigma_1 - \sigma_3)^2 \tag{5-7}$$

式(5-7)表示圆心为$\left(\frac{\sigma_1 + \sigma_3}{2}, 0\right)$、半径为$\frac{\sigma_1 - \sigma_3}{2}$的莫尔应力圆。莫尔应力圆上任一点代表与大主应力 σ_1 作用面成 α 角的斜面，其纵坐标代表该面上的剪应力，横坐标代表该面上的法向应力。显然当土体中任一点只要已知其大小主应力分别为 σ_1 和 σ_3，便可用莫尔应力圆求出该点不同斜截面上的正应力 σ 和剪应力 τ。因此，应用莫尔应力圆可以很方便地表示出土体中任一点的应力状态。

（二）土的极限平衡条件

当土体中任一点在某一平面上剪应力达到土的抗剪强度时，就会发生剪切破坏，该点即处于极限平衡状态。当土处于极限平衡状态时，莫尔应力圆与抗剪强度线是相切的关系。如图 5-4 所示，设切点为 A，将抗剪强度线延长并与 σ 轴相交于 B 点，则由三角形 ABO_1 可知

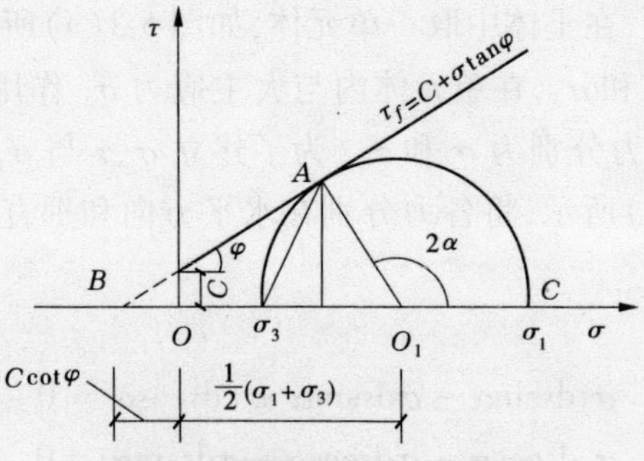

图 5-4　极限平衡的几何条件

$$\sin\varphi = \frac{AO_1}{BO_1} = \frac{\sigma_1 - \sigma_3}{2C\cot\varphi + \sigma_1 + \sigma_3} \tag{5-8}$$

通过三角函数间的变换,最后可以得到土中某点处于极限平衡状态时主应力之间的关系式,即极限平衡条件

$$\sigma_1 = \sigma_3\tan^2\left(45° + \frac{\varphi}{2}\right) + 2C\tan\left(45° + \frac{\varphi}{2}\right) \tag{5-9}$$

或

$$\sigma_3 = \sigma_1\tan^2\left(45° - \frac{\varphi}{2}\right) - 2C\tan\left(45° - \frac{\varphi}{2}\right) \tag{5-10}$$

由图 5-4 中几何关系又可求得

$$\alpha_f = \frac{1}{2}(90° + \varphi) = 45° + \frac{\varphi}{2} \tag{5-11}$$

土的极限平衡条件同时表明,土体剪切破坏时的破裂面不是发生在最大剪应力 τ_{max} 的作用面上,而是发生在与最大主应力的作用面成 $45° + \frac{\varphi}{2}$ 的平面上。

对于无黏性土,由于黏聚力 $C = 0$,则由式(5-9)和式(5-10)可求得无黏性土的极限平衡条件

$$\sigma_1 = \sigma_3\tan^2\left(45° + \frac{\varphi}{2}\right) \tag{5-12}$$

或

$$\sigma_3 = \sigma_1\tan^2\left(45° - \frac{\varphi}{2}\right) \tag{5-13}$$

三、土的抗剪强度指标

土的抗剪强度指标 C、φ 是土的重要力学指标,在确定地基土的承载力、挡土墙的土压力以及验算土坡的稳定性等,都要用到土的抗剪强度指标。因此,正确地测定和选择土的抗剪强度指标是土工计算中十分重要的问题。

(一)土的抗剪强度指标的组成

由土的抗剪强度表达式可以看出,砂土的抗剪强度是由内摩阻力构成的,而黏性土的抗剪强度则由内摩阻力和黏聚力两个部分所构成。

内摩阻力也包括土粒之间的表面摩擦力和由于土粒之间的连锁作用而产生的咬合力。咬合力是指当土体相对滑动时,将嵌在其他颗粒之间的土粒拔出所需的力。土越密实,连锁作用越强。

黏聚力包括原始黏聚力、固化黏聚力和毛细黏聚力。

原始黏聚力主要是由于土粒间水膜受到相邻土粒之间的电分子引力而形成的,当土被压密时,土粒间的距离减小,原始黏聚力随之增大,当土的天然结构被破坏时,原始黏聚力将丧失一些,但会随着时间而恢复其中的一部分或全部。

固化黏聚力是由于土中化合物的胶结作用形成的,当土的天然结构被破坏时,则固化黏聚力随之丧失,而且不能恢复。

毛细黏聚力是由于毛细压力所引起的,一般可忽略不计。

土的抗剪强度指标的工程数值范围大致为:砂土的内摩擦角 φ 变化范围不是很大,

中砂、粗砂、砾砂一般为 $\varphi=32°\sim40°$;粉砂、细砂一般为 $\varphi=28°\sim36°$。孔隙比愈小,φ 愈大;但含水饱和的粉砂、细砂很容易失去稳定,因此对其内摩擦角的取值宜慎重,有规定取 $\varphi=20°$左右。砂土有时也有很小的黏聚力(约 10 kPa 以内),这可能是由于砂土中夹有一些黏土颗粒,也可能是由于毛细黏聚力的缘故。

黏性土的抗剪强度指标的变化范围很大,内摩擦角的变化范围大致为 $\varphi=0°\sim30°$;黏聚力则可从小于 10 kPa 变化到 200 kPa 以上。

(二)土的抗剪强度的影响因素

影响土的抗剪强度的因素是多方面的,主要的有下述几个方面。

1. 土的矿物成分形状、颗粒大小与颗粒级配

土的颗粒越粗,形状越不规则,表面越粗糙,φ 越大,内摩擦力越大,抗剪强度也越高。黏土抗物成分不同,其黏聚力也不同。土中含有多种胶合物,可使 C 增大,土的抗剪强度也相应提高。细粒土的土粒越细小,表面积越大,相互间的引力越大,即黏聚力越高;颗粒级配越好,越易压密,黏聚力和内摩阻力均增大。

2. 土的初始密度

土的初始密度越大,土粒间接触越紧密,土粒表面摩擦力、咬合力也越大,剪切试验时需要克服这些土的剪力也越大。黏性土的紧密程度越大,黏聚力值 C 也越大。

3. 含水量

土中含水量的多少,对土抗剪强度的大小影响十分明显。土中含水量大时,会降低土粒表面上的摩擦力,使土的内摩擦角 φ 值减小;黏性土含水量增高时,会使结合水膜加厚,因而也就降低了黏聚力。

4. 土体结构的扰动情况

黏性土的天然结构如果被破坏,其抗剪强度就会明显下降。因为原状土的抗剪强度高于同密度和含水量的重塑土。所以,施工时要注意保持黏性土的天然结构不被破坏,特别是开挖基槽,更应保持持力层的原状结构不扰动。

5. 孔隙水压力的影响

根据有效应力原理,作用于试样剪切面上的总应力等于有效应力与孔隙水压力之和。孔隙水压力由于作用在土中自由水上,不会产生土粒之间的内摩擦力,只有作用在土的颗粒骨架上的有效应力,才能产生土的内摩擦强度。因此,土的抗剪强度应为有效应力的函数,库仑公式改为 $\tau_f=(\sigma-u)\tan\varphi'+C'$,然而,在剪切试验中试样内的有效应力(或孔隙水压力)将随剪切前试样的固结程度和剪切中的排水条件而异。因此,同一种土,如试验条件不同,即使剪切面上的总应力相同,也会因土中孔隙水是否排出与排出的程度,亦即有效应力的数值不同,使试验结果的抗剪强度不同。因而,在土工工程设计中需要的强度指标试验方法必须与现场的施工加荷实际相符合。目前,为了近似地模拟土体在现场可能受到的受剪条件,而把剪切试验按固结和排水条件的不同分为不固结不排水剪、固结不排水剪和固结排水剪三种基本试验类型。但是直剪仪的构造却无法做到任意控制土样的排水控制要求。在试验中,便通过采用不同的加荷速率来达到排水控制的要求,即采用快剪、固结快剪和慢剪三种试验方法。

（三）土的抗剪强度指标的选择

随着固结理论的发展，人们逐步认识到土体内的切应力仅能由土的骨架承担，土的抗剪强度并不简单取决于剪切面上的总法向应力，而取决于该面上的有效应力。因此，土的抗剪强度有两种表达方法，即总应力法和有效应力法。土的 C 和 φ 统称为土的总应力强度指标，直接利用这些指标进行土体稳定性分析称为总应力法；相应地，C' 和 φ' 称为土的有效应力强度指标，应用这些指标进行的土体稳定性分析称为有效应力法。由于有效法向应力才是影响粒间摩擦阻力的决定性因素，因此有效应力法概念明确，为求得有效法向应力，需要增加测求孔隙水压力。但是，由于实际工程中的孔隙水压力很难准确计算和测量，因而有许多土工问题仍然采用总应力的分析计算法。针对总应力法很难准确反映孔隙水压力对抗剪强度指标的影响问题，工程中往往选用最接近实际条件的试验方法求得总应力强度指标。

第二节　工程中土体的剪切破坏

一、土的状态判断

（一）土中应力与土的平衡状态

按照极限平衡理论，如果给定了土的抗剪强度参数 φ 和 C 以及土中某点的应力状态，则可将抗剪强度线与莫尔应力圆画在同一张坐标图上，如图 5-5 所示。它们之间的关系有以下三种情况：①整个莫尔应力圆位于抗剪强度包线的下方（圆Ⅰ），说明该点在任何平面上的剪应力都小于土所能发挥的抗剪强度（$\tau < \tau_f$），因此不会发生剪切破坏；②抗剪强度包线是莫尔应力圆的一条割线（圆Ⅲ），实际上这种情况是不可能存在的，因为该点任何方向上的剪应力都不可能超过土的抗剪强度（不存在 $\tau > \tau_f$ 的情况）；③莫尔应力圆与抗剪强度包线相切（圆Ⅱ），切点为 A，说明在 A 点所代表的平面上，剪应力正好等于抗剪强度（$\tau = \tau_f$），该点就处于极限平衡状态，圆Ⅱ称为极限应力圆。

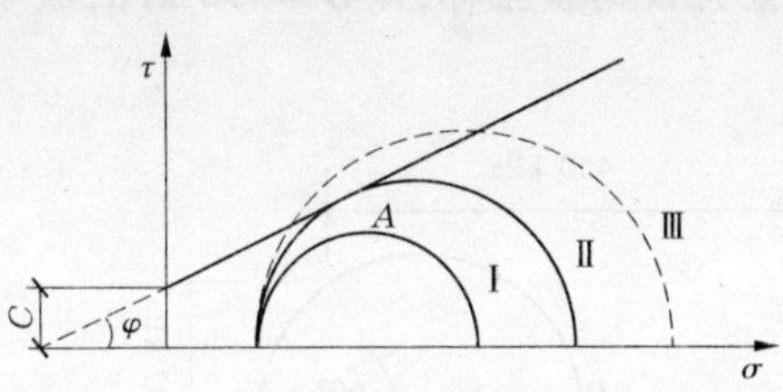

图 5-5　莫尔应力圆与抗剪强度之间的关系

（二）土的平衡状态的判定

土的极限平衡条件常用来判定土中某点的平衡状态，具体方法是根据实际最小主应力及土的极限平衡条件式推求土体处于极限平衡状态时所能承受的最大主应力，或根据实际最大主应力及土的极限平衡条件式推求出土体处于极限平衡状态时所能承受的最小主应力，再通过比较计算值即可判定该点的平衡状态：

（1）当 $\sigma_1 < \sigma_{1f}$ 或 $\sigma_3 > \sigma_{3f}$ 时，土体中该点处于稳定平衡状态；

（2）当 $\sigma_1 = \sigma_{1f}$ 或 $\sigma_3 = \sigma_{3f}$ 时，土体中该点处于极限平衡状态；

(3) 当 $\sigma_1 > \sigma_{1f}$ 或 $\sigma_3 < \sigma_{3f}$ 时，土体中该点处于破坏状态。

除了应用公式外，还可用图解法来判定土中某点的应力状态，具体做法是：利用土体中某点所处的应力状态，在直角坐标系中（见图 5-4），以 σ 为横坐标轴，以 τ 为纵坐标轴，按一定比例尺，在 σ 轴上截取 OC 和 OB 分别等于 σ_1 和 σ_3，并以 O_1 为圆心，以 $\frac{\sigma_1 - \sigma_3}{2}$ 为半径作一圆，并从 $O_1\sigma_1$ 开始逆时针旋转 2α 角，在圆周上得到一点 A（A 点的横坐标就是该点斜截面 mn 上的正应力，纵坐标就是剪应力）。利用所绘制莫尔应力圆与抗剪强度线的关系就可以判定出土体所处的应力状态。

因为莫尔应力圆上的点的横坐标表示土中某点在相应斜面上的正应力，纵坐标表示剪应力。所以，我们可应用应力圆来研究土中任一点的应力状态。

【例 5-1】 已知土中某点的最大主应力 $\sigma_1 = 500$ kPa，最小主应力 $\sigma_3 = 300$ kPa。试分别用解析法和图解法计算与最大主应力 σ_1 作用平面成 30°角的平面上的正应力 σ 和剪应力 τ。

解：(1) 解析法。

$$\sigma = \frac{1}{2}(\sigma_1 + \sigma_3) + \frac{1}{2}(\sigma_1 - \sigma_3)\cos 2\alpha$$

$$= \frac{1}{2} \times (500 + 300) + \frac{1}{2} \times (500 - 300)\cos 60^\circ$$

$$= 450(\text{kPa})$$

$$\tau = \frac{1}{2}(\sigma_1 - \sigma_3)\sin 2\alpha = \frac{1}{2} \times (500 - 300)\sin 60^\circ = 87(\text{kPa})$$

(2) 图解法。

按照莫尔应力圆确定其正应力 σ 和剪应力 τ。

绘直角坐标系，按比例尺在横坐标轴上标出 $\sigma_1 = 500$ kPa 和 $\sigma_3 = 300$ kPa，如图 5-6 所示，以 $\sigma_1 - \sigma_3 = 200$ kPa 为直径绘圆，从横坐标轴开始，逆时针旋转 $2\alpha = 60^\circ$ 角，在圆周上得 A 点。以相同的比例尺量得 A 的横坐标，即 $\sigma = 450$ kPa，纵坐标即 $\tau = 87$ kPa。

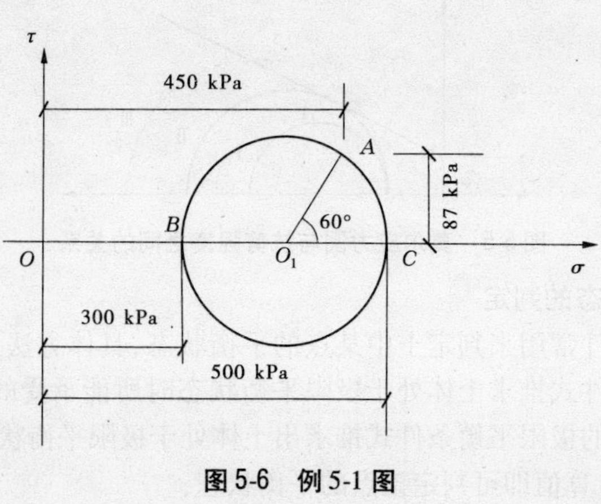

图 5-6 例 5-1 图

可见，两种方法得到了相同的正应力 σ 和剪应力 τ，但用解析法计算较为准确，用图解法计算则较为直观。

【例 5-2】 土样内摩擦角 $\varphi=23°$，黏聚力 $C=18$ kPa，土中大主应力和小主应力分别为 $\sigma_1=300$ kPa，$\sigma_3=120$ kPa，试判断该土样是否达到极限平衡状态。

解：应用土的极限平衡条件，可得土体处于极限平衡状态而大主应力 $\sigma_1=300$ kPa 时所对应的小主应力计算值 σ_{3f} 为

$$\begin{aligned}\sigma_{3f} &= \sigma_1\tan^2(45°-\frac{\varphi}{2})-2C\tan(45°-\frac{\varphi}{2}) \\ &= 300\tan^2(45°-\frac{23°}{2})-2\times18\tan(45°-\frac{23°}{2}) \\ &= 107.6(\text{kPa})\end{aligned}$$

计算结果表明 $\sigma_3>\sigma_{3f}$，可判定该土样处于稳定平衡状态。上述计算也可以根据实际最小主应力 σ_3 计算 σ_{1f} 的方法进行。采用莫尔应力圆与抗剪强度包线相互位置关系来评判的图解法也可以得到相同的结果。

还可以从分析土体破坏面（其破坏面角度为 $45°+\frac{\varphi}{2}$）压应力和剪应力关系，直接运用库仑定律进行判断。

二、防治土体剪切破坏的措施

（一）提高土体抗剪强度的措施

提高土体抗剪强度主要从提高土体的摩擦角和黏聚力两方面入手，从施工选料上下工夫，选择 φ、C 值大的土料，同时采取一定的排水措施，提高土体抗剪强度。

（二）砂土液化防治与利用

1. 砂土的液化条件

对于大多数砂土来说，由于其渗透性强，当外力作用时，一般都能在短时间内排水固结，因而砂土的抗剪强度相当于固结排水剪或慢剪的试验结果。但是对于饱和松散的粉砂、细砂，因为其渗透性小，在短时间内不能排水固结，所以在地震或其他动荷载作用下可能引起砂土液化现象。

砂土液化现象是指饱和松散的砂土，在周期性振动荷载作用下，一方面动剪应力的作用企图使体积缩小，另一方面又来不及向外排水，使得孔隙水压力 u 不断增大，当 u 达到总应力 σ 时，其有效应力 $\sigma'=0$，土体失去抗剪强度，即 $\tau_f=0$，而成为悬液状态。因此，饱和松砂液化的条件是：土体是饱和松散结构，排水不畅，有适当动荷载作用，$\tau_f=0$ 或 $\sigma'=0$。据研究，不均匀系数 $C_u<5$ 的匀粒细砂，若相对密实度小于 1/3，则最易于液化。

2. 砂土液化可能性的判别

砂土液化判别可以通过室内试验、力学条件计算和现场原位试验等综合判定，以下简单介绍《建筑抗震设计规范》（GB 50011—2001）（2008 年版）的判别方法。

首先，当地震烈度为 7 度、8 度、9 度，粉土的黏粒含量分别不小于 10%、13%、16% 时，可判为不液化土；上覆非液化土层较厚时也为不液化土；地质年代为第四纪晚更新世（Q_3）及其以前的土层，烈度为 7 度、8 度时可判别为不液化土层；天然地基上的建筑，当上覆非液化土层厚度和地下水位深度符合下列条件之一时，可不考虑液化影响

$$d_u > d_0 + d_b - 2 \tag{5-14}$$

$$d_w > d_0 + d_b - 3 \tag{5-15}$$

$$d_u + d_w > 1.5d_0 + 2d_b - 4.5 \tag{5-16}$$

式中 d_w——地下水位深度，m，宜按设计基准期间年平均最高水位采用；

d_u——上覆非液化土层厚度，m，宜将淤泥和淤泥质土层扣除；

d_b——基础埋深，m，不超过 2 m 时，采用 2 m；

d_0——液化特征深度，m，可按《建筑抗震设计规范》（GB 50011—2001）（2008 年版）表 4.3.3 选用。

当不满足以上条件时，需进一步判别。地面下 15 m 范围内，饱和土标准贯入击数 N 小于液化判别标准贯入击数临界值 N_{cr} 时应判为液化土。

地面以下 15 m 深度范围内，液化判别标准贯入击数临界值可按式（5-17）计算，即

$$N_{cr} = N_0[0.9 + 0.1(d_s + d_w)]\sqrt{\frac{3}{\rho_c}} \quad (d_s \leqslant 15) \tag{5-17}$$

当采用桩基或埋深大于 5 m 的深基础时，应判别 15 ~ 20 m 土的液化条件，标准贯入击数临界值按下式计算

$$N_{cr} = N_0(2.4 + 0.1d_s)\sqrt{\frac{3}{\rho_c}} \quad (15 \leqslant d_s \leqslant 20) \tag{5-18}$$

式中 N_{cr}——液化判别标准贯入击数临界值；

N_0——标准贯入击数基准值，取值见《建筑抗震设计规范》（GB 50011—2001）（2008 年版）表 4.3.4；

d_s——标准贯入击数 N 所对应的土层埋深，m；

d_w——场地地下水埋深，m；

ρ_c——土中砂粒含量百分数，当 ρ_c 小于 3 时取 3。

对存在液化土层的地基，应探明液化土层的深度和厚度，按式（5-19）计算液化指数 I_{lE}，并按《建筑抗震设计规范》（GB 50011—2001）（2008 年版）表 4.3.5 综合划分地基的液化等级

$$I_{lE} = \sum_{i=1}^{n}\left(1 - \frac{N_i}{N_{cri}}\right)d_i w_i \tag{5-19}$$

式中 n——在判别深度范围内每一个钻孔标准贯入试验点总数；

N_i、N_{cri}——i 点的标准贯入击数的实测值和临界值；

d_i——i 点所代表的土层厚度，可用与上下两试验点深度差的一半，m；

w_i——i 土层单位厚度的层位影响权函数值，m^{-1}。若判别深度为 15 m 时，该层中点深度小于等于 5 m 时应采用 10，等于 15 m 时采用 0，其余按内插法取值；若判别深度为 20 m 时，该层中点深度小于等于 5 m 时采用 10，等于 20 m 时采用 0，其余按内插法取值。

3. 砂土的液化防治措施

消除砂土地基液化的措施，一般可用换土法、加密法、桩基、深基础或封闭法等。

(三)黏性土发生触变破坏的防治

黏性土的触变性是指含水率不变的条件下,土经扰动后强度下降,经过静置其初始强度可随时间逐渐得到部分恢复的现象。由于黏性土具有触变性,故在黏性土中取样或开挖基坑时,应尽量减少对土样或地基表层土的扰动,以免失去土体的天然强度;在黏性土地基中打桩,受黏性土触变性的影响,打桩过程中的阻力较小,而桩的承载力也会随打桩完成时间的增长不断增加。因此,在土工程中要充分利用土的特性,采取对工程有利的措施。

第三节　土工剪切指标测定试验

土的抗剪强度指标 φ、C 可以通过剪切试验确定。抗剪强度试验的方法有室内试验和野外试验等,室内试验最常用的是直接剪切试验(直剪试验)、三轴剪切试验和无侧限抗压强度试验等。野外试验有原位十字板剪切试验等。

一、剪切试验综述

(一)直接剪切试验

图 5-7 所示为应变控制式直剪仪示意图。垂直压力由杠杆系统通过加压活塞和透水石传给土样,水平剪力则由轮轴推动活动的下盒施加给土样,土的抗剪强度可由量力环的位移值确定。

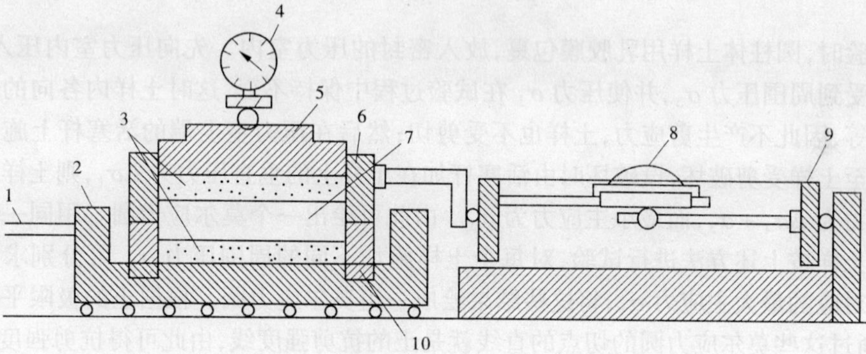

1—轮轴;2—底座;3—透水石;4,8—测微表;5—活塞;6—上盒;7—土样;9—量力环;10—下盒

图 5-7　应变控制式直剪仪示意图

直接剪切试验是测定土的抗剪强度指标常用的一种试验方法。它具有仪器设备简单、操作方便等优点。它的缺点是,剪应力沿剪切面分布不均匀,不易控制排水条件,在试验过程中剪切面变化等。

(二)三轴剪切试验

三轴剪切试验是测定土的抗剪强度的一种较为完善的方法。该试验所用仪器为三轴剪切仪,其构造见图 5-8,它主要由压力室、施加周围压力系统、轴向加压系统和孔隙水压力量测系统组成。目前较为先进的三轴剪切仪还配备有自动控制系统和数据自动采集系统。

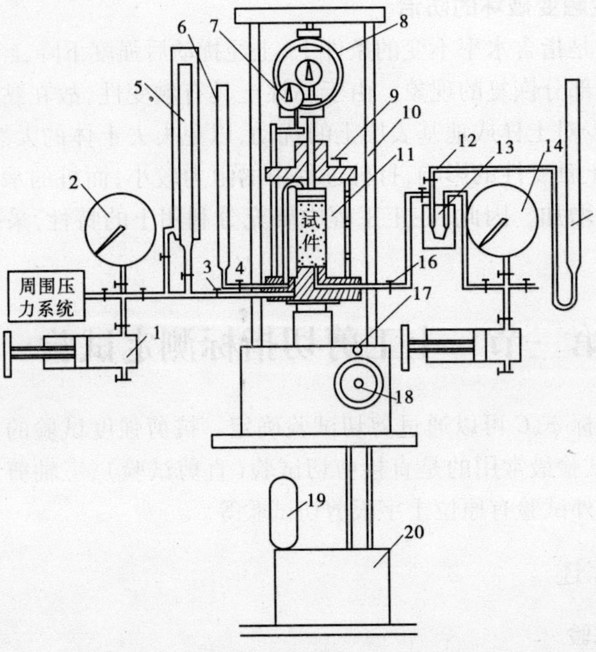

1—调压筒；2—周围压力表；3—周围压力阀；4—排水阀；5—体变管；6—排水管；7—变形量表；8—量力环；9—排气孔；10—轴向加压设备；11—压力室；12—量管阀；13—零位指示器；14—孔隙压力表；15—量管；16—孔隙压力阀；17—离合器；18—手轮；19—马达；20—变速箱

图 5-8 三轴剪切仪

试验时，圆柱体土样用乳胶膜包裹，放入密封的压力室内。先向压力室内压入液体，使试样受到周围压力 σ_3，并使压力 σ_3 在试验过程中保持不变，这时土样内各向的三个主应力相等，因此不产生剪应力，土样也不受剪切；然后在压力室上端的活塞杆上施加垂直压力直至土样受剪破坏，设破坏时由活塞杆加在土样上的垂直压力为 $\Delta\sigma_1$，则土样上的最大主应力为 $\Delta\sigma_1+\sigma_3$，而最小主应力为 σ_3。由此可绘出一个莫尔应力圆。用同一种土制成若干土样按上述方法进行试验，对每个土样施加不同的周围压力 σ_3，可分别求得剪切破坏时对应的最大主应力 σ_1，将这些结果绘成一组莫尔应力圆。根据土的极限平衡条件可知，通过这些莫尔应力圆的切点的直线就是土的抗剪强度线，由此可得抗剪强度指标 φ 和 C 值（见图 5-9）。

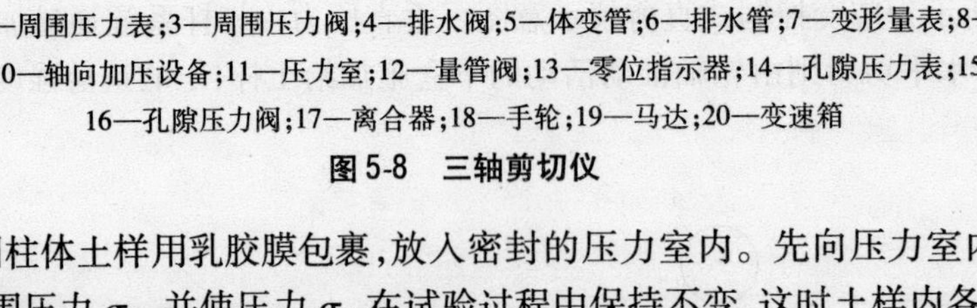

图 5-9 三轴剪切试验原理

根据土样固结排水条件的不同,相应于直剪试验,三轴试验可分为如下三种方法:

(1)不固结不排水剪试验(UU 试验):将现场提取或实验室制备的土样放入三轴仪的压力室内,在排水阀门关闭的情况下,先向土样施加周围压力 σ_3,不待土样固结和孔隙水压力消散,随即施加轴向应力 $\Delta\sigma_1$($\Delta\sigma_1=\sigma_1-\sigma_3$)进行剪切,直至剪坏。在施加 $\Delta\sigma_1$ 过程中,自始至终关闭排水阀门不允许土中水排出,即在施加周围压力和剪切力时均不允许土样发生排水固结,这种试验就称为不固结不排水剪试验,称 UU 试验。一般来说,对不易透水的饱和黏性土,当土层较厚,排水条件较差,施工速度较快时,为使施工期土体稳定可采用不固结不排水剪方法测定。

(2)固结不排水剪试验(CU 试验)。试验时先对土样施加周围压力,并打开排水阀门,使土样在 σ_3 作用下充分排水固结。土样排水终止,固结完成时,关闭排水阀,然后施加轴向应力($\sigma_1-\sigma_3$)直至土样破坏。在剪切过程中,土样处于不排水状态,试验过程中可测量孔隙水压力的变化过程。对于土层较薄,透水性较大,排水条件好,施工速度不快的短期稳定问题可采用固结不排水剪方法测定。

(3)固结排水剪试验(CD 试验)。进行固结排水剪切试验时,使试样先在 σ_3 作用下固结,然后在排水条件下缓慢剪切,使孔隙水压力充分消散,在整个固结和剪切全过程中不产生孔隙水压力,因此总应力总是等于有效应力。对于施工速度相当慢,土层透水性及排水条件都很好的情况可采用固结排水剪方法测定。

(三)无侧限抗压强度试验

无侧限抗压强度试验是三轴剪切试验中 $\sigma_3=0$ 的特殊情况。试验时,将圆柱形试样置于图 5-10(a)所示无侧限压缩仪中,在不加任何侧向压力的情况下,对试样施加轴向压力,直至试样剪切破坏为止。试样破坏时的轴向压力以 q_u 表示,称为无侧限抗压强度。无黏性土在无侧限条件下试样难以成型,该试验主要用于黏性土,尤其适用于饱和黏性土。

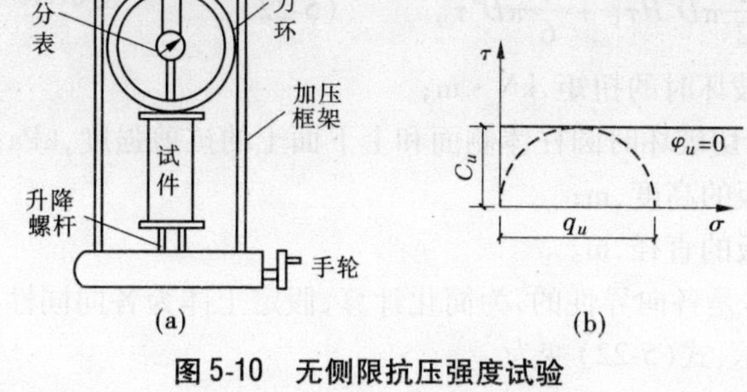

图 5-10　无侧限抗压强度试验

由于不能施加周围压力,无侧限抗压强度试验时侧压力 $\sigma_3=0$,所以只能求得一个过坐标原点的极限应力圆,如图 5-10(b)所示。对于饱和软黏土,根据三轴不固结不排水剪试验的结果,其强度包线近似一水平线,即 $\varphi_u=0$(表示三轴不固结不排水剪试验求得的内摩擦角),因此饱和软黏土的不固结不排水抗剪强度可以利用无侧限压缩仪求得,即

$$\tau_f=C_u=\frac{q_u}{2} \tag{5-20}$$

式中　C_u——土的不固结不排水抗剪强度,kPa;

q_u——无侧限抗压强度,kPa。

无侧限抗压强度试验除了可测定饱和黏性土的抗剪强度指标外,还可以测定饱和软黏土的灵敏度 S_t。土的灵敏度是原状土和重塑土的无侧限抗压强度的比值,它反映土的结构性强弱,其计算公式如下

$$S_t = \frac{q_u}{q_0} \tag{5-21}$$

式中　q_u、q_0——原状土、重塑土的无侧限抗压强度,kPa。

(四)十字板剪切试验

在抗剪强度的现场原位测试方法中,最常用的是十字板剪切试验。该试验无需钻孔取得原状土样,对土的扰动小,试验时土的排水条件、受力状态与实际情况十分接近,因而特别适用于难于取样且灵敏度高的饱和软黏土。

十字板剪切仪,如图 5-11 所示,主要由板头、加力装置和测量设备三部分组成。试验时,将套管打到要求测试深度以上 75 cm,然后将套管内土清除,通过套管将安装在钻管下的十字板压入土中至测试深度。再在地面上以一定转速对钻管施加扭力矩,使埋在土中的十字板扭转,直至土剪切破坏。破坏面为十字板旋转所形成的圆柱面。

设土体剪切破坏时所施加的扭矩为 M,则它应该与剪切圆柱体侧面、上下端面的抗剪强度所产生的抵抗力矩相等,即

$$M = \frac{1}{2}\pi D^2 H\tau_V + \frac{1}{6}\pi D^3\tau_H \tag{5-22}$$

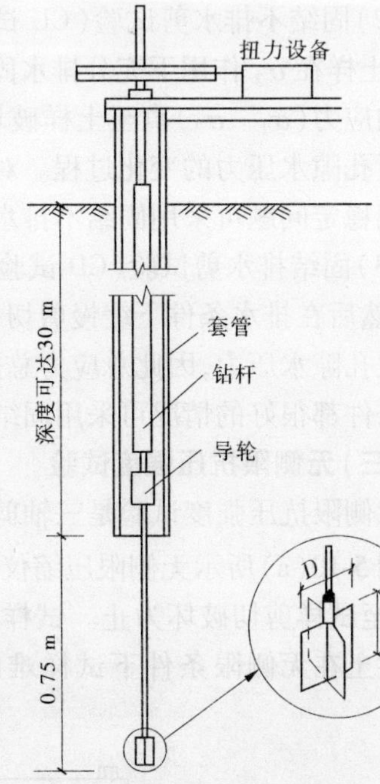

图 5-11　十字板剪切仪

式中　M——剪切破坏时的扭矩,kN·m;

τ_V、τ_H——剪切破坏时圆柱体侧面和上下面土的抗剪强度,kPa;

H——十字板的高度,m;

D——十字板的直径,m。

一般而言,土体是各向异性的,为简化计算,假定土体为各向同性体,即土的抗剪强度各向相等,用 τ_f 表示,式(5-22)变为

$$M = \left(\frac{1}{2}\pi D^2 H + \frac{1}{6}\pi D^3\right)\tau_f \tag{5-23}$$

于是,通过十字板原位剪切试验测得的抗剪强度 τ_f 为

$$\tau_f = \frac{2M}{\pi D^2\left(H + \dfrac{D}{3}\right)} \tag{5-24}$$

利用十字板剪切试验在现场测定饱和黏性土的抗剪强度,类似于不排水剪切的试验

条件，因此其试验结果与无侧限抗压强度试验结果接近。对饱和软黏土来说，十字板剪切试验所得结果即为不排水抗剪强度，饱和软黏土 $\varphi_u=0$，所以

$$\tau_f = \frac{q_u}{2} \tag{5-25}$$

事实上，十字板剪切试验结果往往比无侧限抗压强度高，这可能与土的扰动较小有关。土的各向异性、十字板的尺寸、形状、高径比、旋转速率等因素对十字板剪切试验结果均有一定影响。另外，十字板剪切试验也可用来测定软土的灵敏度。

二、直剪试验

（一）试验目的

测定土的抗剪强度指标，即黏聚力 C 和内摩擦角 φ。

（二）试验仪器

（1）应变控制式直剪仪。包括上下剪切盒、垂直加压设备、剪切传动装置、测力计、位移量测系统，如图 5-7 所示。

（2）环刀。高度 20 mm，内径 61.8 mm（面积约为 30 cm^2）。

（3）百分表。量程为 10 mm，分度值为 0.01 mm。

（三）试验步骤

1. 制备试样

尽可能减轻对原状土的扰动，利用环刀切取土样，测定土样的密度和含水量。同组试样之间密度差值不得大于 0.03 g/cm^3，含水量差值不得大于 2%，每组试样至少取 4 个。

2. 试样安装

（1）将剪切盒的上下盒对准，插入销钉固定。

（2）在下盒底部放入透水石，透水石上铺滤纸（滤纸和透水石与土样直径相同）。

（3）将带有试样的环刀翻转，使刃口向上（环刀平口朝下），用推土器小心将试样推入剪切盒内。

（4）土样顶面放置一张滤纸，再放置一块透水石。

3. 测计初始读数

（1）转动手轮，剪切盒向前移动，使剪切盒上盒前端钢珠刚好与弹性量力环接触。

（2）在剪切盒顶部透水石上，一次加上刚性压板与加压框架。

（3）安装竖向位移测量装置。

（4）测计初读数。

4. 施加竖向荷载

（1）施加第一级竖向压力。根据土的软硬程度确定压力数值。通常 $\sigma_1=100$ kPa。

（2）为使得试样尽可能维持原貌，保持原试样的含水量，需采取如下措施：如为非饱和试样，在加压板周围包以棉花；如为饱和试样，则应当向剪切盒内注水。

（3）如进行黏性土的慢剪试验或固结快剪试验时，在施加竖向压力后，使试样固结稳定，才能施加水平荷载进行剪切。试样固结稳定的标准，为每小时竖向变形不大于 0.05 mm。

5. 施加水平荷载

(1)拔掉上下盒连接处的销钉。

(2)匀速转动手轮,推动剪切盒的下盒前移。

(3)使上下盒之间的开缝处土样中部产生切应力。

(4)剪切速度标准为:黏性土慢剪试样为小于 0.02 mm/min;其他试验,包括黏性土固结快剪试验与快剪试验及砂土试验,均为 0.8 mm/min。

(5)定时测计百分表读数,直至土样剪坏。

6. 中止试验

根据土样性质可以分为两种情况:

(1)当百分表读数不变或后退时,应继续剪切至剪切位移为 4 mm 时停止,记下破坏值。

(2)当百分表慢速走动、无峰值时,继续剪切至剪切位移达到 6 mm 时停止。

7. 测定剪切后试验的含水量

(1)剪切结束,吸掉剪切盒内积水。

(2)翻转手轮,撤去砝码和加压框架。

(3)取出试样,测定试样剪切后含水量。

同一组试样施加不同的荷载,一般地,第一个试样为 100 kPa,第二个试样为 200 kPa,第三个试样为 300 kPa,第四个试样为 400 kPa。如一个试样异常,则应补做一个试样。

(四)试验成果整理

(1)计算各级垂直压力下所测得的抗剪强度

$$\tau = cR \tag{5-26}$$

式中 τ——试样的切应力,kPa;

c——量力环率定系数,N/0.01 mm;

R——量力环表读数,准确至 0.01 mm。

(2)以土的抗剪强度为纵坐标、垂直压力为横坐标,绘制关系曲线(即库仑强度曲线),直线的倾角(与水平线的夹角)即为土的内摩擦角 φ,直线在纵坐标上的截距为土的黏聚力 C,如图 5-12 所示。

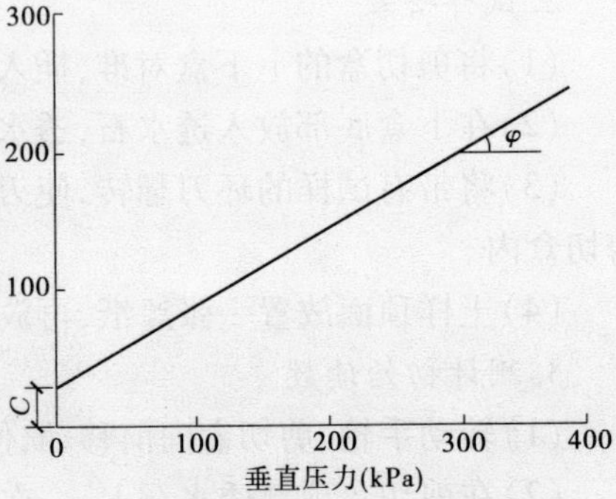

图 5-12 抗剪强度与垂直压力关系曲线

思考题

5-1 何谓土的抗剪强度和抗剪强度曲线?

5-2 砂土与黏性土的抗剪强度表达式有何不同?土的抗剪强度是不是一个定值?

5-3 黏性土的抗剪强度表达式由哪两部分组成?什么是土的抗剪强度指标?

5-4 为什么土粒越粗,内摩擦角 φ 越大?土粒越细,黏聚力 C 越大?土的密度和含水量对 C 与 φ 值的影响如何?

5-5 土体中发生剪切破坏的平面,是不是剪应力最大的平面?在什么情况下,剪切破坏面与最大剪应力面是一致的？在一般情况下，剪切破坏面与大主应力面成什么角度？

5-6　什么是土的极限平衡状态？何谓土的极限平衡条件？

习　题

5-1　设黏性土地基中某点的主应力为 $\sigma_1 = 300$ kPa，$\sigma_3 = 180$ kPa，土的抗剪强度指标 $C_1 = 20$ kPa，$\varphi = 26°$，试问该点处于什么状态？

5-2　某地基取原状土进行直剪试验，4 个试样的法向压力 p 分别为 100 kPa，200 kPa，300 kPa，400 kPa，测得试样破坏时相应抗剪强度分别为 67 kPa，119 kPa，162 kPa，216 kPa。试用作图法求此土的抗剪强度指标 C、φ。若作用在此地基中某平面上的正应力和剪应力分别为 255 kPa 和 105 kPa，试问该处是否会发生剪切破坏？

第六章　土压力

【引导性案例】

1905 年,英国修建铁路通过伦敦附近威伯列地区。当地有一座山坡,比铁路路面高出 17 m。为节约土方开挖量,修建一座挡土墙,支挡山坡土体。

挡土墙采用重力式混凝土结构,墙高 9.5 m,最大厚度约 4.6 m,混凝土的扶壁长 3 m,肩上 18.3 m。采用挡土墙支挡后,土坡开挖成 1∶3的缓坡,详见图 6-1。

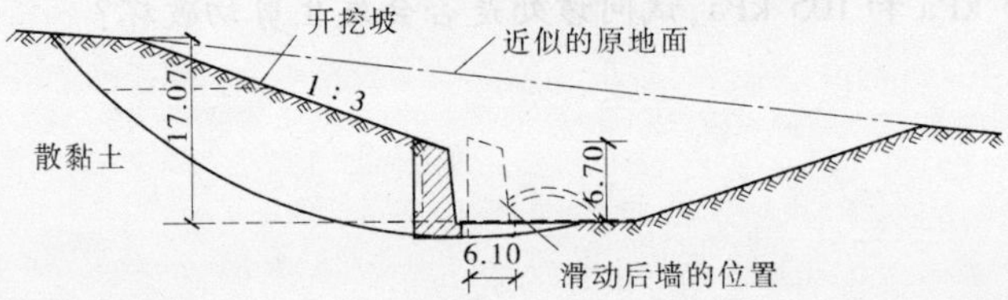

图 6-1　重力式混凝土结构挡土墙　(单位:m)

此铁路建成通车正常使用了 13 年。1918 年,人们注意到这座挡土墙向前移动了。不久以后,突然在 30 min 内,此挡土墙发生了大规模向前滑移达 6.1 m,滑移范围长达 162 m,历史上罕见。挡土墙大规模滑移形成巨大的推力将铁路双线中 3 条铁轨推走,造成长时期交通中断。

当地山坡土质为均质的伦敦黏土。此种伦敦黏土具有一种特性,即在长期荷载作用下,黏土黏聚力 C 要降低,即土的强度下降。当土坡中的抗滑阻力小于滑动力时,即发生这次土坡大滑坡。此外,南京郊区江南水泥厂挡土墙,因栖霞山于 1975 年夏发生大滑坡而滑倒。欧洲梯塞河支流公路桥边墩,在洪水后因作用在边墩上的水压力增加,同时土的强度降低,导致边墩滑动,同时桥面折断。

此案例告诉我们,由于土压力而产生的工程破坏是巨大的,在工程设计中准确地判断与计算土压力,对于工程的安危具有决定性的意义。

第一节　土压力理论

一、土压力类型

(一)概述

挡土墙是一种用于支撑天然或人工边坡以保持其稳定、防止土体和建筑物坍塌的结构物,在土木、水利、交通等工程中得到广泛的应用。图 6-2 是几种典型的挡土墙应用类型,从图 6-2 中可以看出,无论哪种型式的挡土墙,都要受到墙后土体的侧向压力作用,这个侧向压力称为土压力。土压力是挡土墙的主要外荷载,土压力的性质、大小、方向和作用点的确定非常重要，是设计挡土墙断面以及验算其稳定性的主要依据。

当然，挡土墙的设计和验算不在本章讲述，本章主要介绍土压力的类型、静止土压力的计算、朗肯土压力理论、库仑土压力理论以及工程中常见条件下土压力的计算方法。

（二）土压力的类型

挡土墙墙背上的土压力性质取决于挡土墙可能位移的方向以及墙后土体所处的状态，土压力的大小则与挡土墙的截面形式、墙后土体的性质、填土面的形式以及荷载作用等诸多因素有关。按照挡土墙可能发生的位移方向和墙后土体所处的状态，土压力可分为主动土压力、被动土压力和静止土压力三种类型。

1. 主动土压力

当挡土墙背离土体发生位移或倾覆而离开土体，且墙后土体达到主动极限平衡状态时，则作用在墙背上的土压力称为主动土压力，用 E_a 表示（见图 6-2（a）、（b））。工程中大多数挡土墙受到的土压力属于这一类。

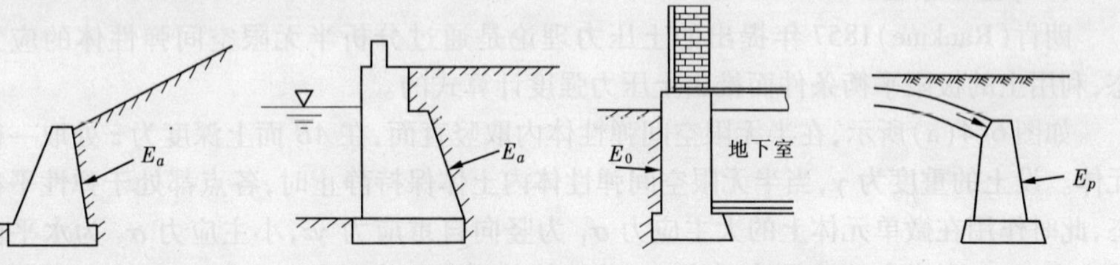

(a)支撑土坡的挡土墙　　(b)堤岸挡土墙　　(c)地下室侧墙　　(d)拱桥桥台

图 6-2　挡土墙的应用举例

2. 被动土压力

当挡土墙向着土体方向发生位移或倾覆而挤压土体，且墙后土体达到被动极限平衡状态时，作用在墙背上的土压力称为被动土压力，用 E_p 表示（见图 6-2（d））。如拱桥的桥台所受的土压力即为被动土压力。

3. 静止土压力

当挡土墙保持静止（即不发生位移），墙后土体处于弹性平衡状态时，则作用在墙背上的土压力称为静止土压力，用 E_0 表示（见图 6-2（c））。例如，被刚性楼板和底板支撑着的建筑物地下室外墙认为不发生位移或位移很小，则其上的土压力可视为静止土压力。另外，在未受扰动的天然土体内部的侧向自重应力、人工填土在填筑后未产生侧向变形的侧压力，均可看成静止土压力。

1934 年，太沙基曾经做过 2.18 m 高的模型挡土墙试验，研究了墙背上的土压力与挡土墙位移之间的关系，如图 6-3 所示。试验和原型观测，也得到类似的研究成果，试验表明：土压力的大小是随挡土墙的位移而变化的。从试验得知，达到主动土压力所需要的挡土墙位移值远小于达到被动土压力所需要的挡土墙位移值，三种土压力的大小关系为：$E_a < E_0 < E_p$。

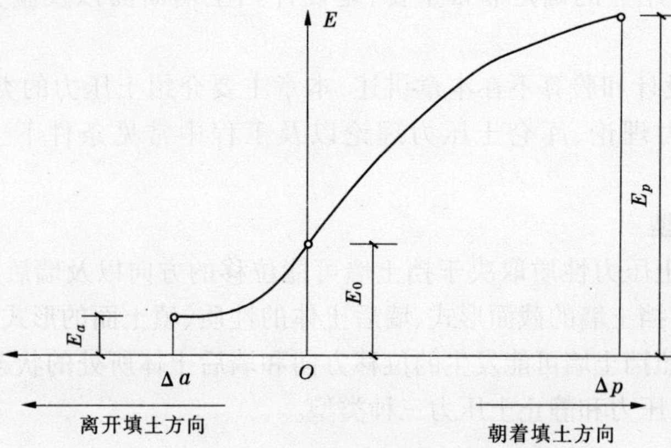

图 6-3　土压力与挡土墙位移的关系

二、朗肯土压力理论

(一)基本原理

朗肯(Rankine)1857 年提出的土压力理论是通过分析半无限空间弹性体的应力状态,利用土的极限平衡条件而推出土压力强度计算式的。

如图 6-4(a)所示,在半无限空间弹性体内取竖直面,在 AB 面上深度为 z 处取一微单元体。设土的重度为 γ,当半无限空间弹性体内土体保持静止时,各点都处于弹性平衡状态,此时作用在微单元体上的大主应力 σ_1 为竖向自重应力 γz,小主应力 σ_3 为水平向自重应力 $K_0\gamma z$,其莫尔应力圆表示为 O_1,位于抗剪强度包线下方(见图 6-4(b))。

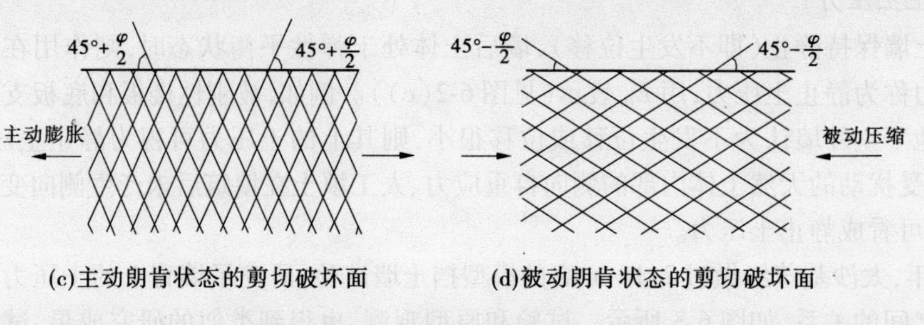

图 6-4　弹性半空间的应力状态

将半无限土体 AB 面一侧用挡土墙代替,并假定挡土墙是刚体,墙背铅直、光滑,填土表面水平延伸。此时墙后填土的应力状态仍符合半无限弹性体的应力状态。墙与填土间无相对位移时，土对墙的作用力即是作用在挡土墙上的静止土压力。z 处的应力状态仍然是图 6-4(b)中的应力圆 O_1。

假定在某种原因下挡土墙背离土体方向发生主动位移时，微单元体上竖向应力保持不变，而水平方向应力不断减少，莫尔应力圆直径随之增加。当土体侧向位移发生到一定程度时，莫尔应力圆 O_2 与抗剪强度包线相切，即微单元体处于主动极限平衡状态，亦称为主动朗肯状态。此时的大主应力 σ_1 仍为竖向自重应力，小主应力 σ_3 仍为水平向应力(见图 6-4(b))，土中两组剪切破坏面与水平面的夹角为 $45° + \frac{\varphi}{2}$(见图 6-4(c))。

当挡土墙向着土体方向发生侧向位移(即发生被动挤压)时，微单元体上竖向应力保持不变，而水平方向应力不断增大，当水平向应力继续增大到超过竖直向应力时，水平向应力成为大主应力 σ_1，而竖向应力变成了小主应力 σ_3，此后，随着水平向应力的增加，莫尔应力圆直径不断增加。当土体侧向挤压发生到一定程度时，莫尔应力圆 O_3 与抗剪强度包线相切，此时微单元体处于被动极限状态，亦称为被动朗肯状态。此时大主应力 σ_1 为水平向应力(见图 6-4(b))，土中两组剪切破坏面与水平面的夹角为 $45° - \frac{\varphi}{2}$(见图 6-4(d))。

从上面分析可知，朗肯理论是分析半无限土体的应力状况，从而得到不同的土压力的。因此，朗肯土压力理论只适用于挡土墙墙背直立、光滑，墙后填土面水平的情况。否则就不满足极限平衡条件，即不能用极限平衡条件计算各种土压力。

(二)主动土压力计算

1. 主动土压力强度计算公式

假设挡土墙的墙背直立、光滑，填土面水平。当挡土墙背离土体发生移动或倾覆时，填土面下任意深度 z 处的竖向应力为自重应力 σ_1 不变，而水平方向的应力逐渐减少。当土体达到主动朗肯状态时，大主应力 σ_1 为竖向自重应力 γz，而小主应力 σ_3 为水平向的应力，即作用在墙背上的主动土压力强度值为 $p_a = \sigma_3$。

根据土的极限平衡条件公式，则有：

无黏性土
$$p_a = \gamma z \tan^2\left(45° - \frac{\varphi}{2}\right) \tag{6-1}$$
或
$$p_a = \gamma z K_a$$

黏性土
$$p_a = \gamma z \tan^2\left(45° - \frac{\varphi}{2}\right) - 2C\tan\left(45° - \frac{\varphi}{2}\right) \tag{6-2}$$
或
$$p_a = \gamma z K_a - 2C\sqrt{K_a}$$

式中 p_a——墙背上任一点的朗肯主动土压力强度值，kPa；

K_a——朗肯主动土压力系数，$K_a = \tan^2\left(45° - \frac{\varphi}{2}\right)$；

γ——土的重度，kN/m^3；

C——土的黏聚力，kPa；

φ——土的内摩擦角，(°)。

2. 常见情况下的主动土压力计算

1)墙后为均质填土

如图 6-5 所示为墙后均质填土情况，此时墙背上任一点土压力强度分布满足：

黏性土 $$p_a = \gamma z K_a - 2C\sqrt{K_a} \tag{6-3}$$

无黏性土取 $C=0$。

由式(6-3)知，同一种填土中，p_a 随深度 z 增大而呈直线增加，即主动土压力为直线分布。

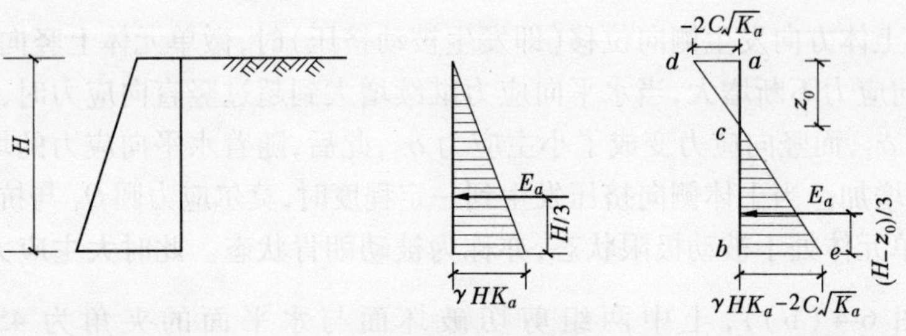

(a)挡土墙 (b)填土为无黏性土时 (c)填土为黏性土时

图 6-5 朗肯主动土压力强度分布

当填土为无黏性土时，主动土压力分布图形为三角形，如图 6-5(b)所示。合力大小为土压力分布图形面积，方向水平指向墙背，作用线通过土压力分布图的形心，即作用点在 1/3 挡土墙高处的墙背上。

土压力大小为

$$E_a = \frac{1}{2}\gamma H^2 K_a \tag{6-4}$$

当填土为黏性土时，填土表面 $z=0$，则 $p_a<0$，出现拉应力区域，拉应力区域的高度为 z_0，令 $p_a=0$，即

$$z_0 = \frac{2C}{\gamma\sqrt{K_a}} \tag{6-5}$$

由于墙与土体为接触关系，不能承受拉应力作用，所以求合力时不考虑拉应力的作用。此时，朗肯主动土应力在墙背上的分布为三角形分布，分布高度为$(H-z_0)$，如图 6-5(c)所示。

土压力合力大小是土压力强度分布图形的面积，作用线通过分布图形的形心，作用点位置在距离底面$(H-z_0)/3$ 墙高处，方向水平指向墙背。即土压力大小为

$$E_a = \frac{1}{2}(\gamma H K_a - 2C\sqrt{K_a})(H-z_0) \tag{6-6}$$

2)填土表面有连续均布荷载作用

当填土表面有连续均布荷载 q 作用时，如图 6-6 所示，任一深度 z 处竖直方向的应力为 $\sigma_z=\gamma z+q$，则墙背上任一点的土压力强度为

$$p_a = (\gamma z + q)K_a - 2C\sqrt{K_a} \tag{6-7}$$

黏性土 $$z_0 = \frac{2C}{\gamma\sqrt{K_a}} - \frac{q}{\gamma} \tag{6-8}$$

无黏性土取 $C=0$。

按式(6-7)计算出上下层面处的土压力强度，绘出土压力强度分布图。土压力大小就是计算土压力强度分布图形的面积，土压力作用点位于土压力强度分布图的形心位置，方向水平作用于墙面。

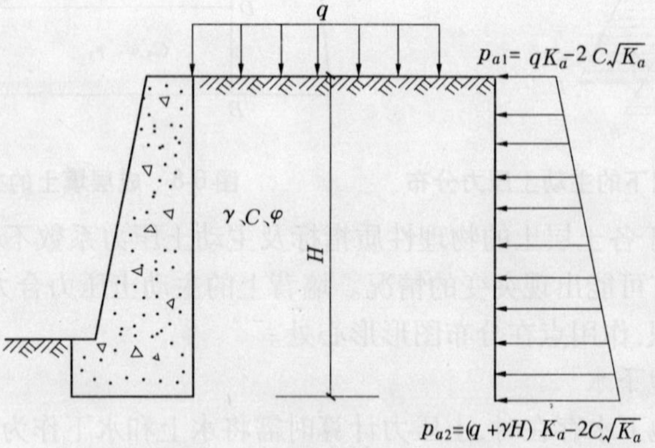

图 6-6 填土上有均布荷载时的主动土压力分布

3) 填土表面有局部均布荷载作用

若填土表面局部有均布荷载作用，计算土压力时先要绘出土压力强度分布图，如图 6-7所示，图形的面积就是土压力合力的大小。具体绘制：首先按无均布荷载和有连续均布荷载两种情况，分别作出土压力强度分布图形，再从荷载的两端点 O 及 O' 作两条与水平面成 $45°+\frac{\varphi}{2}$ 夹角的辅助线，分别交墙背于 C 点和 D 点，绘制土压力强度分布图时认为 C 点以上和 D 点以下不受局部均布荷载影响，故只有 CD 段的墙背按连续均布荷载作用计算土压力。其余按表面无均布荷载作用情况计算土压力。挡土墙墙背上作用的朗肯主动土压力强度分布图形如图 6-7 中阴影部分所示。

4) 墙后为分层填土

以符合朗肯土压力条件的挡土墙的主动土压力为例，当挡土墙后填土由多层不同种类的水平填土层组成时，可采用图 6-8 所示的方法：

(1) 第一层土范围内的墙背 AC 段上的主动土压力分布，按填土为均质土，采用第一层土的物理力学性质指标和主动土压力系数 K_{a1}，直接按朗肯土压力公式计算。

(2) 计算第二层土范围内的墙背 CD 段上的土压力分布时，先采用当量荷载代换法，即将第一层土的自重应力 $\gamma_1 H_1$ 看成作用在第二层土面上的荷载，然后对 CD 段墙背，按填土为均质土、填土面上有大面积荷载的情况，并用第二层土的物理力学性质指标和主动土压力系数 K_{a2}，按朗肯土压力公式计算其土压力强度分布。

(3) 对第三层土范围内的墙背段 DB，同样地，将第一、二层土的自重应力 $\gamma_1 H_1$ 和 $\gamma_2 H_2$ 作为第三层土面上的作用荷载，并用第三层土相应的抗剪强度指标和土压力系数 K_{a3} 计算主动土压力强度。当下面有更多土层时，依此进行计算。

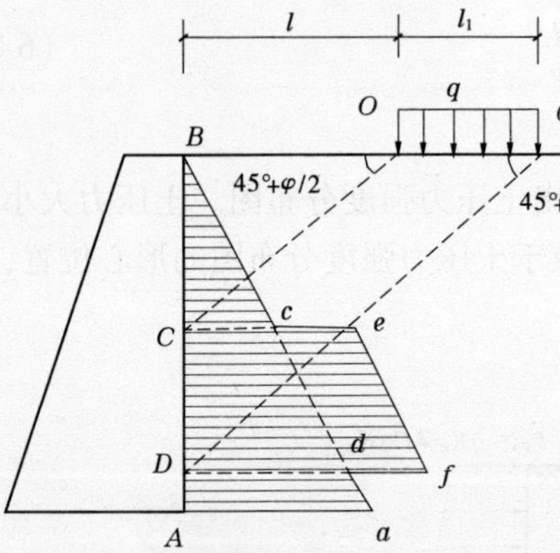

图 6-7　局部荷载作用下的主动土压力分布

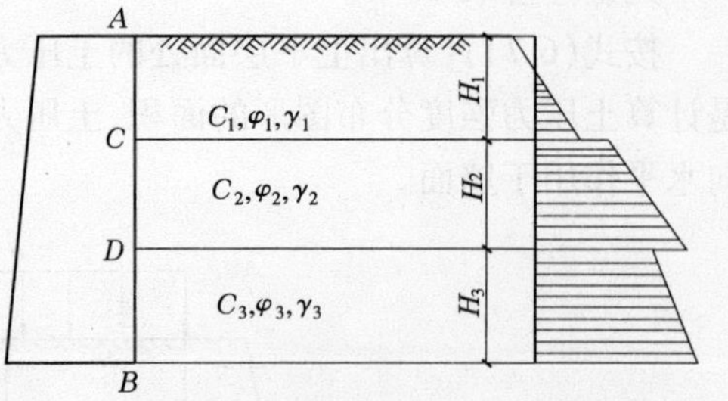

图 6-8　成层填土的主动土压力分布

由图 6-8 可见，出于各土层土的物理性质指标及主动土压力系数不同，在各土层界面处的主动土压力强度有可能出现突变的情况。墙背上的主动土压力合力大小就是主动土压力强度分布图的面积，作用点在分布图形形心处。

5）墙后填土中有地下水

当墙后填土中有地下水存在时，土压力计算时需将水上和水下作为两层，分别计算土压力强度。其中水位以上部分的土压力计算同前，水位以下部分的土压力计算可用水土分算和水土合算两种方法。一般砂土和粉土可按水土分算，然后叠加；黏性土可根据情况按水土分算或水土合算。当然，还要根据建筑物的重要性不同来决定采用哪种方法计算，对永久性建筑物应该用水土分算，对临时性建筑物可用水土合算。

（1）水土分算是在计算土压力时取有效应力，所以水下土体的自重应力按有效重度计算，同时，抗剪强度指标取有效应力强度指标 φ' 和 C'，即

黏性土
$$p_a = \gamma z K'_a - 2C' \sqrt{K'_a} \tag{6-9}$$

无黏性土取 $C = 0$。

式中　K'_a——有效应力强度指标计算的主动土压力系数，$K'_a = \tan^2\left(45° - \dfrac{\varphi'}{2}\right)$。

按上述方法绘出土压力强度分布图，计算土压力强度分布图的面积，即为土压力合力大小。此外，单独计算静水压力，静水压力计算同水力学方法。

其墙底处的静水压力强度为

$$p_w = \gamma_w H_w \tag{6-10}$$

水压力为
$$E_w = \frac{1}{2}\gamma_w H_w^2 \tag{6-11}$$

（2）水土合算法是对地下水位以下的土体取饱和重度来计算土压力强度，但土压力强度指标应采用总应力强度指标。即

黏性土
$$p_a = \gamma_{sat} z K_a - 2C \sqrt{K_a} \tag{6-12}$$

无黏性土取 $C = 0$。

（三）被动土压力计算

1. 被动土压力强度计算公式

被动土压力是填土处于被动极限平衡状态时，作用在挡土墙上的土压力。根据朗肯

土压力理论，在被动极限平衡状态时，$\sigma_1=\sigma_x=p_p,\sigma_3=\sigma_z=\gamma z$ 代入极限平衡条件，整理后可得

$$p_p = \sigma_z \tan^2\left(45° + \frac{\varphi}{2}\right) + 2C\tan\left(45° + \frac{\varphi}{2}\right) \tag{6-13a}$$

$$p_p = \sigma_z K_p + 2C\sqrt{K_p} \tag{6-13b}$$

式中　K_p——朗肯被动土压力系数，$K_p=\tan^2(45°+\varphi/2)$；

σ_z——计算点处的竖向应力，各种情况的 σ_z 与主动土压力相同。

2. 被动土压力计算

若挡土墙在外力作用下，向着土体方向发生位移或倾覆时，填土面下任一深度 z 处的竖向应力为自重应力且不变，而水平方向的应力逐渐增大，直至达到被动朗肯状态。此时，小主应力 σ_3 为竖向自重应力 γz，而大主应力 σ_1 为水平向的应力，则作用在墙背上的被动土压力强度为 $p_p=\sigma_1$。

根据土的极限平衡条件公式，则有：

无黏性土
$$p_p = \gamma z\tan^2\left(45° + \frac{\varphi}{2}\right) \tag{6-14a}$$

或
$$p_p = \gamma z K_p \tag{6-14b}$$

黏性土
$$p_p = \gamma z\tan^2\left(45° + \frac{\varphi}{2}\right) + 2C\tan\left(45° + \frac{\varphi}{2}\right) \tag{6-15a}$$

或
$$p_p = \gamma z K_p + 2C\sqrt{K_p} \tag{6-15b}$$

式中　p_p——墙背上任一点的朗肯被动土压力强度值，kPa；

K_p——朗肯被动土压力系数，$K_p=\tan^2\left(45°+\frac{\varphi}{2}\right)$；

其余符号含义同前。

如图 6-9(a)所示的挡土墙，当填土为无黏性土时，挡土墙背上的被动土压力强度为三角形分布(见图 6-9(b))，被动土压力大小由式(6-16)计算，其作用点位置在墙底以上 $H/3$ 处，力的方向水平指向墙背。

$$E_p = \frac{1}{2}\gamma H^2 K_p \tag{6-16}$$

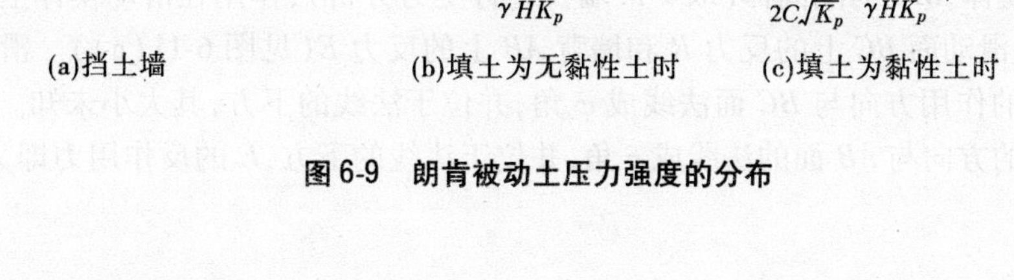

(a)挡土墙　(b)填土为无黏性土时　(c)填土为黏性土时

图 6-9　朗肯被动土压力强度的分布

如图 6-9(a)所示的挡土墙，当填土为黏性土时，由于存在黏聚力而增加了被动土压力，根据被动土压力强度的分布规律，即墙背上的被动土压力分布为梯形分布，如图 6-9(c)所示，被动土压力大小由式(6-17)计算。

$$E_p = E_{p1} + E_{p2} = 2CH\sqrt{K_p} + \frac{1}{2}\gamma H^2 K_p \tag{6-17}$$

合力 E_p 作用点在梯形的形心上，其作用点至墙底的距离可以按梯形形心的几何公式求得，也可以用 E_{p1} 和 E_{p2} 按下式计算

$$z_a = \frac{E_{p1}\dfrac{H}{2} + E_{p2}\dfrac{H}{3}}{E_p} \tag{6-18}$$

三、库仑土压力理论

(一)基本原理

1776 年，库仑(Coulomb)发表的土压力理论是针对墙后填土为无黏性土的情况而提出的，它的适用性较朗肯土压力理论广，适用于任意结构型式的挡土墙及填土表面情况下的土压力计算。其基本假设为：

(1)墙后填土为均质的砂性土($C=0$)。

(2)墙后填土发生位移到一定程度，墙后填土达到极限平衡状态时，土体中产生通过墙趾的平面滑动面，即形成滑动土楔体 ABC，如图 6-10 所示。

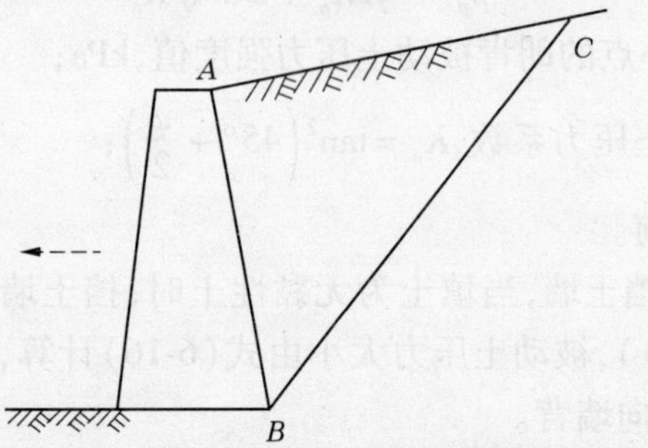

图 6-10　库仑土压力滑动体

库仑土压力理论的基本思路就是通过分析滑动土楔体的静力平衡条件，从而求得墙背上的主动土压力和被动土压力。

(二)库仑主动土压力计算

如图 6-11 所示，挡土墙墙背倾角为 α，墙后填土为无黏性土，填土面的倾角为 β，填土的重度为 γ、内摩擦角为 φ，墙背与填土间的外摩擦角为 δ，假定土体达到极限平衡状态时形成滑动平面 BC，BC 面与水平面的夹角为 θ。

取滑动楔体 ABC 为隔离体(取 1 m 墙长进行受力分析)，作用在滑动楔体上的力有：楔体自重 W、滑动面 BC 上的反力 R 和墙背 AB 上的反力 E(见图 6-11(a))。滑动面 BC 上的反力 R 的作用方向与 BC 面法线成 φ 角，并位于法线的下方，其大小未知。墙背 AB 上的反力 E 的方向与 AB 面的法线成 δ 角，并位于法线的下方，E 的反作用力即为作用在

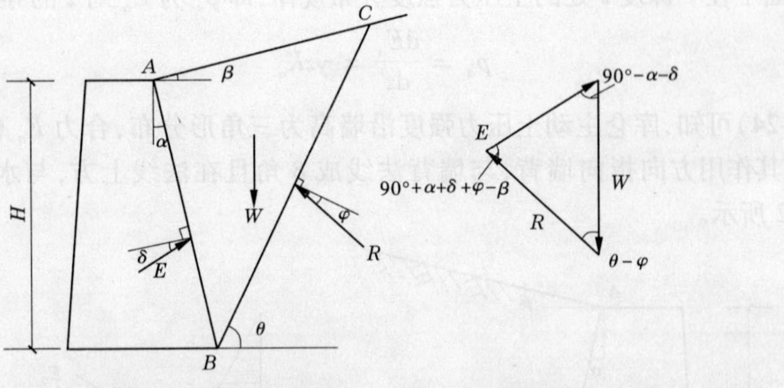

(a)滑动楔体ABC的受力分析　　(b)滑动楔体力的矢量三角形

图 6-11　库仑主动土压力计算简图

墙背上的土压力,其大小未知。假定滑动面 BC 的倾角为 θ 后,楔体的几何尺寸即已确定,根据几何关系,得到滑动楔体的自重 W 为

$$W = \frac{1}{2}\gamma H^2 \frac{\cos(\alpha - \beta)\cos(\theta - \alpha)}{\sin(\theta - \beta)\cos^2\alpha} \tag{6-19}$$

根据楔体静力平衡条件,W、R、E 构成封闭的力的矢量三角形(见图 6-11(b)),由正弦定律知

$$\frac{W}{\sin(90° + \alpha + \delta + \varphi - \theta)} = \frac{E}{\sin(\theta - \varphi)} \tag{6-20}$$

化简得到

$$E = \frac{1}{2}\gamma H^2 \frac{\cos(\alpha - \beta)\cos(\theta - \alpha)\sin(\theta - \varphi)}{\sin(\theta - \beta)\cos(\theta - \varphi - \alpha - \delta)\cos^2\alpha} \tag{6-21}$$

由于滑动面 BC 的倾角 θ 是任意假定的,因此 E 是 θ 的函数。对应于不同的 θ,就有一系列的滑动面和 E 值。与主动土压力 E_a 相应的应该是其中的最大反力 E_{max},即对应的滑动面为最危险滑动面。设$\frac{dE}{d\theta}=0$,可得墙背反力为 E_{max}时最危险滑动面的倾角,再将其倾角值代入式(6-21),可得到 E_{max},即主动土压力 E_a 的值。

$$E_a = E_{max} = \frac{1}{2}\gamma H^2 K_a \tag{6-22}$$

$$K_a = \frac{\cos^2(\varphi - \alpha)}{\cos(\alpha + \delta)\cos^2\alpha\left[1 + \sqrt{\frac{\sin(\varphi + \delta)\sin(\varphi - \beta)}{\cos(\alpha + \delta)\cos(\alpha - \beta)}}\right]^2} \tag{6-23}$$

式中　K_a——库仑主动土压力系数,也可参照其他书查表;

α——挡土墙墙背的倾角,(°),(墙背俯斜时取正号,仰斜时取负号);

β——墙后填土面的倾角,(°);

δ——墙背与填土间的外摩擦角,(°);

γ——墙后填土的重度,kN/m^3;

φ——墙后填土的内摩擦角,(°)。

根据主动土压力合力的计算公式知,主动土压力与挡土墙墙高的平方成正比,就可以得到填土表面下任一深度 z 处的土压力强度分布规律，即 p_a 为 E_a 对 z 的导数。

$$p_a = \frac{dE_a}{dz} = \gamma z K_a \tag{6-24}$$

由式(6-24)可知，库仑主动土压力强度沿墙高为三角形分布，合力 E_a 作用在距墙底 1/3 高度处，其作用方向指向墙背，与墙背法线成 δ 角且在法线上方，与水平面成 $\alpha+\delta$ 角，如图 6-12 所示。

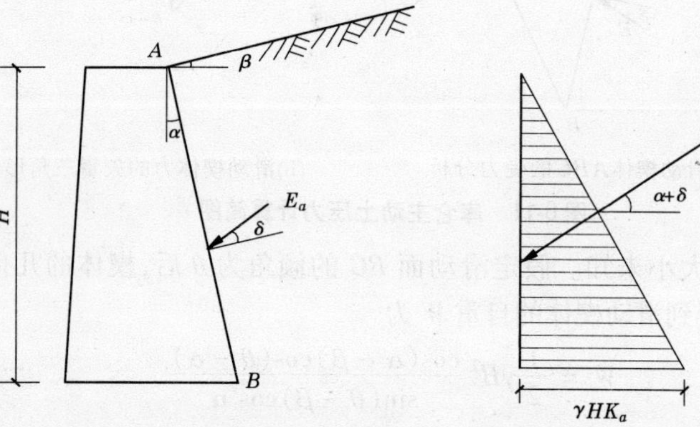

图 6-12　库仑主动土压力的分布

(三)库仑被动土压力计算

被动土压力的计算与主动土压力计算有同样的假定，图 6-13 是库仑被动土压力计算简图。作用在滑动楔体上的力仍是三个，其中楔体自重 W 仍按式(6-19)计算，滑动面 BC 上的反力及 R 作用方向仍与 BC 面法线成 φ 角，但位于法线上方，墙背 AB 上的反力 E 的方向仍与 AB 面的法线成 δ 角，但位于法线上方。按同样的方法，由楔体的静力平衡条件求得 E 值，再用求极值的方法求得最小值 $E_{\min}$（当位移向着土体方向发生时，滑动面上的剪切力越来越大，从而作用在墙上的土压力越来越大），即被动土压力的大小 $E_p = E_{\min}$。

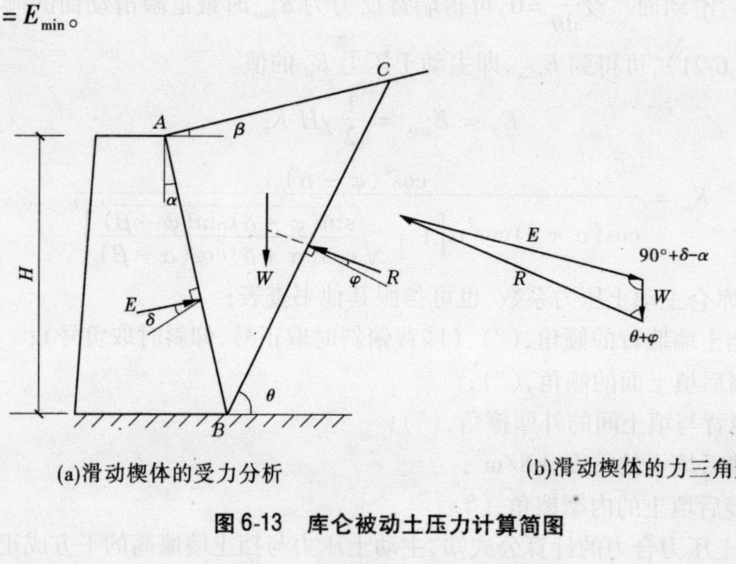

(a)滑动楔体的受力分析　　　　(b)滑动楔体的力三角形

图 6-13　库仑被动土压力计算简图

$$E_p = E_{\min} = \frac{1}{2}\gamma H^2 K_p \tag{6-25}$$

$$K_p = \frac{\cos^2(\varphi + \alpha)}{\cos(\alpha - \delta)\cos^2\alpha\left[1 - \sqrt{\dfrac{\sin(\varphi + \delta)\sin(\varphi + \beta)}{\cos(\alpha - \delta)\cos(\alpha - \beta)}}\right]^2} \tag{6-26}$$

式中　K_p——库仑被动土压力系数；

其余符号含义同前。

E_p 的作用点位置在距墙底 1/3 处，与墙背法线成 δ 角，与水平面成 $(\delta - \alpha)$ 角，位于法线下方，并指向墙背。同样道理，被动土压力强度沿墙高为三角形分布。

$$p_p = \frac{dE_p}{dz} = \gamma z K_p \tag{6-27}$$

（四）库尔曼图解法计算主动土压力

库仑土压力公式只适用于填土表面为平面的砂性土情况，若填土表面是非平面，墙背是折线或曲线，则可用库尔曼（Culmann，1866）图解法来求解。库尔曼图解法是以库仑土压力理论为基础，假定一系列滑动平面，根据滑动土体的静力平衡条件绘出力的矢量三角形，由此求出主动土压力，如图 6-14 所示。为使图解法简便，库尔曼建议将图 6-14 中的平衡力矢量三角形顺时针旋转 $90° - \varphi$ 角，这样使每一个力矢量三角形中的反力 R_i 的方向与相应滑动面的方向一致，图 6-14 中力 P_i 和力 W_i 的方向分别与图 6-15 中 AL 和 AF 线的方向一致。

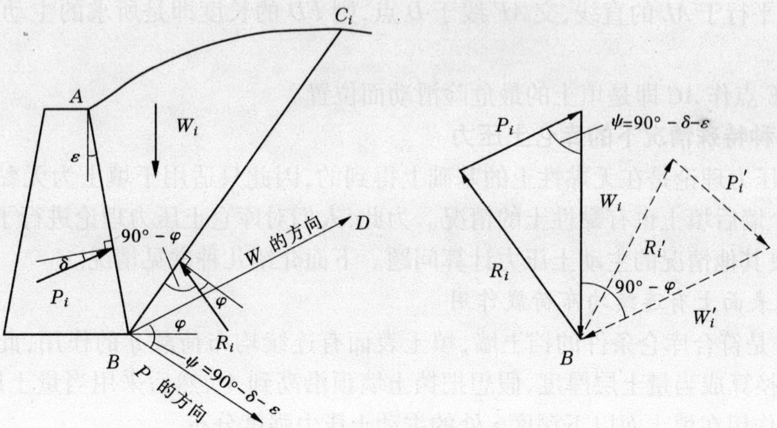

图 6-14　库尔曼图解法的原理

库尔曼图解法的具体步骤如下：

（1）按比例绘制挡土墙及填土剖面，如图 6-15 所示，并过墙踵 A 点作 AF 和 AL 两条辅助线，分别位于水平面的两侧，其中 AF 在水平面上方与水平面成 φ 角，AL 在水平面下方，与 AF 成 $\psi = 90° - \delta - \varepsilon$ 角。

（2）假定一滑动面 AC_1，求出滑动土体 ABC_1 的重量 W_1，并选一定比例在 AF 线上截取线段 $AD_1 = W_1$，自 D_1 点引平行于 AL 的直线，交 AC_1 于 E_1 点，则 E_1D_1 的长度即是滑动面

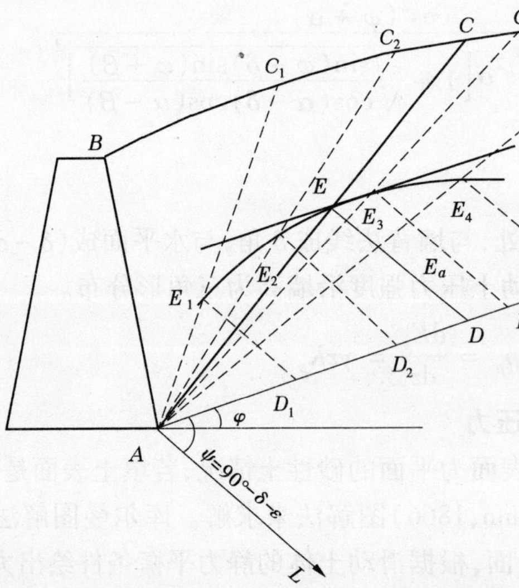

图 6-15　库尔曼图解法

为 AC_1 时的土压力 E_{a1}。

(3)同理,再假定若干个滑动面,重复步骤(2),得到 $D_2, D_3, D_4\cdots$ 及 $E_2, E_3, E_4\cdots$ 点。

(4)将 E_1, E_2, E_3, E_4 等各点连成曲线,在曲线上作平行于 AF 的切线,得到切点 E,再过切点 E 作平行于 AL 的直线,交 AF 线于 D 点,则 ED 的长度即是所求的主动土压力 E_a 的大小。

(5)过 E 点作 AC 即是填土的最危险滑动面位置。

(五)几种特殊情况下的库仑土压力

库仑土压力理论是在无黏性土的基础上得到的,因此只适用于填土为无黏性土的情况,但事实上墙后填土也有黏性土的情况。为此,人们对库仑土压力理论进行了改进和完善,用于解决其他情况的主动土压力计算问题。下面介绍几种常见情况。

1. 填土表面上有连续均布荷载作用

图 6-16 是符合库仑条件的挡土墙,填土表面有连续均布荷载 q 的作用,此时可以把均布荷载 q 换算成当量土层厚度,假想把挡土墙顶沿高到 A',然后采用当量土层代换法,同样可得到作用在填土面以下深度 z 处的主动土压力强度分布。

当量土层厚度
$$h_s = \frac{q}{\gamma} \tag{6-28}$$

主动土压力强度分布
$$p_a = \gamma(h' + z)K_a \tag{6-29}$$

虚拟墙高
$$h' = h_s \frac{\cos\beta\cos\alpha}{\cos(\alpha - \beta)} = \frac{q}{\gamma}\frac{\cos\beta\cos\alpha}{\cos(\alpha - \beta)} \tag{6-30}$$

主动土压力合力 E_a 就是土压力强度分布图的面积,计算主动土压力合力 E_a 时,不计作用在虚拟墙背上的那部分土压力。合力作用点在土压力强度分布图形的形心处。

2. 分层填土情况

如图 6-17 所示,为分层填土情况,分层填土计算库仑土压力,仍然用分层绘制土压力

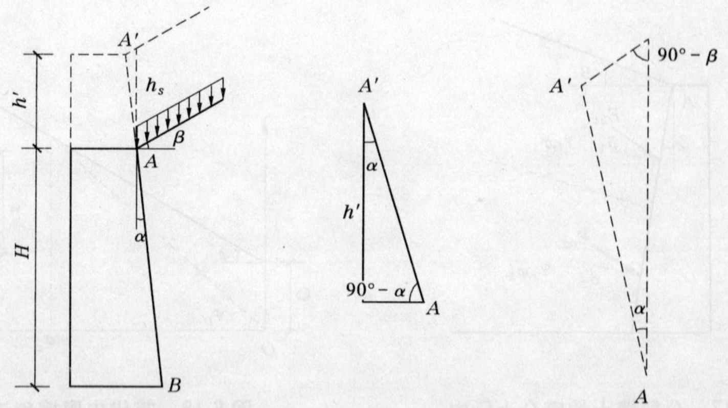

图 6-16　填土面上有无限均布荷载时的库仑主动土压力计算简图

强度分布图的方法，首先计算出每层填土上下层面处的土压力强度，绘出土压力强度分布图，其图形的面积就是合力的值。第一层土的土压力计算与前述相同，而对于第二层及以下的土层，计算时将上部土体厚度换算为与计算层重度相同的当量厚度 h'，然后按一层土分别计算深度为 h'（计算层顶面）和 $(h'+h)$（计算层底面）的土压力强度值（$p'_{ai}+p''_{ai}$），即

当量厚度
$$h' = \frac{\sum \gamma_j h_j}{\gamma_i} \tag{6-31}$$

计算层顶面土压力强度
$$p'_{ai} = \gamma_i h' K_{ai} \tag{6-32}$$

计算层底面土压力强度
$$p''_{ai} = \gamma_i (h' + h_i) K_{ai} \tag{6-33}$$

式中　γ_j、h_j——计算土层以上各土层的重度和厚度；

γ_i、h_i——计算土层 i 的重度和厚度；

K_{ai}——计算土层的库仑主动土压力系数。

3. 填土为黏性土情况

1）等代内摩擦角法

由于库仑土压力理论是以无黏性土为基础，未考虑黏聚力的影响。在工程中若填土为黏性土，可以用等代内摩擦角的方法进行处理，如图 6-18 所示。在抗剪强度线上找出相应于墙底标高处的垂直应力 σ_z，根据抗剪强度相等的原理，求出等代内摩擦角 φ_D，即

$$\sigma_z \tan\varphi + C = \sigma_z \tan\varphi_D \tag{6-34}$$

得到
$$\varphi_D = \arctan\left(\tan\varphi + \frac{C}{\sigma_z}\right) \tag{6-35}$$

由此以 φ_D 代替黏性土的内摩擦角 φ，就可按无黏性土计算土压力。

2）规范推荐方法

对于黏性土和粉土的库仑主动土压力，《建筑地基基础设计规范》（GB 50007—2002）推荐的公式为

$$E_a = \frac{1}{2}\psi_c \gamma H^2 K_a \tag{6-36}$$

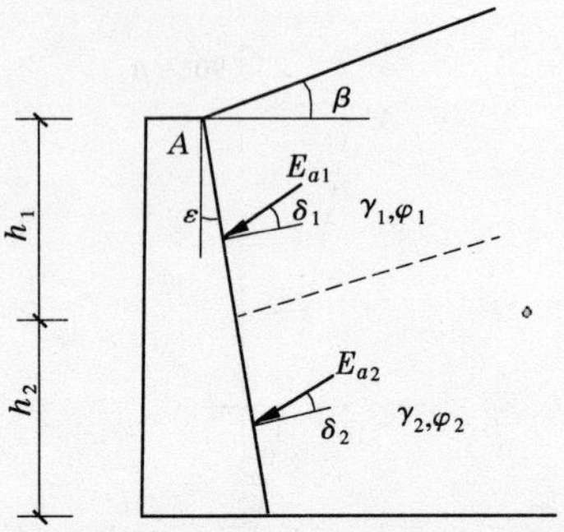

图 6-17　分层填土的库仑土压力

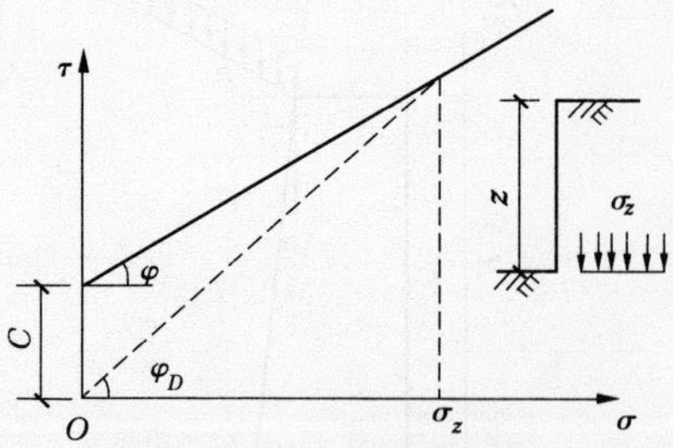

图 6-18　等代内摩擦角法

$$K_a = \frac{\sin(\alpha' + \beta)}{\sin^2\alpha'\sin^2(\alpha' + \beta - \varphi - \delta)}\Big\{K_q[\sin(\alpha' + \beta)\sin(\alpha' - \delta) + \sin(\varphi + \delta)\sin(\varphi - \beta)] + 2\eta\sin\alpha'\cos\varphi\cos(\alpha' + \beta - \varphi - \delta) - 2[(K_q\sin(\alpha' + \beta)\sin(\varphi - \beta) + \eta\sin\alpha'\cos\varphi) \times (K_q\sin(\alpha' - \delta)\sin(\varphi + \delta) + \eta\sin\alpha'\cos\varphi)]^{1/2}\Big\} \tag{6-37}$$

$$K_q = 1 + \frac{2q\sin\alpha'\cos\beta}{\gamma H\sin(\alpha' + \beta)} \tag{6-38}$$

$$\eta = \frac{2C}{\gamma H} \tag{6-39}$$

式中　ψ_c——主动土压力增大系数（坡高小于 5 m 时取 1.0，坡高为 5 ~ 8 m 时取 1.1，坡高大于 8 m 时取 1.2）；

K_a——主动土压力系数，按式(6-37)确定；

q——地表均布荷载，kPa（以单位水平投影面积上的荷载强度计）；

α'——墙背与水平向的夹角，(°)；

其余符号含义见图 6-19。

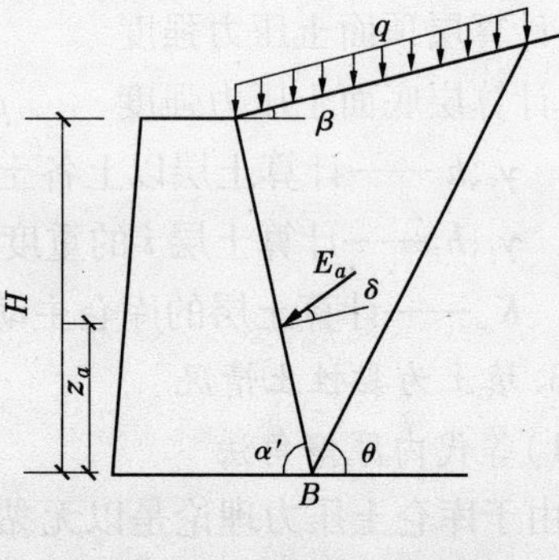

图 6-19　规范法计算简图

4. 墙背坡度有变化的情况

1）折线形墙背

当挡土墙墙背不是一个平面而是折面时（见图 6-20），可以墙背转折点为界，分成上墙与下墙，然后分别按库仑理论计算主动土压力 E_a。

首先将上墙 AB 当做独立挡土墙，计算出主动土压力 E_{a1}，这时不考虑下墙的存在，然后计算下墙的土压力。计算时，可将下墙背沿 BC 向上延长交地面线于 D 点，以 DBC 作为假想墙背，算出墙背土压力强度分布如图 6-20(b) 中 DCE 所示。再截取与 BC 段相应的部分，即 $BCEF$ 部分，算出其合力，即为作用于下墙 BC 段的主动土压力 E_{a2}。

2）墙背设置卸荷平台

为了减少作用在墙背上的主动土压力，有时采用在墙背中部加设卸荷平台的办法，如图 6-21(a) 所示。平台以上 h_1 高度内，可按朗肯土压力理论计算作用在 AB 面上的土压

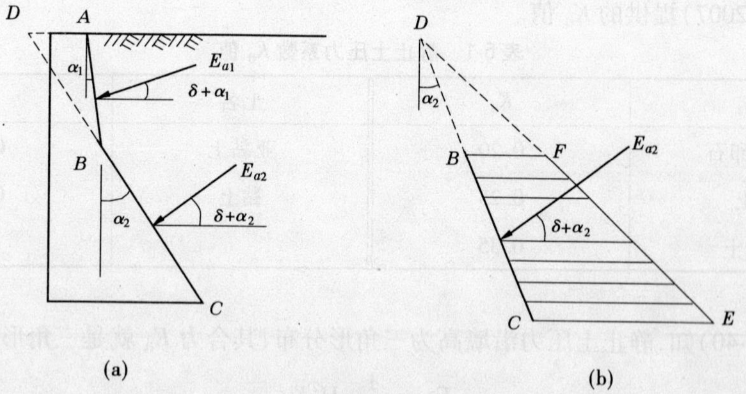

图 6-20　折线形墙背土压力计算

力,其土压力强度分布如图 6-21(b)所示。由于平台以上土重 G 已由卸荷台 CBD 承担,故平台下 C 点处土压力变为零,从而起到减少平台下 h_2 段内土压力的作用。减压范围,一般认为至滑裂面与墙背交点 E 处为止。连接图 6-21(b)中相应的 C'和 E',则图中阴影部分即为卸荷平台减压后的土压力强度分布图,图形的面积就是土压力合力的大小。显然,卸荷平台伸出越长,则减压作用越大。

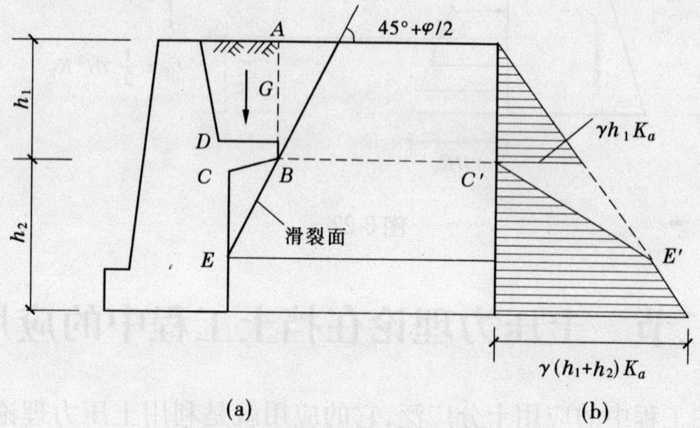

图 6-21　带卸荷平台的挡土墙土压力

四、静止土压力

当挡土墙处于静止、墙后土体处于弹性平衡状态时,在填土表面以下任意深度 z 处墙背上的静止土压力强度 E_0 等于土中侧向自重应力,如图 6-22 所示。

即

$$p_0 = \gamma z K_0 \tag{6-40}$$

式中　γ——墙后土体的重度;

K_0——静止土压力系数,可由室内试验确定,也可用经验公式(6-41)计算。

$$K_0 = 1 - \sin\varphi' \tag{6-41}$$

式中　φ'——土的有效内摩擦角,(°)。

在实际工程中,K_0 也可采用经验值。表 6-1 是我国《公路桥涵地基与基础设计规范》

(JTG D63—2007)提供的 K_0 值。

表 6-1　静止土压力系数 K_0 值

土名	K_0	土名	K_0
砾石、卵石	0.20	亚黏土	0.45
砂土	0.25	黏土	0.55
亚砂土	0.35		

由式(6-40)知，静止土压力沿墙高为三角形分布，其合力 E_0 就是三角形的面积，即

$$E_0 = \frac{1}{2}\gamma H^2 K_0 \tag{6-42}$$

式中　H——挡土墙的高度。

静止土压力 E_0 的作用点位于距墙底 $\frac{1}{3}$ 的高度处，其方向与墙背垂直。

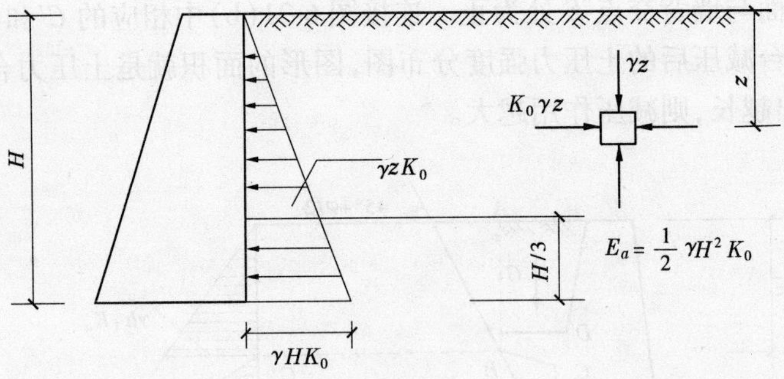

图 6-22

第二节　土压力理论在挡土工程中的应用

土压力理论在工程中的应用十分广泛，它的应用就是利用土压力理论进行具体工程土压力计算的问题。根据挡土墙的不同类型及墙后填土情况、填土表面作用力情况、墙后有地下水等不同情况利用土压力理论进行土压力计算。

一、朗肯土压力理论在工程中的应用

(一)朗肯主动土压力计算

1. 墙后填土为均质土

【例 6-1】　如图 6-23 所示，某挡土墙高 $H=5$ m，墙背竖直、光滑，填土表面水平，填土为黏性土，重度 $\gamma=17$ kN/m^3，内摩擦角 $\varphi=22°$，黏聚力 $C=6$ kPa。试按朗肯土压力理论计算主动土压力 E_a 及其作用点位置，并绘出主动土压力强度分布图。

解：(1)挡土墙墙顶($z=0$)处的土压力强度。

$$p_{a顶} = \gamma z\tan^2(45° - \frac{\varphi}{2}) - 2C\tan(45° - \frac{\varphi}{2})$$

$$= 17 \times 0 \times \tan^2(45° - \frac{22°}{2}) - 2 \times 6 \times \tan(45° - \frac{22°}{2}) = -8.09 \text{ (kPa)}$$

(2) 墙底($z = H = 5$ m)处的土压力强度。

$$p_{a底} = \gamma z \tan^2(45° - \frac{\varphi}{2}) - 2C\tan(45° - \frac{\varphi}{2})$$

$$= 17 \times 5 \times \tan^2(45° - \frac{22°}{2}) - 2 \times 6 \times \tan(45° - \frac{22°}{2}) = 30.58 \text{ (kPa)}$$

土压力强度分布图如图6-23所示。

由于填土为黏性土,故有拉应力区产生,拉应力区的高度为

$$z_0 = \frac{2C}{\gamma\sqrt{K_a}} = \frac{2 \times 6}{17 \times \tan(45° - \frac{22°}{2})} = 1.05 \text{ (m)}$$

(3) 主动土压力的计算。

$$E_a = \frac{1}{2}p_a(H - z_0) = \frac{1}{2} \times 30.58 \times (5 - 1.05) = 60.40 \text{ (kN/m)}$$

作用点位置离底部的距离为

$$\frac{1}{3}(H - z_0) = \frac{1}{3} \times (5 - 1.05) = 1.32 \text{ (m)}$$

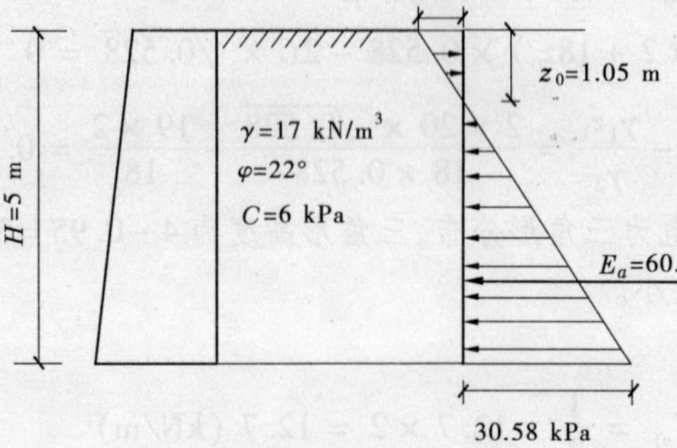

图6-23　例6-1图

2. 墙后为分层填土

【例6-2】　如图6-24所示,挡土墙高6 m,墙背直立、光滑,填土面水平,填土分为两层,第一层为砂性土,第二层为黏性土。各层厚度和土的物理力学性质指标见图6-24,试绘出墙背上的主动土压力分布,并求其合力大小及作用点位置。

解:(1) 求两层土的主动土压力系数。

$$K_{a1} = \tan^2(45° - \frac{30°}{2}) = 0.333$$

$$K_{a2} = \tan^2(45° - \frac{18°}{2}) = 0.528$$

(2) 求 A、B、C 三点土压力强度值。

$$p_{aA} = \gamma z K_{a1} = 0$$

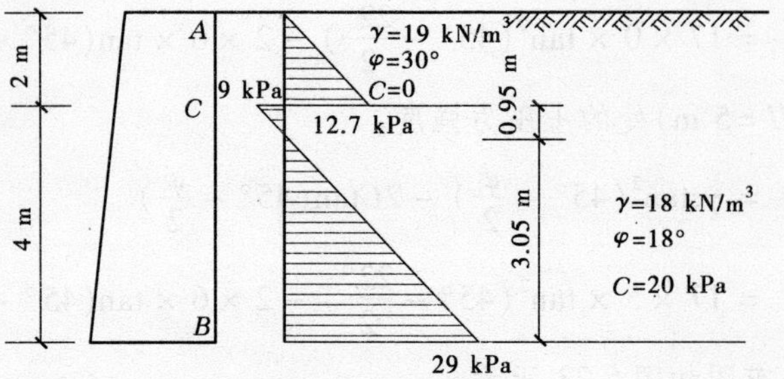

图 6-24　例 6-2 图

C 点上　　$p_{aC上} = \gamma z K_{a1} = 19 \times 2 \times 0.333 = 12.7\ (\mathrm{kPa})$

C 点下　　$p_{aC下} = \gamma z K_{a2} - 2C\sqrt{K_{a2}}$

$$= 19 \times 2 \times 0.528 - 2 \times 20 \times \sqrt{0.528} = -9\ (\mathrm{kPa})$$

B 点　　$p_{aB} = (\gamma_1 z_1 + \gamma_2 z_2)K_{a2} - 2C\sqrt{K_{a2}}$

$$= (19 \times 2 + 18 \times 4) \times 0.528 - 2 \times 20 \times \sqrt{0.528} = 29\ (\mathrm{kPa})$$

土压力强度分布图如图 6-24 所示。

第二层填土内主动土压力拉应力区的高度为

令
$$p_{az_0} = (\gamma_1 z_1 + \gamma_2 z_0)K_{a2} - 2C\sqrt{K_{a2}} = 0$$

即
$$(19 \times 2 + 18 z_0) \times 0.528 - 2C \times \sqrt{0.528} = 0$$

$$z_0 = \frac{2C\sqrt{K_{a2}}}{\gamma_2 K_{a2}} - \frac{\gamma_1 z_1}{\gamma_2} = \frac{2 \times 20 \times \sqrt{0.528}}{18 \times 0.528} - \frac{19 \times 2}{18} = 0.95\ (\mathrm{m})$$

则第二层土的土压力强度也为三角形分布，三角形高度为 $4 - 0.95 = 3.05\ (\mathrm{m})$。

(3)主动土压力合力大小。

第一层土压力为

$$E_{a1} = \frac{1}{2} \times 12.7 \times 2 = 12.7\ (\mathrm{kN/m})$$

E_{a1} 沿水平方向作用，其作用点到墙底距离 $z_{a1} = 4.67\ \mathrm{m}$。

第二层土压力为

$$E_{a2} = \frac{1}{2} \times 29 \times 3.05 = 44.2\ (\mathrm{kN/m})$$

E_{a2} 沿水平方向作用，其作用点到墙底距离 $z_{a2} = 1.02\ \mathrm{m}$。

合力大小为

$$E_a = E_{a1} + E_{a2} = 12.7 + 44.2 = 56.9(\mathrm{kN/m})$$

合力作用点到墙底的距离为

$$\frac{E_{a1} z_{a1} + E_{a2} z_{a2}}{E_{a1} + E_{a2}} = \frac{12.7 \times 4.67 + 44.2 \times 1.02}{12.7 + 44.2} = 1.83(\mathrm{m})$$

3. 填土表面有均布荷载作用

【例 6-3】　高度为 4 m 的挡土墙，墙背直立、光滑，墙后填土面水平，填土面上作用有

均布荷载 $q=15$ kPa，如图 6-25 所示。试绘制主动土压力的分布图，并求合力的大小及作用位置。

解：本题条件符合朗肯土压力理论假设

(1)求土的主动土压力系数 K_a。

$$K_a = \tan^2(45° - \frac{\varphi}{2}) = \tan^2(45° - \frac{26°}{2}) = 0.39$$

(2)求 A、B 二点的土压力强度值。

$$p_{aA} = qK_a - 2C\sqrt{K_a}$$
$$= 15 \times 0.39 - 2 \times 3 \times \sqrt{0.39} = 2.1(\text{kPa})$$
$$p_{aB} = (q + \gamma h)K_a - 2C\sqrt{K_a}$$
$$= (15 + 18 \times 4) \times 0.39 - 2 \times 3 \times \sqrt{0.39} = 30.2(\text{kPa})$$

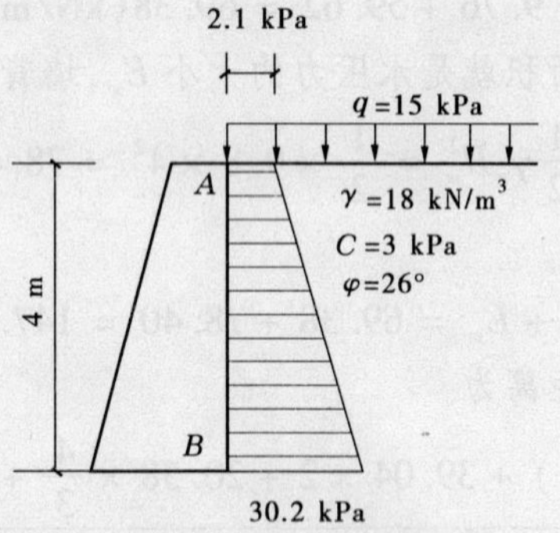

图 6-25　例 6-3 图

主动土压力的分布图为梯形，如图 6-25 所示。

(3)求主动土压力合力大小及作用点位置。

主动土压力合力 E_a 的大小为梯形的面积，即

$$E_a = \frac{1}{2}(p_{aA} + p_{aB})H = \frac{1}{2} \times (2.1 + 30.2) \times 4 = 64.6\ (\text{kN/m})$$

合力作用点距墙底的距离(即梯形形心位置)为

$$y = \frac{2p_{aA} + p_{aB}}{3(p_{aA} + p_{aB})}H = \frac{2 \times 2.1 + 30.2}{3 \times (2.1 + 30.2)} \times 4 = 1.42(\text{m})$$

4. 墙后填土中有地下水

【例 6-4】　某挡土墙高 6 m，墙背铅直、光滑，填土表面水平，如图 6-26 所示。地下水埋深 2 m，土的重度 $\gamma=18$ kN/m³，土的饱和重度 $\gamma_{sat}=19.3$ kN/m³，土的内摩擦角 $\varphi=35°$(水上、水下相同)。试计算作用在挡土墙上的主动土压力及水压力。

解：(1)求土的主动土压力系数为 K_a。

$$K_a = \tan^2(45° - \frac{\varphi}{2}) = \tan^2(45° - \frac{35°}{2}) = 0.271$$

(2)求 A、B、C 三点土压力强度值。

A 点　　　　$\sigma_{zA}=0, p_{aA}=0$

B 点　　　　$\sigma_{zB}=\gamma_1 H_1=18\times 2=36(\text{kPa})$

$$p_{aB}=\sigma_{zB}K_a=36\times 0.271=9.76(\text{kPa})$$

C 点　　　　$\sigma_{zC}=\gamma_1 H_1+\gamma' H_2=36+(19.3-9.8)\times 4=74(\text{kPa})$

$$p_{aC}=\sigma_{zC}K_a=74\times 0.271=20.05(\text{kPa})$$

绘制土压力强度分布,如图6-26所示。

(3)计算土压力E_a、水压力E_w。

土压力强度分布图的面积就是土压力的大小E_a,为折线分布。

$$\begin{aligned}E_a&=\frac{1}{2}p_{aB}H_1+\frac{1}{2}(p_{aB}+p_{aC})H_2\\&=\frac{1}{2}\times 9.76\times 2+\frac{1}{2}\times(9.76+20.05)\times 4\\&=9.76+59.62=69.38(\text{kN/m})\end{aligned}$$

水压力强度分布图的面积就是水压力的大小E_w,墙背上水压力为三角形分布。

$$E_w=\frac{1}{2}\gamma_w H_w^2=\frac{1}{2}\times 9.8\times 4^2=78.40(\text{kN/m})$$

挡土墙背上的总压力

$$E=E_a+E_w=69.38+78.40=147.78(\text{kN/m})$$

总压力位置距底部的距离为

$$y_C=\frac{9.76\times(4+\frac{2}{3})+39.04\times 2+20.58\times\frac{4}{3}+78.40\times\frac{4}{3}}{69.38+78.40}=1.73(\text{m})$$

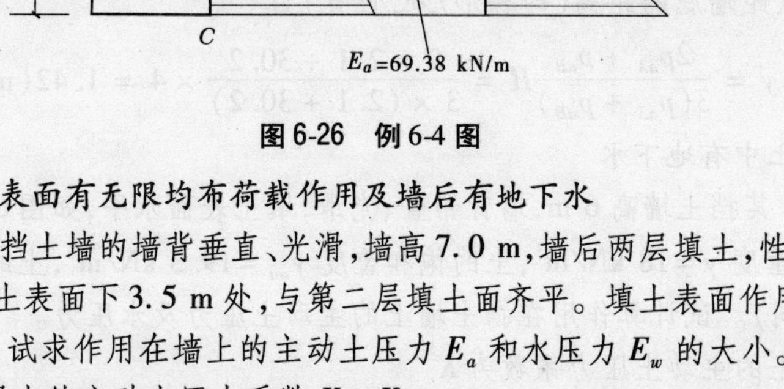

图6-26　例6-4图

5. 分层填土、表面有无限均布荷载作用及墙后有地下水

【例6-5】　某挡土墙的墙背垂直、光滑,墙高7.0 m,墙后两层填土,性质如图6-27所示,地下水位在填土表面下3.5 m处,与第二层填土面齐平。填土表面作用有$q=100$ kPa的连续均布荷载。试求作用在墙上的主动土压力E_a和水压力E_w的大小。

解:(1)求二层土的主动土压力系数K_{a1}、K_{a2}。

$$K_{a1}=\tan^2(45°-\frac{32°}{2})=0.307$$

$$K_{a2} = \tan^2(45° - \frac{30°}{2}) = 0.333$$

(2)求墙背 A、B、C 三点的土压力强度值。

根据式(6-7)得到：

A 点　$z=0, p_{aA} = qK_{a1} = 100 \times 0.307 = 30.7(\text{kPa})$

B 点分界面以上，$H_1 = 3.5\ \text{m}, \gamma_1 = 16.5\ \text{kN/m}^3$

$$p_{aB上} = qK_{a1} + \gamma_1 H_1 K_{a1} = 30.7 + 16.5 \times 3.5 \times 0.307$$
$$= 30.7 + 17.7 = 48.4(\text{kPa})$$

B 点分界面以下

$$p_{aB下} = (q + \gamma_1 H_1)K_{a2} = (100 + 16.5 \times 3.5) \times 0.333 = 52.5(\text{kPa})$$

C 点　$H_2 = 3.5\ \text{m}, \gamma_2' = 19.25 - 10 = 9.25\ (\text{kN/m}^3)$

$$p_{aC} = (q + \gamma_1 H_1 + \gamma_2' H_2)K_{a2}$$
$$= (100 + 16.5 \times 3.5 + 9.25 \times 3.5) \times 0.333 = 63.3(\text{kPa})$$

土压力强度分布如图 6-27 所示。

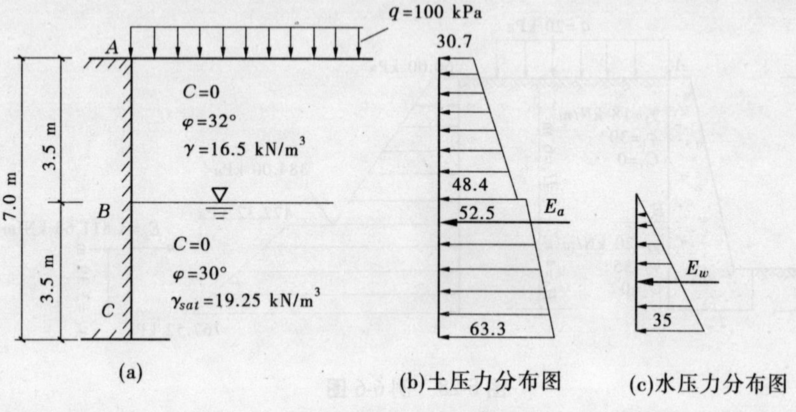

图 6-27　例 6-5 图

(3)求主动土压力 E_a。

作用于挡土墙上的总土压力，即为土压力分布面积之和，故

$$E_a = \frac{1}{2}(p_{aA} + p_{aB上})H_1 + \frac{1}{2}(p_{aB下} + p_{aC})H_2$$
$$= \frac{1}{2} \times (30.7 + 48.4) \times 3.5 + \frac{1}{2} \times (52.5 + 63.3) \times 3.5$$
$$= 341.1(\text{kN/m})$$

(4)求水压力 E_w

C 点的水压力强度为

$$p_{wC} = \gamma_w H_2 = 10 \times 3.5 = 35(\text{kPa})$$

水压力合力为

$$E_w = \frac{1}{2} p_{wC} H_2 = \frac{1}{2} \times 35 \times 3.5 = 61.3(\text{kN/m})$$

(二)朗肯被动土压力计算

【例 6-6】 计算作用在挡土墙上的被动土压力,如图 6-28 所示。

解:(1)求两层土的被动土压力系数 K_{p1} 和 K_{p2}。

$$K_{p1} = \tan^2(45° + 30°/2) = 3$$

$$K_{p2} = \tan^2(45° + 35°/2) = 3.69$$

(2)求 A,B,C 三点的土压力强度值。

A 点 $\sigma_{zA} = q = 20\ \text{kPa}, p_{pA} = qK_{p1} = 20 \times 3 = 60.00(\text{kPa})$

B 点上 $\sigma_{zB上} = q + \gamma_1 H_1 = 20 + 18 \times 6 = 128(\text{kPa})$

$p_{pB上} = \sigma_{zB上}\ K_{p1} = 128 \times 3 = 384.00(\text{kPa})$

B 点下 $\sigma_{zB下} = q + \gamma_1 H_1 = 20 + 18 \times 6 = 128(\text{kPa})$

$p'_{pB下} = \sigma_{zB下}\ K_{p2} = 128 \times 3.69 = 472.32(\text{kPa})$

C 点 $\sigma_{zC} = q + \gamma_1 H_1 + \gamma_2 H_2 = 128 + 20 \times 4 = 208(\text{kPa})$

$p_{pC} = \sigma_{zC} K_{p2} = 208 \times 3.69 = 767.52(\text{kPa})$

绘出土压力强度分布图,如图 6-28 所示。

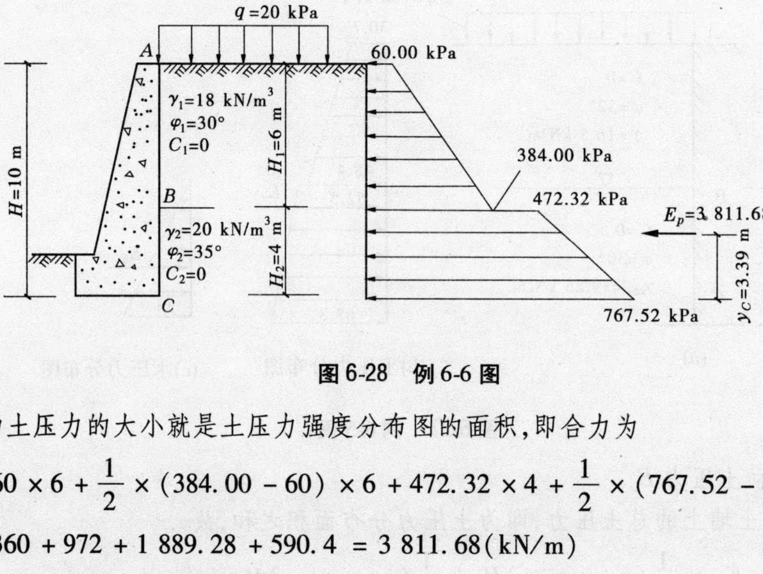

图 6-28 例 6-6 图

被动土压力的大小就是土压力强度分布图的面积,即合力为

$$E_p = 60 \times 6 + \frac{1}{2} \times (384.00 - 60) \times 6 + 472.32 \times 4 + \frac{1}{2} \times (767.52 - 472.32) \times 4$$

$$= 360 + 972 + 1\ 889.28 + 590.4 = 3\ 811.68(\text{kN/m})$$

合力作用点距底部的距离为

$$y_C = \frac{360 \times 7 + 972 \times 6 + 1\ 889.28 \times 2 + 590.4 \times \dfrac{4}{3}}{3\ 811.68} = 3.39(\text{m})$$

二、库仑土压力理论在工程中的应用

【例 6-7】 如图 6-29 所示挡土墙,墙高 5 m。墙背倾角 $\alpha = 10°$,墙背与土的外摩擦角 $\delta = 10°$,填土面倾角 $\beta = 15°$,填土重度 $\gamma = 18\ \text{kN/m}^3$,黏聚力 $C = 0$,墙后填土的摩擦角 $\varphi = 30°$,填土面作用有均布荷载 $q = 20\ \text{kPa}$。求作用在墙背上的主动土压力,并画出其分布图。

解:根据式(6-23)计算得

$$K_a = 0.479$$

q 的当量土层厚度为

$$h_s = \frac{20}{18} = 1.11(\text{m})$$

由式(6-30)计算相应的虚拟高度为

$$h' = 1.11 \times \frac{\cos15°\cos10°}{\cos(10° - 15°)} = 1.06(\text{m})$$

挡土墙顶面和底面的主动土压力强度分别为:

挡土墙顶面(A 点)

$$p_a = \gamma h' K_a = 18 \times 1.06 \times 0.479 = 9.1(\text{kPa})$$

挡土墙底面(B 点)

$$p_a = \gamma(h' + H)K_a = 18 \times (1.06 + 5) \times 0.479 = 52.2(\text{kPa})$$

主动土压力强度分布图,如图 6-29 所示。

主动土压力大小为

$$E_a = \frac{1}{2} \times 5 \times (9.1 + 52.2) = 153.3(\text{kN/m})$$

合力作用点距底部的距离为

$$z_a = \frac{2 \times 9.1 + 52.2}{3 \times (9.1 + 52.2)} \times 5 = 1.914(\text{m})$$

合力的作用方向与水平向成 $\alpha + \delta = 10° + 10° = 20°$角。

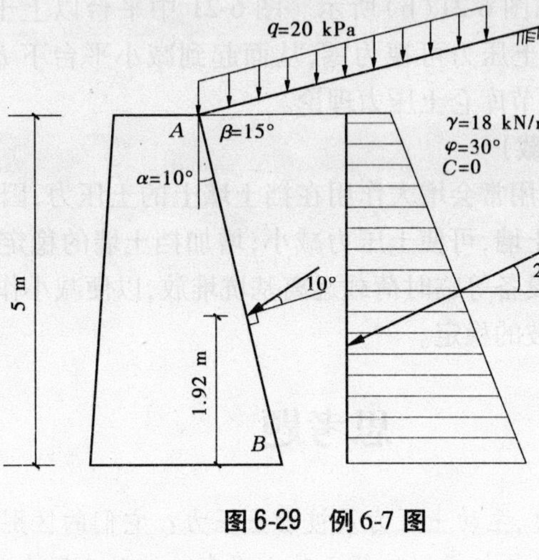

图 6-29 例 6-7 图

三、减小主动土压力的措施

土压力是作用在挡土墙上的主要荷载,减小了作用于挡土墙上的主动土压力,就能减小墙身的设计断面,从而减少工程造价,并使挡土结构的强度和稳定性更加有保证。

减小主动土压力的措施有很多,具体可结合工程情况选用。

(一)墙后回填土的选择

由朗肯土压力公式或库仑土压力公式中可以看出,主动土压力的大小,随着填土的重度 γ 及土的内摩擦角 φ 而变化。γ 越小或 φ 越大,则主动土压力就越小,否则就大。所以,最好选用 γ 越小或 φ 越大的轻质填料,如用煤渣、粉煤灰等轻质填料;而内摩擦角 φ 值大的填料可用砂、砾、石块等,能使主动土压力显著降低,并且这些粗料的内摩擦角受浸水的影响很小。

由于黏性土的内摩擦角较小,而且其黏聚力还会受浸水而有不同程度的降低,其性质是不稳定的,因此在有些设计中为了安全而不考虑黏聚力作用。当然,如果有施工措施能保证填土的压实度符合规定的要求,土中的地下水就少,从而水对土的黏聚力影响就小,此时就应计入黏聚力作用。此外,黏土还有吸水膨胀性和冻胀性,会产生侧向膨胀压力,对挡土墙的稳定性不利。因此,采用黏性土做墙后填料时,必须做好排水措施,从而减小挡土墙上的土压力。

此外,选择理想填土料的同时,还必须保证填土的施工质量,否则因施工质量问题也会增加土压力。

(二)挡土墙截面形状的选择

根据库仑公式,对于墙背不同倾斜方向的挡土墙,其主动土压力以仰斜墙最小,直立其次,俯斜最大。因此,墙背所受的主动土压力,仰斜墙背较为合理,但具体到采用何种型式的墙背还应根据使用要求、地形和施工等情况综合考虑确定。

另外,还可以通过改变墙的几何形状来减小主动土压力。例如,把直线墙背改为中部凸出的折线形墙背将有利于减小土压力,还可采用如图 6-21(a)所示的卸荷平台。卸荷平台一般设置在墙背中部,此时,平台以上 h_1 高度内,可按朗肯土压力理论计算作用在 AB 面上的土压力,其分布如图 6-21(b)所示。图 6-21 中平台以上土重 G,由卸荷平台 BCD 承担,故平台下 C 点处土压力可视为零,从而起到减小平台下 h_2 段内土压力的作用。具体计算请看本章第一节库仑土压力理论。

(三)减小地面荷载(堆载)

由于填土表面荷载的作用常会增大作用在挡土墙上的土压力,因此必须减小地面荷载,将不必要的堆载远离挡土墙,可使土压力减小,增加挡土墙的稳定性。如施工中将基坑的弃土、施工用材料以及设备等临时荷载远离基坑堆放,以便减小作用于基坑支护结构上的土压力,也利于基坑边坡的稳定。

思考题

6-1 什么是静止土压力、主动土压力及被动土压力?它们的区别是什么?

6-2 朗肯土压力理论是如何得到计算主动土压力与被动土压力公式的?

6-3 库仑土压力理论与朗肯土压力理论的区别何在?

6-4 若挡土墙后填土由多层填土构成,土压力如何计算?应特别注意什么问题?

6-5 挡土墙后填土中存在地下水时,水土分算与水土合算计算土压力的方法有什么区别?

习 题

6-1　图6-30所示挡土墙，墙背垂直、光滑，墙高5 m，墙后填土面水平，求在超载 $q=25\ kN/m^2$ 情况下的主动土压力及分布。

6-2　一挡土墙高6 m，墙背垂直、光滑，填土表面水平。填土分两层，第一层为砂土，第二层为黏性土，各土层的物理力学性质指标如图6-31所示。试求主动土压力，并绘出土压力沿墙高的分布图。

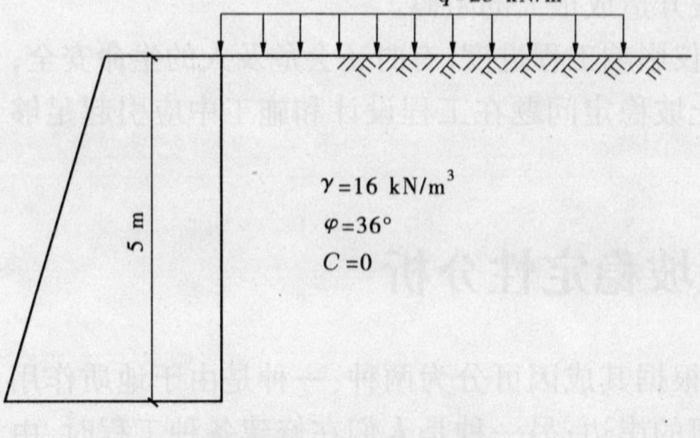

图6-30　习题6-1图

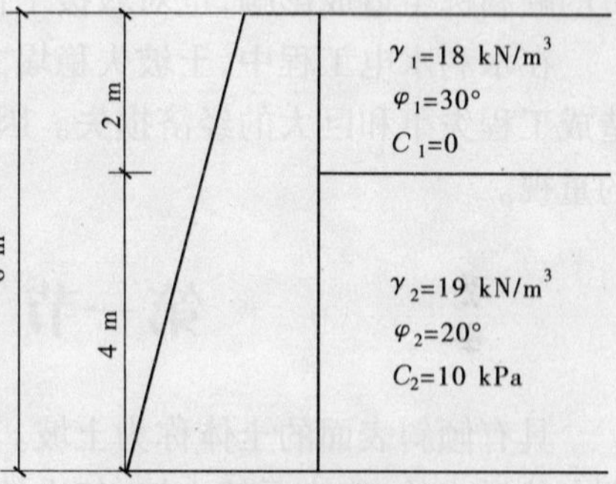

图6-31　习题6-2图

6-3　图6-32所示的挡土墙，墙背垂直、光滑，墙高7 m，墙后填土面水平，其上作用着连续均布荷载 $q=20$ kPa，填土由两层砂土组成，土的物理性质指标及地下水位见图6-32，试求：

(1)主动土压力和水压力分布图。

(2)总的侧压力(土压力和水压力之和)大小。

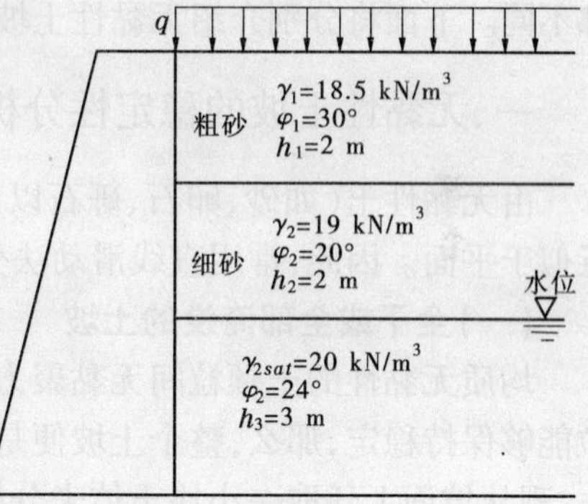

图6-32　习题6-3图

6-4　某挡土墙高4 m，墙背倾角 $\alpha=20°$，填土面倾角 $\beta=20°$，填土的重度 $\gamma=19\ kN/m^3$，$\varphi=30°$，$C=0$。填土与墙背的摩擦角 $\delta=15°$。求主动土压力的合力大小和作用点位置，并求其水平分力和竖直分力值。

6-5　某挡土墙高10 m，墙背倾角 $\alpha=10°$，填土面倾角 $\beta=15°$，填土的重度 $\gamma=18\ kN/m^3$，$\varphi=30°$，$C=0$。填土与墙背的摩擦角 $\delta=15°$。试用库仑土压力理论和库尔曼图解法求挡土墙上的主动土压力大小。

第七章 土坡稳定性分析

【引导性案例】

重庆市武隆县曾发生山体滑坡性地质灾害。此次滑坡产生土石方 2 万余 m^3，由于山体中发生风化，加上大量雨水浸泡，诱发了山体一侧突然发生滑坡灾害。

2008 年 5 月 12 日，四川汶川发生了 8.0 级特大地震，大量的山体滑坡不仅对受灾人员的顺利逃生造成影响，也对救援工作的展开造成很大的阻碍。

在水利水电工程中，土坡失稳塌方，不仅影响工程进度，有时还会危及人的生命安全，造成工程失事和巨大的经济损失。因此，土坡稳定问题在工程设计和施工中应引起足够的重视。

第一节 土坡稳定性分析

具有倾斜表面的土体称为土坡。土坡根据其成因可分为两种：一种是由于地质作用而自然形成的，称为天然土坡，如山坡、江河的岸边；另一种是人们在修建各种工程时，由天然土体中开挖或填筑而成的，称为人工土坡。不同类别的土坡，其滑动形式和分析方法都不同。下面将分别介绍无黏性土坡和黏性土坡的稳定性分析方法。

一、无黏性土坡的稳定性分析

由无黏性土（如砂、卵石、砾石以及风化砾石等）形成的土坡，产生滑坡时，其滑动面近似于平面。因此，常用直线滑动法分析土坡稳定性。

（一）全干或全部淹没的土坡

均质无黏性的土颗粒间无黏聚力，对全干或全部淹没的土坡来说，只要坡面上的土颗粒能够保持稳定，那么，整个土坡便是稳定的。图 7-1（a）所示为一均质无黏性土坡，坡角 β。现从坡面上任取一小块土体来分析其稳定条件。设土块的重量为 W，它在坡面方向产生的下滑力 $T = W\sin\beta$；阻止该土块下滑的力是土块与坡面间的摩擦力 T_f。

$$T_f = N\tan\varphi \tag{7-1}$$

式中 N——土块的重量在坡面法线方向的分力，$N = W\cos\beta$；

φ——土的内摩擦角。

抗滑力与滑动力之比即为土坡稳定安全系数 K，即

$$K = \frac{\text{抗滑力 } T_f}{\text{滑动力 } T} = \frac{W\cos\beta\tan\varphi}{W\sin\beta} = \frac{\tan\varphi}{\tan\beta} \tag{7-2}$$

由式（7-2）可见，对于均质无黏性土坡，只要坡角 β 小于土的内摩擦角 φ，则无论土坡的高度为多少，土坡总是稳定的。当 $K = 1$ 时，土坡处于极限平衡状态，此时的坡角 β 就等于无黏性土的内摩擦角 φ，此时无黏性土坡的滑动面为一平面，这与观测资料是吻

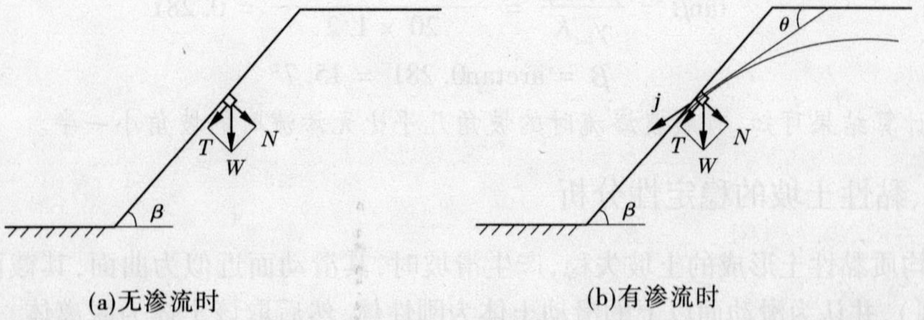

图 7-1　无黏性土坡的稳定性

合的。

为了保证土坡的稳定，必须使安全系数大于 1，安全系数的选取可参照有关规范。一般取 $K = 1.1 \sim 1.5$。

（二）有渗流作用的土坡

当土坡中有渗流通过时，如图 7-1(b)所示，沿渗流出逸方向产生渗透力 $j = i\gamma_w V$。此时，坡面的小土块(体积为 V)除受其自重作用外，还受到渗透力 j 的作用，其值为 $i\gamma_w V$，这样就增大了该土块下滑的滑动力，同时减小了抗滑力。

因此，有渗流作用的无黏性土坡的稳定安全系数为

$$K = \frac{\text{抗滑力}}{\text{滑动力}} = \frac{[V\gamma'\cos\beta - i\gamma_w V\sin(\beta - \theta)]\tan\varphi}{V\gamma'\sin\beta + i\gamma_w V\cos(\beta - \theta)}$$

$$= \frac{[\gamma'\cos\beta - i\gamma_w \sin(\beta - \theta)]\tan\varphi}{\gamma'\sin\beta + i\gamma_w \cos(\beta - \theta)} \tag{7-3}$$

式中　γ'——土体的浮重度，kN/m^3；

γ_w——水的重度，kN/m^3；

其他符号含义如图 7-1(b)所示。

当有顺坡渗流时，此时有 $\beta = \theta$，按照水力学原理，其水力坡降 $i = \sin\beta$，将 θ 及 i 代入式(7-3)得

$$K = \frac{\gamma'\cos\beta\tan\varphi}{\gamma'\sin\beta + \gamma_w \sin\beta} = \frac{\gamma'\tan\varphi}{\gamma_{sat}\tan\beta} \tag{7-4}$$

由式(7-4)可知，在有渗流作用的情况下，无黏性土坡的稳定性比无渗流情况要差。这就是说，已稳定的无黏性土坡，在有渗流作用时，土坡必须变缓才能保持稳定。

【例 7-1】　有一均质的无黏性土坡，其饱和重度 $\gamma_{sat} = 20\ kN/m^3$，内摩擦角 $\varphi = 34°$，试问当安全系数要求达到 1.20 时，在无渗流时和有顺坡渗流时的土坡坡角各为多少？

解：(1)无渗流时：

由式(7-2)可得

$$\tan\beta = \frac{\tan\varphi}{K} = \frac{\tan 34°}{1.20} = 0.562$$

$$\beta = \arctan 0.562 = 29.3°$$

(2)有顺坡渗流时：

由式(7-4)可以求得

$$\tan\beta = \frac{\gamma' \tan\varphi}{\gamma_{sat} K} = \frac{(20-10)\tan 34^\circ}{20 \times 1.2} = 0.281$$

$$\beta = \arctan 0.281 = 15.7^\circ$$

从计算结果可知,有顺坡渗流时的坡角几乎比无渗流时的坡角小一半。

二、黏性土坡的稳定性分析

由均质黏性土形成的土坡失稳,产生滑坡时,其滑动面近似为曲面,其截面近似于圆弧(滑弧),并认为滑动面以上的滑动土体为刚性体,然后取该土体为脱离体,分析其在各种力作用下的稳定性。分析黏性土坡稳定性的方法有很多种,这里主要介绍瑞典圆弧法和条分法。

(一)瑞典圆弧法

图7-2所示为简单黏性土坡,AC为假定的一个滑弧,圆心为O点,半径为R。假定土体ABC为刚体,在重力W的作用下,将绕圆心O旋转。使土体绕圆心O下滑的滑动力矩为$M_S = Wd$。阻止土体滑动的力是滑弧上的抗滑力,其值等于土的抗剪强度τ_f与滑弧AC长度$\hat{L}$的乘积,故阻止土体ABC向下滑动的抗滑力矩(对O点)为$M_R = \tau_f \hat{L} R$。这两个力矩的比值即是土坡的稳定安全系数K,即

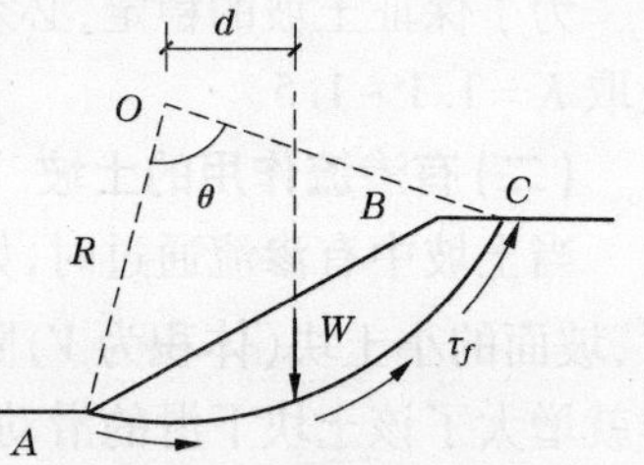

图7-2　瑞典圆弧法示意图

$$K = \frac{M_R}{M_S} = \frac{\tau_f \hat{L} R}{Wd} \tag{7-5}$$

为保证土坡的稳定,稳定安全系数K必须大于1.0。

这个方法首先由瑞典彼得森(Petterson,K. E. ,1915)提出,故称瑞典圆弧法,此方法目前在国内外仍广泛应用。

(二)条分法

对于外形比较复杂、$\varphi > 0$的黏性土坡,特别是土坡由多层土构成时,要确定滑动土体的重量及其重心的位置就比较复杂。滑动面上的抗剪强度又分布不均,而是与各点的法向压力有关,故在土坡的稳定性分析中常将滑动土体分成若干垂直土条,求各土条对滑弧圆心的滑动力矩和抗滑力矩,分别求其总和,然后按照式(7-5)求该土坡的稳定安全系数,这就是常用的条分法。常用的条分法有太沙基公式法和毕肖甫公式法。

1. 太沙基公式

在图7-3(a)中将滑动土体ABC分成若干竖条,取其中第i条分析其受力情况(见图7-3(b))。作用于土条的力包括土条的自重W_i,土条两侧的推力及摩擦力P_i、P_{i+1}、H_i、H_{i+1}及土条cd的径向反力N_i和切向反力T_i,如图7-3(b)所示。求解N_i的数值,必须知道土条两侧P_i、P_{i+1}、H_i、H_{i+1}力的大小和位置,但这是有困难的。目前对P_i、P_{i+1}、H_i、H_{i+1}力的大小和位置做了某些假定,以便按式(7-5)求土坡的稳定安全系数。

工程实践中常常为了简化计算,假定土条两侧P_i、H_i的合力与P_{i+1}、H_{i+1}的合力大小

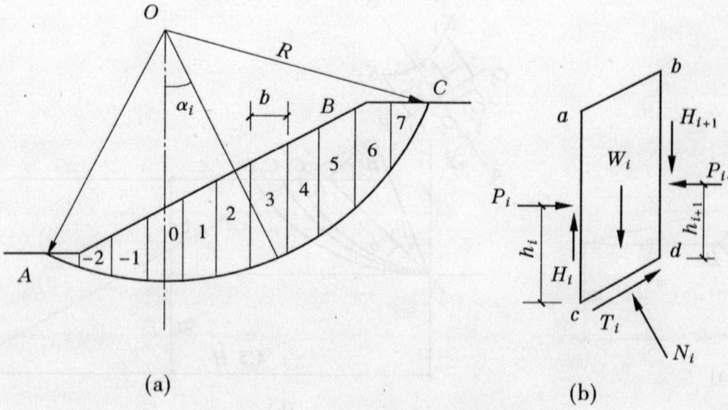

图 7-3　太沙基公式计算示意图

相等、方向相反,且它们的作用线重合。这样作用于该土条的力就仅有 W_i、N_i 和 T_i 了,利用土的平衡条件,即得

$$N_i = W_i\cos\alpha_i \qquad T_i = W_i\sin\alpha_i$$

在滑动面上,由所有土条自重引起的切向力所产生的滑动力矩(对滑动圆心)为

$$\sum T_iR = \sum W_i\sin\alpha_iR$$

由所有土条底部抗剪强度所产生的抗滑力矩(对滑动圆心)为

$$\sum \tau_{fi}l_iR = \sum (N_i\tan\varphi_i + C_il_i)R$$

按式(7-5)求得土坡的稳定安全系数 K 为

$$K = \frac{M_R}{M_S} = \frac{\sum (N_i\tan\varphi_i + C_il_i)R}{\sum W_i\sin\alpha_iR}$$

$$= \frac{\sum (W_i\cos\alpha_i\tan\varphi_i + C_il_i)}{\sum W_i\sin\alpha_i} \tag{7-6}$$

这就是太沙基(1936)提出而被广泛应用的公式。计算经验表明,此式不考虑土条两侧的推力,使算得的稳定安全系数偏低(即偏于安全),但误差不超过 15%。

通过以上这一方法计算所得的稳定安全系数并不代表边坡的真正稳定性,因为边坡的滑动面是任意选取的。假设边坡的一个滑动面,就可计算其相应的安全系数。真正代表边坡稳定程度的稳定安全系数应该是稳定安全系数中的最小值。相应于边坡最小的稳定安全系数的滑动面称为最危险滑动面,它才是土坡真正的滑动面。

确定土坡最危险滑动面圆心的位置和半径是稳定分析中最烦琐、工作量最大的工作。需要通过多次的计算才能完成。这方面费伦纽斯(W. Fellenius)提出的经验方法,对于较快地确定土坡最危险的滑动面很有帮助。

费伦纽斯认为,对于均匀黏性土坡,其最危险的滑动面一般通过坡趾。在 $\varphi=0$ 的边坡稳定性分析中,最危险滑弧圆心的位置可以由图 7-4(a)中 β_1 和 β_2 夹角的交点确定。β_1、β_2 的值与坡角 α 大小的关系,可由表 7-1 查用。

对于 $\varphi>0$ 的土坡,最危险滑动面的圆心位置如图 7-4(b)所示。首先按图 7-4(b)中

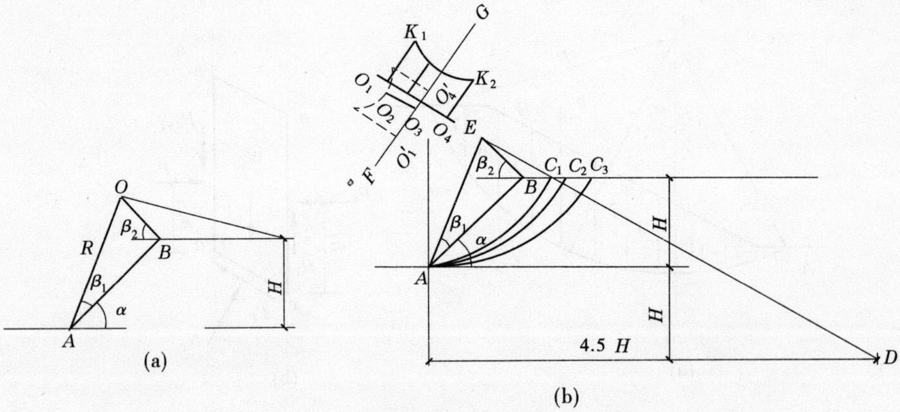

图7-4　最危险滑动圆心的确定方法

所示的方法确定 DE 线。自 E 点向 DE 延长线上取圆心 $O_1, O_2\cdots$ 通过坡趾 A 分别作圆弧 $AC_1, AC_2\cdots$ 并求出相应的边坡稳定安全系数 $K_1, K_2\cdots$

表7-1　各种坡角的 β_1、β_2 值

坡角 α	坡度 $1:m$	β_1	β_2
60°	1:0.58	29°	40°
45°	1:1.0	28°	37°
33°41′	1:1.5	26°	35°
26°34′	1:2.0	25°	35°
18°26′	1:3.0	26°	35°
14°02′	1:4.0	25°	36°
11°19′	1:5.0	25°	39°

然后,再用适当的比例尺标在相应的圆心上,并且连接成安全系数 K 随圆心位置的变化曲线。曲线的最低点即为圆心在 DE 线上时安全系数的最小值。但是真正的最危险滑弧圆心并不一定在 DE 线上。通过这个最低点,引 DE 的垂直线 FG。在 FG 线上,在 DE 延长线的最小值前后再定几个圆心 $O_1', O_2'\cdots$ 用类似步骤确定 FG 线上对应于最小安全系数的圆心,这个圆心才被认为是通过坡趾滑出时的最危险滑动圆弧的中心。

当地基土层性质比填土软弱,或者坝坡不是单一的土坡,或者坝体填土种类不同、强度互异时,最危险的滑动面就不一定从坡趾滑出。这时寻找最危险滑动面位置就更为烦琐。实际上,对于非均质的、边界条件较为复杂的土坡,用上述方法寻找最危险滑动面的位置将是十分困难的。随着计算机技术的发展和普及,目前可以采用最优化方法,通过随机搜索,寻找最危险的滑动面位置。

理正岩土软件就是一个在国内应用较多,也得到认可的计算边坡稳定系数的软件。

2. 毕肖甫公式

太沙基公式没有考虑分条间的推力,在工程实践中引起不少争论。许多人对此进行了研究，为的是在分析中考虑分条间的推力，并满足静力平衡条件，以便合理地确定 N_i 的数值。前人已提出了不少计算方法，下面介绍其中一种比较简单的毕肖甫（Bishop，AW，1955）公式。

当土坡处于稳定状态时（$K>1$），任一土条内滑弧面上的抗剪强度只发挥了一部分，并与切向力 T_i 相平衡（见图 7-5（b）），即

$$T_i = \frac{C_i l_i}{K} + \frac{N_i \tan\varphi_i}{K} \tag{7-7}$$

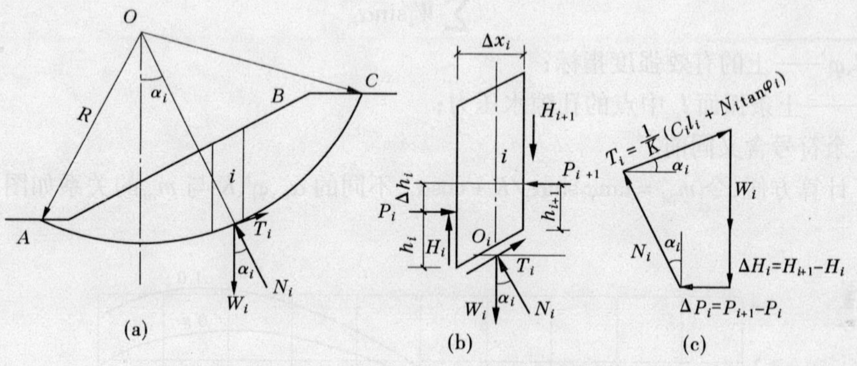

图 7-5　毕肖甫公式计算示意图

如图 7-5（c）所示，将所有的力投影到弧面的法线方向上，则得

$$N_i = [W_i + (H_{i+1} - H_i)]\cos\alpha_i - (P_{i+1} - P_i)\sin\alpha_i \tag{7-8}$$

当整个滑动体处于平衡时（见图 7-5（a）），各土条对圆心的力矩之和应为零。此时条间推力为内力将互相抵消，因此得

$$\sum W_i x_i - \sum T_i R = 0 \tag{7-9}$$

将式（7-7）和式（7-8）代入式（7-9），且 $x_i = R\sin\alpha_i$，最后得到土坡的安全系数为

$$K = \frac{\sum \{C_i l_i + [(W_i + H_{i+1} - H_i)\cos\alpha_i - (P_{i+1} - P_i)\sin\alpha_i]\tan\varphi_i\}}{\sum W_i \sin\alpha_i} \tag{7-10}$$

实际上，毕肖甫建议不计分条间的摩擦力之差。即令 $H_{i+1} - H_i = 0$，式（7-10）可简化为

$$K = \frac{\sum \{C_i l_i + [W_i \cos\alpha_i - (P_{i+1} - P_i)\sin\alpha_i]\tan\varphi_i\}}{\sum W_i \sin\alpha_i} \tag{7-11}$$

所有作用力在铅直及水平向的总和都应为零，即 $\sum F_x = 0$，$\sum F_y = 0$，并结合式（7-7）和 $H_{i+1} - H_i = 0$，得出

$$P_{i+1} - P_i = \frac{\frac{1}{K} W_i \cos\alpha_i \tan\varphi + \frac{C_i l_i}{K} - W_i \sin\alpha_i}{\frac{\tan\varphi_i}{K}\sin\alpha_i + \cos\alpha_i} \tag{7-12}$$

将式（7-12）代入式（7-11），并简化后得到

$$K=\frac{\sum\left(C_il_i+W_i\tan\varphi_i\right)\dfrac{1}{\tan\varphi_i\sin\alpha_i/K+\cos\alpha_i}}{\sum W_i\sin\alpha_i}\tag{7-13}$$

当采用有效应力法分析时，在式(7-13)分子中的 W_i 须采取有效应力计算，即 W_i 应减去孔隙水压力 u_ib_i，并采用有效强度指标 C_i'、φ_i'，则式(7-13)应改写为

$$K=\frac{\sum\left[C_i'l_i+(W_i-u_ib_i)\tan\varphi_i'\right]\dfrac{1}{\tan\varphi_i'\sin\alpha_i/K+\cos\alpha_i}}{\sum W_i\sin\alpha_i}\tag{7-14}$$

式中　C_i'、φ_i'——土的有效强度指标；

u_i——土条弧面 l_i 中点的孔隙水压力；

其余符号含义同前。

为了计算方便，令 $m_{\alpha i}=\tan\varphi_i'\sin\alpha_i/K+\cos\alpha_i$，不同的 α_i、φ_i'、K 与 $m_{\alpha i}$的关系如图 7-6 所示。

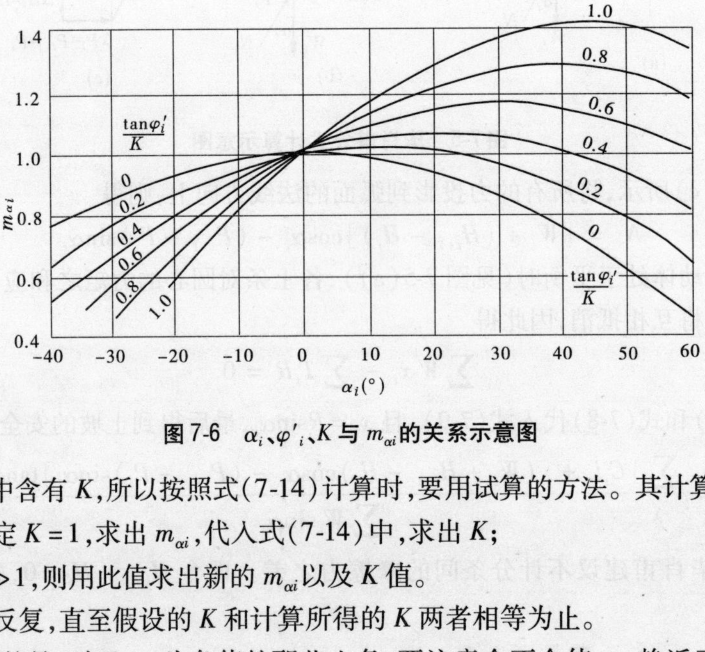

图 7-6　α_i、φ'_i、K 与 $m_{\alpha i}$ 的关系示意图

因为 $m_{\alpha i}$ 中含有 K，所以按照式(7-14)计算时，要用试算的方法。其计算步骤如下：

(1)先假定 $K=1$，求出 $m_{\alpha i}$，代入式(7-14)中，求出 K；

(2)若 $K>1$，则用此值求出新的 $m_{\alpha i}$ 以及 K 值。

(3)如此反复，直至假设的 K 和计算所得的 K 两者相等为止。

值得一提的是，对于 $m_{\alpha i}$ 为负值的那些土条，要注意会不会使 $m_{\alpha i}$ 趋近于 0。如果 $m_{\alpha i}$ 趋近于 0，则采用毕肖甫法计算所得的 K 值就会产生较大的误差，因此不能应用该方法来进行土坡的稳定性分析。

【例 7-2】　一简单黏性土坡如图 7-7 所示，高 25 m，坡比 1∶2，碾压土的重度 $\gamma=20$ kN/m^3，内摩擦角 $\varphi=26.6°$，土的黏聚力 $C=10$ kN/m^2，滑动圆心 O 点如图所示，试分别用太沙基公式法和毕肖甫公式法求土坡的稳定安全系数，并对结果进行比较。

解：将滑动土体只分成 6 个条块，分别计算各条块的重量 W_i、滑动面长度 l_i、滑动面与圆心铅垂线的圆心角 α_i，然后按照太沙基公式法和毕肖甫公式法进行稳定分析计算。

(1)太沙基公式法。

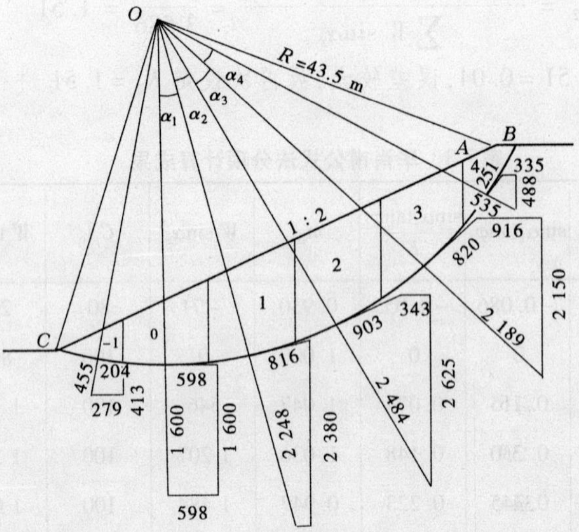

图 7-7

太沙基公式法的各项计算见表 7-2。

表 7-2　太沙基公式法计算成果

条块编号	α_i (°)	W_i (kN)	$\sin\alpha_i$	$\cos\alpha_i$	$W_i\sin\alpha_i$ (kN)	$W_i\cos\alpha_i$ (kN)	$W_i\cos\alpha_i\tan\varphi_i$ (kN)	l_i (m)	C_il_i (kN)
-1	-9.93	412.5	-0.172	0.985	-71	406	203	8.0	80
0	0	1 600	0	1.000	0	1 600	800	10.0	100
1	13.29	2 375	0.230	0.973	546	2 311	1 156	10.5	105
2	27.37	2 625	0.460	0.888	1 207	2 331	1 166	11.5	115
3	43.60	2 150	0.690	0.724	1 484	1 557	779	14.0	140
4	59.55	487.5	0.862	0.507	420	247	124	11.0	110

$$\sum W_i\sin\alpha_i = 3\ 586\ \text{kN} \qquad \sum W_i\cos\alpha_i\tan\varphi_i = 4\ 228\ \text{kN} \qquad \sum C_il_i = 650\ \text{kN}$$

安全系数　$$K = \frac{M_R}{M_S} = \frac{\sum(W_i\cos\alpha_i\tan\varphi_i + C_il_i)}{\sum W_i\sin\alpha_i} = \frac{4\ 228 + 650}{3\ 586} = 1.36$$

(2)毕肖甫公式法

根据太沙基公式法计算所得安全系数 $K=1.36$,毕肖甫公式法的安全系数稍高于太沙基公式法计算所得的安全系数,故假设 $K_1=1.55$,毕肖甫公式法的各项计算见表 7-3。

$$\sum(C_il_i + W_i\tan\varphi_i)\frac{1}{m_{\alpha i}} = 5\ 417\ \text{kN} \qquad \sum W_i\sin\alpha_i = 3\ 586\ \text{kN}$$

安全系数 $$K_2=\frac{\sum(C_il_i+W_i\tan\varphi_i)\frac{1}{m_{\alpha i}}}{\sum W_i\sin\alpha_i}=\frac{5\ 417}{3\ 586}=1.51$$

$K_1-K_2=1.55-1.51=0.04$，误差较大，故再次设定 $K_2=1.51$ 进行第二次迭代。计算各项如表 7-4 所示。

表 7-3　毕肖甫公式法分项计算成果

编号	$\cos\alpha_i$	$\sin\alpha_i$	$\sin\alpha_i\tan\varphi_i$	$\frac{\sin\alpha_i\tan\varphi_i}{K}$	$m_{\alpha i}$	$W_i\sin\alpha_i$	C_il_i	$W_i\tan\varphi_i$	$\frac{C_il_i+W_i\tan\varphi_i}{m_{\alpha i}}$
-1	0.985	-0.172	-0.086	-0.055	0.930	-71	80	206	308
0	1.000	0	0	0	1.000	0	100	800	900
1	0.973	0.230	0.115	0.074	1.047	546	100	1 188	1 230
2	0.888	0.460	0.230	0.148	1.036	1 207	100	1 313	1 364
3	0.724	0.690	0.345	0.223	0.947	1 484	100	1 075	1 241
4	0.507	0.862	0.431	0.278	0.785	420	50	244	374

表 7-4　毕肖甫法第二次迭代计算成果

编号	$\cos\alpha_i$	$\sin\alpha_i$	$\sin\alpha_i\tan\varphi_i$	$\frac{\sin\alpha_i\tan\varphi_i}{K}$	$m_{\alpha i}$	$W_i\sin\alpha_i$	C_il_i	$W_i\tan\varphi_i$	$\frac{C_il_i+W_i\tan\varphi_i}{m_{\alpha i}}$
-1	0.985	-0.172	-0.086	-0.057	0.928	-71	80	206.3	308.5
0	1.000	0	0	0	1.000	0	100	800	900.0
1	0.973	0.230	0.115	0.076	1.045	546	100	1 188	1 232.5
2	0.888	0.460	0.230	0.152	1.040	1 207	100	1 313	1 358.6
3	0.724	0.690	0.345	0.228	0.952	1 484	100	1 075	1 234.2
4	0.507	0.862	0.431	0.285	0.792	420	50	243.8	371.0

$$\sum(C_il_i+W_i\tan\varphi_i)\frac{1}{m_{\alpha i}}=5\ 404.8\ \text{kN}\qquad \sum W_i\sin\alpha_i=3\ 586\ \text{kN}$$

安全系数 $$K_2=\frac{\sum(C_il_i+W_i\tan\varphi_i)\frac{1}{m_{\alpha i}}}{\sum W_i\sin\alpha_i}=\frac{5\ 404.8}{3\ 586}=1.507$$

$K_1-K_2=1.51-1.507=0.003$，计算结果十分近似，故认为用毕肖甫公式法计算所得的安全系数为 $K=1.51$。

由以上两种方法计算结果可知，使用毕肖甫公式法计算所得安全系数要高于太沙基公式法计算所得安全系数。

（三）成层土坡稳定性分析方法

若土坡是由不同土层组成的，如图 7-8 所示，条分法的基本公式仍适用，但应注意的是以下三点：

(1)在划分土条时，应使各土条的滑动面落在同一土层内；

(2)在计算土条重量时，应分层计算，然后叠加，如图 7-8 所示，第 i 土条的重量是 $W_i=(\gamma_1 h_{i1}+\gamma_2 h_{i2}+\gamma_3 h_{i3})b_i$，其中 h_{i1}、h_{i2}、h_{i3} 为土条穿越各土层的厚度。

(3)土的强度指标应按土条弧面所在的土层取用相应的数值。如图 7-8 所示，第 i 土条的弧面处于第三个土层中，则该土条的强度指标采用 C_3、φ_3 值。

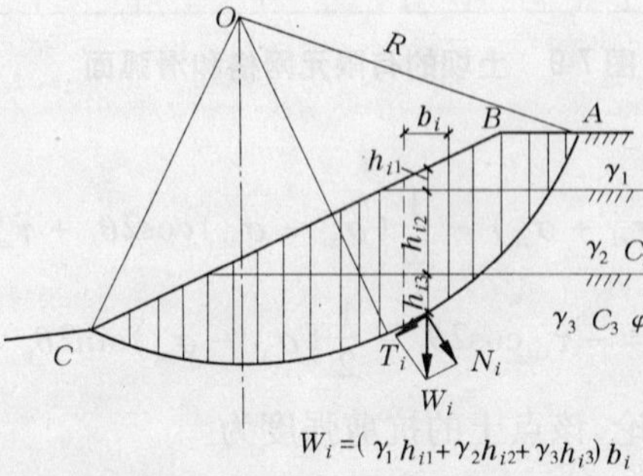

图 7-8　成层土坡条分法计算示意图

因此，对于成层土坡，安全系数 K 的计算公式可写成如下

$$K=\frac{\sum C_i l_i+\sum(\gamma_1 h_{i1}+\gamma_2 h_{i2}+\cdots+\gamma_n h_{in})b_i\cos\alpha_i\tan\varphi_i}{\sum(\gamma_1 h_{i1}+\gamma_2 h_{i2}+\cdots+\gamma_n h_{in})b_i\sin\alpha_i} \tag{7-15}$$

(四)有限元法

条分法的基本思路都是把滑动土体分成有限宽度的土条，把土条当成刚体，根据滑动土体的静力平衡条件和极限平衡条件，求得滑动面上力的分布，从而可以计算出边坡稳定安全系数 K。但是，因为土体是变形体，而并非是刚体。所以，引用分析刚体的办法来分析变形体，并不满足变形协调条件，因而计算出的滑动面上的应力状态不可能是真实的。有限元法就是把土坡当成变形体，按照土的变形特性，计算出土坡内的应力分布，然后，再把圆弧滑动面的概念引入其中，验算滑动土体的整体抗滑稳定性。

有限元法用于土坡稳定分析的优点：

(1)滑动面上的计算应力比较真实。考虑应力应变的非线性和弹塑性。拟静力条分法，存在不少问题，用有限元法计算滑面应力能合理解决。

(2)将稳定和位移的发展联系起来。现场测出位移的发展，可估计安全系数，这对施工中检测和控制边坡的稳定性是十分重要的。

将土坡划分成许多单元体如图 7-9 所示。用有限元法可以计算出每个土单元的应力、应变和每个节点的节点力和位移。这种计算目前已经成为土石坝应力变形分析的常用方法，有各种现成的程序可供应用。

土坡的应力计算出来以后，再引入圆弧滑动面的概念。图 7-9 中表示一个可能的圆弧滑动面。把可能的圆弧滑动面划分成若干个小弧段 Δl_i，小弧段 Δl_i 上的应力用弧段中点的应力代表，其值可以按照有限元法应力分析的结果，根据弧段中点所在单元的应力确定，表示为 σ_{xi}、σ_{zi}、τ_{xzi}。如果小弧段 Δl_i 与水平线的倾角为 θ_i，则作用在弧段上的法向应

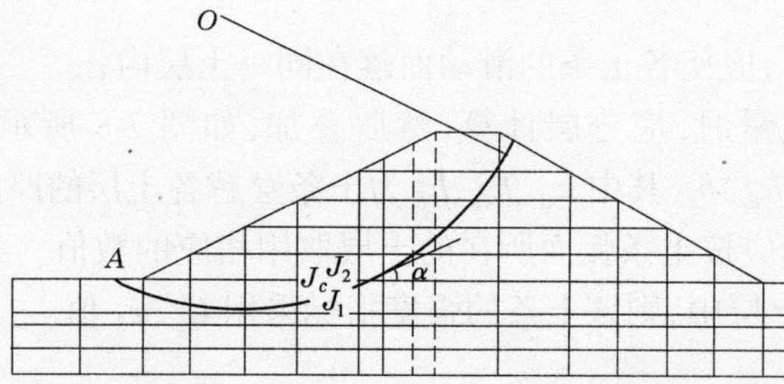

图 7-9　土坝的有限元网格和滑弧面

力和剪应力分别为

$$\sigma_{ni} = \frac{1}{2}(\sigma_{xi} + \sigma_{zi}) - \frac{1}{2}(\sigma_{xi} - \sigma_{zi})\cos 2\theta_i + \tau_{xzi}\sin 2\theta_i \tag{7-16}$$

$$\tau_i = -\tau_{xzi}\cos 2\theta_i - \frac{1}{2}(\sigma_{xi} - \sigma_{zi})\sin 2\theta_i \tag{7-17}$$

根据莫尔－库仑强度理论，该点土的抗剪强度为

$$\tau_{fi} = C_i + \sigma_{ni}\tan\varphi_i \tag{7-18}$$

将滑动面上所有小弧段的剪应力和抗剪强度分别求出来以后，再累加求得沿着滑动面总的剪切力 $\sum\tau_i\Delta l_i$ 和抗剪力 $\sum\tau_{fi}$。因此，边坡稳定安全系数为

$$K = \frac{\sum\limits_{i=1}^{n}(C_i + \sigma_{ni}\tan\varphi_i)\Delta l_i}{\sum\limits_{i=1}^{n}\tau_i\Delta l_i} \tag{7-19}$$

很显然，有限元分析方法的优点是把边坡稳定分析与坝体的应力和变形分析结合起来。这时，滑动土体自然满足静力平衡条件而不必如条分法那样引入人为的假定。但是，当边坡接近失稳时，滑裂面通过的大部分土单元处于临近破坏状态。这时，用有限元法分析边坡内的应力和变形所需要土的基本特性，如变形特性、强度特性等均变得十分复杂，因此要提出一种能反映土体实际受力状况的计算模型。

（五）边坡容许安全系数

在土坡稳定的分析中，从土体材料的强度指标到计算方法，很多因素都无法准确确定。因此，如果计算得到的土坡稳定安全系数等于 1 或稍大于 1，并不表示边坡的稳定性能得到可靠的保证。安全系数必须满足一个最起码的要求，称为容许安全系数。容许安全系数值是以过去的工程经验为依据并以各种规范的形式确定的。因此，采用不同的抗剪强度试验方法和不同的稳定分析方法所得到的安全系数差别甚大，所以在应用规范所给定的土坡稳定容许安全系数时，一定要注意它所规定的试验方法和计算方法。

表 7-5 为 2001 年水利部颁布的《碾压式土石坝设计规范》（SL 274—2001）中的边坡容许安全系数表。表中除注明者外，均适用于瑞典圆弧法。对Ⅰ、Ⅱ级的中、高土石坝以及一些复杂的情况，应同时采用毕肖甫法或其他更严格的方法（如普遍条分法等）进行计算。此时安全系数的容许值，应比表中所规定的值略微提高 10% 左右。对于Ⅰ级土石坝，在正常使用条件下，安全系数不得小于 1.5。

表 7-5　碾压式土石坝边坡容许安全系数

运用条件	工程等级			
	Ⅰ	Ⅱ	Ⅲ	Ⅳ、Ⅴ
正常运用条件	1.30	1.25	1.20	1.15
非常运用条件Ⅰ	1.20	1.15	1.10	1.05
非常运用条件Ⅱ	1.10	1.05	1.05	1.00

注：1. 正常运用条件是指：①水库水位处于正常高水位（或设计洪水位）与死水位之间的各种水位下的稳定渗流期；②水库水位在上述范围内的经常性正常降落；③抽水蓄能电站的水库水位的经常性变化和降落。

2. 非常运用条件Ⅰ是指：①施工期；②校核洪水位下有可能形成稳定渗流的情况；③水库水位的非常降落，如自校核洪水位降落、降落至死水位以下、大流量快速泄空等；④正常运用条件遭遇地震。

3. 非常运用条件Ⅱ是指以上非常运用条件Ⅰ①～③再遭遇地震的情况。

第二节　工程中土体稳定问题

一、滑坡

滑坡是指由于各种自然因素或人为因素的作用而破坏了土体的力学平衡时，土体就沿着其中某一滑面发生滑动。即一部分土体在外因作用下，相对于另一部分土体发生滑动的现象。

滑坡产生的原因有以下两种：

(1)外界力的作用破坏了土体内原来的应力平衡状态。如坡上荷载的增加；土体内含水量的变化；由于渗流力或地震力的作用，使土体内某点的某个方向的剪应力增加。

(2)土体在该方向的抗剪强度由于受到外界各种因素的影响而降低，从而导致剪应力 τ 大于等于抗剪强度 τ_f，土体即发生滑动破坏。所以说土坡失稳的实质是剪切破坏问题。

土坡的稳定分析，就是用土力学的理论来研究发生滑坡时滑裂面可能的位置和形式，滑裂面上剪应力和抗剪强度的大小，抵抗下滑的力素分析以及如何采取措施等问题，以估计土坡是否安全，设计的坡度是否符合技术和经济的要求。影响土坡稳定的因素有很多，主要有：

(1)土坡所处的地质地形条件。

(2)组成土坡的土的物理力学性质。

(3)土坡的几何条件，如坡度和高度。

(4)水对土体的润滑和膨胀作用，及雨水和河流对土体的冲刷和侵蚀作用。

(5)振动液化现象。

(6)土坡下部开挖造成的平衡失调。

大量观察资料表明：黏性土滑坡时其滑动面近似于圆柱面，故在横断面上呈圆弧线；砂性土滑坡时的滑动面近似于平面，故在横断面上呈直线。这个规律为边坡的稳定分析提供了一条简捷的途径,它使滑坡的分析可近似地当做一个平面应变问题来处理,把滑面看做一条圆弧线或一条直线。

二、边坡稳定分析的总应力法和有效应力法

由于许多情况下土体内存在孔隙水压力,因此在讨论边坡稳定计算方法时,作用在滑动土体上的力是用总应力表示还是用有效应力表示,这是一个十分重要的问题。

当土坡中因某种原因存在孔隙水压力,计算摩阻力时如果扣除孔隙水压力,完全由有效应力计算,抗剪强度指标应用有效强度指标,这样的分析方法称为有效应力法。有效应力法的强度表达式为:$\tau = C' + (\sigma - u)\tan\varphi'$。如果不扣除孔隙水压力,摩擦阻力直接用公式 $T_{fi} = N_i \tan\varphi$ 计算,这就是总应力法。

(一)稳定渗流期土坡稳定分析方法

由于坝体内各点的孔隙水压力均能由流网确定,因此原则上用有效应力法分析。

(二)施工期的边坡稳定分析方法

施工期的边坡稳定分析方法可以分别用总应力法和有效应力法,前者不直接考虑孔隙水压力的影响,后者必须先计算施工期填土内孔隙水压力的发生和发展情况,然后才能进行稳定计算。

(三)地震对边坡稳定的影响

地震对边坡稳定的影响有两种作用:一种作用是在边坡土体上附加一个随时间变化的加速度,因而产生随时间变化的惯性力,促使边坡滑动;另一种作用是振动使土体趋于变密,引起孔隙水压力上升,即产生振动孔隙水压力,从而减小土的抗剪强度。对于密实的黏性土,惯性力是主要作用,对于饱和、松散的无黏性土和低塑性黏性土,则第二种作用的影响更大,目前用有效应力法进行地震边坡稳定分析尚有一定的难度,一般情况下均采用总应力法。

为了简化计算,可以先不考虑地震力的作用,求出危险滑动圆心及滑动半径,再以所确定的弧核算地震时土坡的稳定性,这样做的误差不大,可以满足工程要求。另外,对于坡高的土坡,还可以将坡顶和坡底的地震加速度进行平均,以平均加速度作为统一地震加速度进行土坡稳定性分析。

三、关于土坡稳定的几个问题

(一)关于挖方边坡和天然边坡

人工挖出和天然存在的土坡是在天然地层中形成的,但与人工填筑土坡相比有独特之处。对均质挖方土坡和天然土坡稳定性分析,与人工填筑土坡相比,求得的安全系数比较符合实测结果,但对于超固结裂隙黏土,算得的安全系数虽远大于1,表面上看来已稳定,实际上都已破坏,这是由超固结黏土的特性决定的。随着剪切变形的增加,抗剪力增大到峰值强度,随后降至残余值,特别是黏聚力下降较大,甚至接近于零,这些特性对土坡稳定性有很大影响。

(二)关于圆弧滑动法

毕肖甫公式法把滑动面简单地当做圆弧,并认为滑动土体是刚性的,没有考虑分条之

间的推力，或只考虑分条间的水平推力，故计算结果不能完全符合实际，但由于计算概念明确，且能分析复杂条件下土坡稳定性，所以在各国实践中普遍使用。由均质黏土组成的土坡，该方法可使用；但由非均质黏土组成的土坡，如坝基下存在软弱夹层或土石坝等，其滑动面形状发生很大变化，应根据具体情况，采用非圆弧法进行计算比较。不论用哪一种方法，都必须考虑渗流的作用。

(三)土的抗剪强度指标选用问题

选用的土的抗剪强度指标是否合理，对土坡稳定性分析结果有密切关系，如果使用过高的指标值来设计土坝，就有发生滑坡的可能。因此，应尽可能结合边坡实际加荷情况、填料性质和排水条件等，去合理选用土的抗剪强度指标(见表7-6)。

表7-6　抗滑稳定安全系数 K 及相应的抗剪强度指标

抗剪强度指标	容许安全系数	说明
固结快剪	1.10～1.30	土坡上超载 q 引起的抗滑力矩可全部采用或部分采用，视土体在 q 作用下固结程度而定；q 引起的滑动力矩应全部计入
有效剪	1.30～1.50	孔隙水压力采用与计算情况相应的数值
十字板剪	1.10～1.30	需考虑因土体固结引起的强度增长
快剪	1.00～1.20	需考虑因土体固结引起的强度增长；考虑土体的固结作用，可将计算得到的安全系数提高10%

(四)稳定安全系数选用问题

从理论上讲，处于极限平衡状态的土坡，其安全系数 $K=1$。所以，若设计土坡时的 $K>1$，就能满足稳定要求，但实际工程中，有些土坡安全系数虽大于1，还是发生了滑动；而有些土坡安全系数小于1，却是稳定的。这是因为影响安全系数的因素很多，如抗剪强度指标的选用、计算方法的选择、计算条件的选择等。目前对土坡稳定容许安全系数的数值，各部门尚无统一标准，选用时要注意计算方法、强度指标和容许安全系数必须相互配合，并要根据工程不同情况，结合当地已有经验加以确定。

思考题

7-1　土坡失稳的机理是什么？试举例说明有哪些影响土坡稳定的因素。

7-2　计算土坡稳定安全系数 K 时，应如何考虑选用抗剪强度指标？

7-3　有水渗透时土坡稳定计算必须考虑什么的影响？

7-4　如何确定最危险圆弧滑动面？

7-5　用总应力法及有效应力法分析土坡稳定有何不同？各适用于什么情况？

习　题

7-1　已知一挖方土坡，土的物理力学性质指标为：$\gamma=18.9\ \mathrm{kN/m^3}$，$C=11.56\ \mathrm{kPa}$，

$\varphi=10°$,$\beta=60°$,试求稳定安全系数 $K=1.0\sim1.5$ 时,土坡能维持的最大高度 H。

7-2 某工程需开挖基坑,已知地基上 $\gamma=19\ kN/m^3$,$\varphi=10°$,$C=12\ kPa$。试验算:

(1)如果取基坑边坡角 $\beta=60°$,那么要满足安全系数为 $K=1.5$ 的边坡最大安全高度是多少?

(2)如果坡角做成 $\beta=45°$,那么要满足安全系数为 $K=1.5$ 的边坡最大安全高度是多少?

(3)如果开挖高度为 6 m,那么要满足安全系数为 $K=1.5$ 的安全坡角是多少?

7-3 某土条如图 7-10 所示,试根据所给数据,判断当 mm 面上剪力(下滑力)达 48.7 kN/m 时,土条能否下滑。

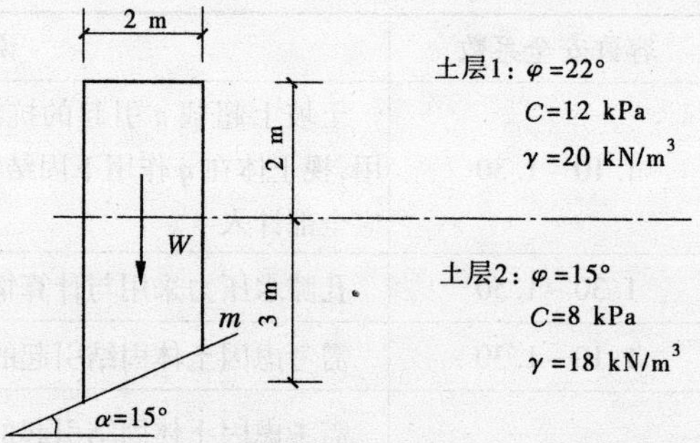

图 7-10 习题 7-3 图

第八章 地基承载力

【引导性案例】

加拿大特朗斯康谷仓的倾倒就是地基发生整体剪切破坏的一个典型实例(见图8-1)。该谷仓由65个圆柱形筒仓组成,高31 m,宽23.5 m,其下为筏板基础,由于事前不了解基础下埋藏有厚达16 m的软黏土层,建成后初次贮存谷物时,基底压力超过了地基极限承载力,致使谷仓西侧突然陷入土中8.8 m,东侧则抬高1.5 m,仓身整体倾斜26°53′。这是地基发生整体滑动、建筑物丧失稳定性的典型范例。由于该谷仓整体性很强,筒仓完好无损。事后在筒仓下增设70多个支承于基岩上的混凝土墩,用388个50 t的千斤顶,才将筒仓纠正过来,但其标高比原来降低了4 m。

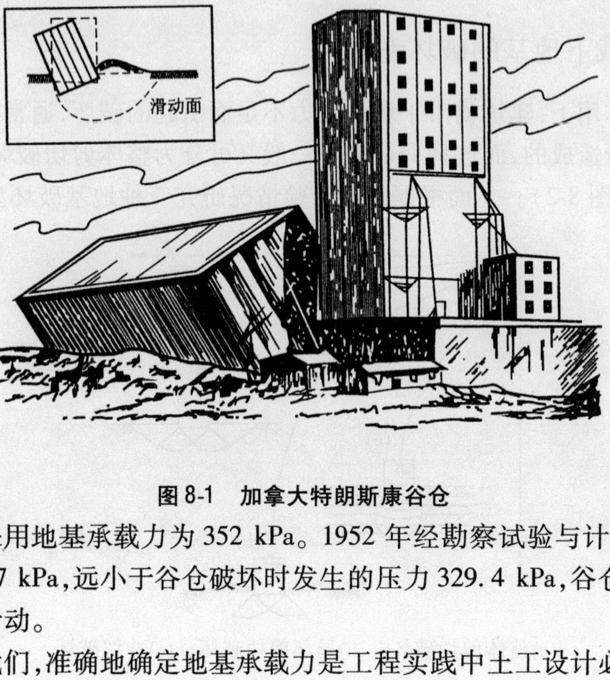

图8-1 加拿大特朗斯康谷仓

该谷仓设计采用地基承载力为352 kPa。1952年经勘察试验与计算,谷仓地基实际承载力为194~277 kPa,远小于谷仓破坏时发生的压力329.4 kPa,谷仓地基因超载发生整体剪切破坏而滑动。

此案例告诉我们,准确地确定地基承载力是工程实践中土工设计必须掌握的基本能力之一。

第一节 地基承载力概念

一、地基承载力概念

(一)地基承载力

地基承载力是指地基所能承受荷载的能力。建筑物荷载作用后,地基内部应力发生变化，表现在两方面：一种是由于地基土产生压缩变形，引起基础过大的沉降量或沉降差，可能导致上部结构开裂、倾斜甚至毁坏；另一种是由于建筑物的荷载过大，超过了基础下持力层土所能承受荷载的能力而使地基产生滑动破坏，即地基的承载能力不足以承受如此大的荷载将导致建筑物倒塌。因此，进行地基基础设计时，地基必须满足如下条件：①建筑物基础的沉降量或沉降差必须在该建筑物所允许的范围之内（变形要求）；②建筑物的基底压力应该在地基所允许的承载能力之内（稳定要求）。

（二）容许承载力与承载力标准值

容许承载力指同时兼顾地基强度、稳定性和变形要求（即正常使用状态）这几个条件时的承载力。《建筑地基基础设计规范》（GB 50007—2002）用承载力标准值取代了容许承载力。地基承载力标准值是根据野外鉴别结果确定的承载力值。

（三）地基承载力特征值

地基承载力特征值是指正常使用极限状态时的地基承载力，即在发挥正常使用功能时地基所允许采用抗力的设计值。它是以概率理论为基础的，也是在保证地基稳定的条件下，使建筑物基础沉降计算值不超过允许值的地基承载力。

二、竖直荷载下地基的破坏型式

在竖直荷载作用下，建筑物由于承载能力不足而引起的破坏，通常是由于基础下持力层土的剪切破坏所造成的，而这种剪切破坏一般又可分为整体剪切破坏、局部剪切破坏和冲切破坏三种（见图 8-2）。下面根据载荷试验情况研究三种地基破坏型式。

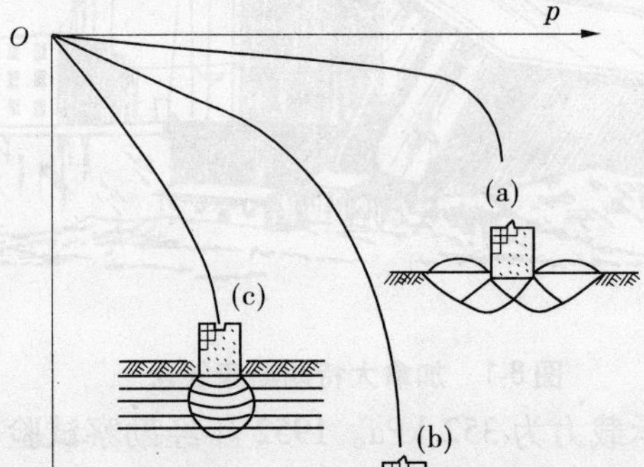

(a)整体剪切破坏；(b)局部剪切破坏；(c)冲切破坏

图 8-2　载荷试验地基破坏型式

（一）整体剪切破坏

当荷载达到某一数值时，首先是基础边缘处的土开始出现剪切破坏，随着荷载的增大，剪切破坏地区也相应地扩大，若荷载继续增大，基础两侧地面隆起，地基土形成滑动面，如图 8-2（a）所示。破坏后，地基中有完整的滑动面，滑动面延伸到地表，地表有隆起。

当地基为密实的砂土或硬黏土，基础埋深很小时，常发生整体剪切破坏。

（二）局部剪切破坏

局部剪切破坏的过程与整体剪切破坏相似，破坏也从基础边缘开始，随着荷载增大，剪切破坏区也相应扩大。但滑动面仅延伸到一定位置即中断，没有延伸到地表面。基础两侧土没有挤出现象，地表只有微量的回升，如图 8-2(b)所示。$p \sim s$ 曲线没有明显的拐点。

一般情况下，基础埋深很浅，地基土为一般黏性土或中密砂土，易产生局部剪切破坏。当基础埋深较大时，无论是砂性土或黏性土地基，局部剪切破坏也是地基最常见的破坏型式。

(三)冲切破坏

在荷载的作用下，基础将随着土的压缩近乎垂直向下移动。当荷载增加并达到某数值时，基础随着土的压缩连续刺入，最后因基础侧面附近土的垂直剪切而破坏。整个过程中，地基中没有滑动面，地表没有隆起，$p \sim s$ 曲线没有明显的拐点。

当地基为松砂(或其他松散结构的土)时，常发生冲切破坏。

三、整体破坏的三个阶段及荷载特征值

(一)直线变形阶段

相应于图 8-3(a)中 $p \sim s$ 曲线上 Oa 段，接近于直线关系。此阶段地基中各点的剪应力小于地基土的抗剪强度，地基处于稳定状态。地基仅有少量的压缩变形(见图 8-3(b))，主要是土颗粒互相挤紧、土体压缩的结果。所以，此变形阶段又称压密阶段。

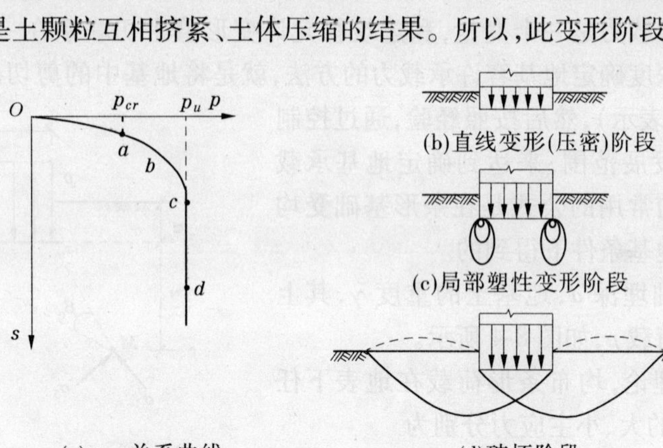

(a)p~s关系曲线 (b)直线变形(压密)阶段 (c)局部塑性变形阶段 (d)破坏阶段

图 8-3　$p \sim s$ 曲线与地基变形三阶段

(二)局部塑性变形阶段

相应于图 8-3(a)中 $p \sim s$ 曲线上的 abc 段。在此阶段中，变形的速率随荷载的增加而增大，$p \sim s$ 关系曲线是下弯的曲线。其原因是在地基的局部区域内，发生了剪切破坏(见图 8-3(c))。这样的区域称塑性变形区。随着荷载的增加，地基中塑性变形区的范围逐渐向整体剪切破坏扩展。所以，这一阶段是地基由稳定状态向不稳定状态发展的过渡性阶段。

(三)破坏阶段

相应于图 8-3(a)中 $p \sim s$ 曲线上的 cd 段。当荷载增加到某一极限值时，地基变形突然增大。说明地基中的塑性变形区已经发展到形成与地面贯通的连续滑动面。地基整体

失稳,基础也随之突然下陷(见图 8-3(d))。

在地基变形过程中,作用在它上面的荷载有两个特征值:一是地基中开始出现塑性变形区的荷载,称临塑荷载 p_{cr};另一个是使地基剪切破坏,失去整体稳定的荷载,称极限荷载 p_u。

四、倾斜荷载下地基的破坏型式

对于挡水和挡土结构的地基,除承受竖直荷载 p_v 外,还受水平荷载 p_h 的作用。p_v 与 p_h 的合力就称为倾斜荷载。

当倾斜荷载较大而引起地基失稳时,其破坏型式有两种:一种是沿基底产生表层滑动,主要是 p_h 过大所造成的,是挡水或挡土建筑物常见的失稳型式;另一种是深层整体滑动破坏,主要是由于 p_h 不大而 p_v 较大导致地基失稳而造成的。

第二节　地基承载力经验确定

一、按塑性变形区发展范围确定地基容许承载力

地基容许承载力是一个变量,和建筑物允许变形值密切联系在一起,常以[p]表示。按塑性区开展深度确定地基容许承载力的方法,就是将地基中的剪切破坏区限制在某一范围内(用深度表示),然后按照经验,通过控制塑性区的允许发展范围,来达到确定地基承载力的目的。目前常用的公式是在条形基础受均布荷载和均质地基条件下得到的。

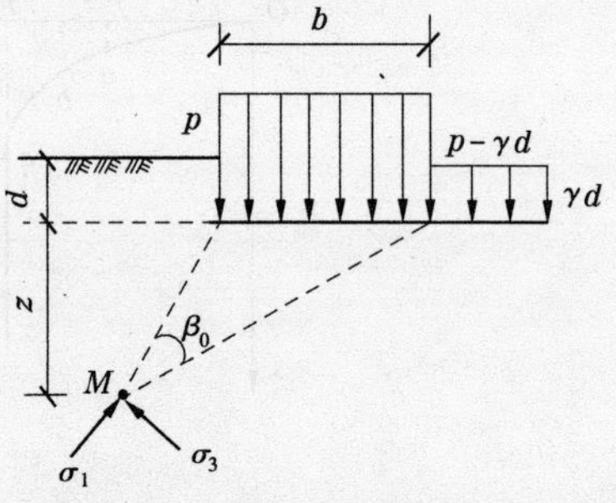

图 8-4　条形均布荷载作用下地基中的主应力

设条形基础埋深 d,地基土的重度 γ,其上作用铅直均布荷载 p,如图 8-4 所示。

根据弹性理论,均布条形荷载在地表下任一点 M 处产生的大、小主应力分别为

$$\left.\begin{matrix}\sigma_1\\ \\ \sigma_3\end{matrix}\right\} = \frac{p-\gamma d}{\pi}(\beta_0 \pm \sin\beta_0) \quad (8\text{-}1)$$

式中　β_0——M 点与基底两侧连线的夹角,称为视角。

M 点的竖向自重应力　$\sigma_{cz} = \gamma(d+z)$　(8-2)

水平向自重应力　$\sigma_{cx} = K_0\gamma(d+z)$　(8-3)

假定土的侧压力系数 $K_0 = 1$,则土的自重应力在各个方向是相等的,则土中任意一点的大、小主应力为

$$\frac{\sigma_1}{\sigma_3} = \frac{p-\gamma d}{\pi}(\beta_0 \pm \sin\beta_0) + \gamma(d+z) \quad (8\text{-}4)$$

当 M 点达到极限平衡状态时,该点的大、小主应力应满足极限平衡条件

$$\sigma_1 = \sigma_3 \tan^2(45° + \frac{\varphi}{2}) + 2C\tan(45° + \frac{\varphi}{2}) \tag{8-5}$$

将式(8-5)代入式(8-4)，整理得塑性区范围

$$z = \frac{p - \gamma d}{\gamma \pi}(\frac{\sin\beta_0}{\sin\varphi} - \beta_0) - \frac{C}{\gamma\tan\varphi} - d \tag{8-6}$$

塑性区的最大深度 z_{max}（某塑性区边界线最低点至基础底面的垂直距离）可以用来作为反映塑性区范围大小的一个尺度。塑性区的最大深度 z_{max} 可由 z 对 β_0 的偏导数等于零得出，有

$$z_{max} = \frac{p - \gamma d}{\gamma \pi}(\cot\varphi - \frac{\pi}{2} + \varphi) - \frac{C}{\gamma\tan\varphi} - d \tag{8-7}$$

若塑性变形区的最大深度 $z_{max} = 0$，则地基处于刚要出现塑性变形区的状态。此时作用在地基上的荷载，称为临塑荷载 p_{cr}，其计算式为

$$p_{cr} = p\big|_{z_{max}=0} = \frac{\pi(C\cot\varphi + \gamma d)}{\cot\varphi - \frac{\pi}{2} + \varphi} + \gamma d = N_c C + N_q \gamma d \tag{8-8}$$

$$N_c = \frac{\pi\cot\varphi}{\cot\varphi - \frac{\pi}{2} + \varphi} \qquad N_q = \frac{\cot\varphi + \frac{\pi}{2} + \varphi}{\cot\varphi - \frac{\pi}{2} + \varphi}$$

式中　γ——地基土的重度，地下水位以下采用浮重度；

N_c、N_q——承载力系数，仅与土的内摩擦角 φ 有关。

对于软土，可取临塑荷载 p_{cr} 作为地基容许承载力，对于一般的土，根据工程经验，当塑性变形区最大深度 z_{max} 等于 1/3 或 1/4 的基础宽度 b 时，地基仍是安全的，为此常取此塑性变形区深度对应的荷载（亦称为临界荷载），作为地基的容许承载力，将 $z_{max} = b/3$ 或 $z_{max} = b/4$ 代入式(8-7)中，可得

$$p_{1/3} = N_{1/3}\gamma b + N_c C + N_q \gamma d \tag{8-9}$$

$$p_{1/4} = N_{1/4}\gamma b + N_c C + N_q \gamma d \tag{8-10}$$

$$N_{1/3} = \frac{\pi}{3(\cot\varphi - \frac{\pi}{2} + \varphi)} \qquad N_{1/4} = \frac{\pi}{4(\cot\varphi - \frac{\pi}{2} + \varphi)}$$

按塑性变形区发展范围确定地基容许承载力时，理论基础是弹性理论。用弹性理论求塑性状态的地基土承载力，是一个理论上的矛盾，但实践证明这种计算方法确实有一定的适用性。

【例 8-1】 有一条形基础，宽度 $b = 3$ m，埋深 $d = 1$ m，地基土的湿重度 $\gamma = 19$ kN/m^3，饱和重度 $\gamma_{sat} = 20$ kN/m^3，土的抗剪强度指标 $C = 10$ kPa，$\varphi = 10°$，试求地基的容许承载力 $p_{1/4}$、$p_{1/3}$ 值。

解：(1) 由 $\varphi = 10°$，得承载力系数 $N_{1/4} = 0.18$，$N_{1/3} = 0.24$，$N_q = 1.73$，$N_c = 4.17$。

代入式(8-9)和式(8-10)得

$$p_{1/3} = N_{1/3}\gamma b + N_c C + N_q \gamma d = 0.24 \times 19 \times 3 + 4.17 \times 10 + 1.73 \times 19 \times 1 = 88.3\ (\text{kPa})$$

$$p_{1/4} = N_{1/4}\gamma b + N_c C + N_q \gamma d = 0.18 \times 19 \times 3 + 4.17 \times 10 + 1.73 \times 19 \times 1 = 84.8\ (\text{kPa})$$

二、按极限荷载确定地基承载力

地基极限承载力是指地基剪切破坏发展到即将失稳时所能承受的最大荷载，亦称地基极限荷载。当荷载增加时，随着地基变形的相应增长，地基承载力也在逐渐增加，很难界定出下一个真正的极限值。而根据现有的计算承载力理论，可以得出不同的值。地基极限承载力的确定，实际上没有一个通用的界定标准，也没有一个适用于一切土类的计算公式，主要依赖工程经验所定下的界限和相应的安全系数加以调整。下面将介绍利用太沙基公式与汉森公式来确定地基承载力。

（一）太沙基极限承载力公式

太沙基极限承载力假定条件：

(1)基础为条形浅基础。

(2)底板完全粗糙。

(3)不考虑基底以上填土的抗剪强度，把它仅看成作用在基底水平面上的超载。

(4)在极限荷载作用下基础发生整体剪切破坏，并且破坏分为三个区（如图8-5所示）。

Ⅰ：弹性压密区。三角形 ABC 为一弹性楔体，与基底面的夹角为 φ。

Ⅱ：径向剪切区。滑动面 CD、CE 为对数螺旋线。

Ⅲ：朗肯被动土压力区。DF、EG 为直线，它与水平面成 $45° - \dfrac{\varphi}{2}$ 角。

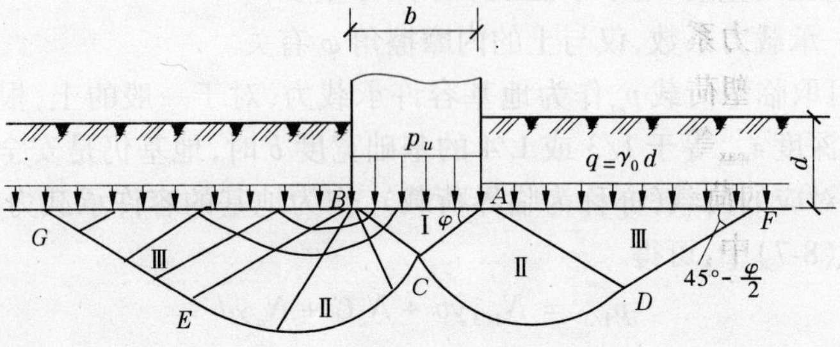

图8-5　太沙基公式滑动面形状

对土楔体 ABC 进行受力分析，并整理得地基极限荷载公式

$$p_u = C\tan\varphi + \frac{2P_p}{b} - \frac{1}{4}\gamma b\tan\varphi \tag{8-11}$$

太沙基从实际工程要求的精度出发，作适当简化，认为浅基础的地基极限承载力可近似地假设为分别由以下三种情况近似结果的总和：

(1)土无质量，有黏聚力和内摩擦角，没有超载，即 $\gamma=0, C\neq0, q=0, \varphi\neq0$。

(2)土无质量、无黏聚力、无内摩擦角，有超载，即 $\gamma=0, C=0, q\neq0, \varphi=0$。

(3)土有质量，没有黏聚力，但有内摩擦角，没有超载，即 $\gamma\neq0, C=0, q=0, \varphi\neq0$。

分别计算三种情况的土压力，然后叠加得太沙基极限承载力公式

$$p_u = CN_c + qN_q + \frac{1}{2}\gamma bN_\gamma \text{（适用于条形基础）} \tag{8-12}$$

式中　q——边荷载，$q=\gamma_0 d$，kPa；

N_c、N_q、N_γ——承载力系数，它们都是无量纲系数，仅与土的内摩擦角 φ 有关，可查图 8-6。

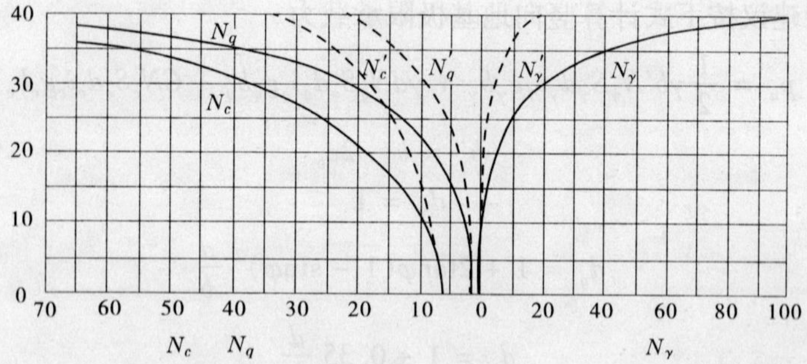

图 8-6 极限承载力系数

对于圆形或方形基础，太沙基提出了半经验的极限荷载公式

圆形基础 $$p_u = 0.6\gamma RN_\gamma + qN_q + 1.2CN_c \tag{8-13}$$

方形基础 $$p_u = 0.4\gamma bN_\gamma + qN_q + 1.2CN_c \tag{8-14}$$

式中 R——圆形基础的半径；

b——方形基础的边长。

对局部剪切破坏情况，由于地基变形量较大，承载力降低，太沙基建议用经验方法调整抗剪强度指标 C 和 φ 来计算地基承载力，即 $\overline{C} = \frac{2}{3}C$，$\tan\overline{\varphi} = \frac{2}{3}\tan\varphi$，极限承载力公式变为

$$p_u = \frac{1}{2}\gamma bN'_\gamma + qN'_q + \frac{2}{3}CN'_c \tag{8-15}$$

式中 N'_γ、N'_q、N'_c——相应于局部剪切破坏情况的承载力系数，可由图 8-6 中的虚线查得。

由上述各个公式求得的极限承载力 p_u，除以安全系数 K，即得到地基的容许承载力。

【例 8-2】 有一条形基础，宽度 $b = 6$ m，$d = 1.5$ m，其上作用中心荷载 $P = 1\,500$ kN/m，地基土质均匀，重度 $\gamma = 19$ kN/m³，土的抗剪强度指标 $C = 20$ kN/m²，$\varphi = 20°$，试验算地基的稳定性（假定基底完全粗糙）。

解：(1) 基底压力：$p = P/b = 1\,500/6 = 250$ (kN/m²)。

(2) 由 $\varphi = 20^0$，查图 8-6 得：$N_c = 18$，$N_q = 7.5$，$N_\gamma = 5$

$$\begin{aligned} p_u &= CN_c + qN_q + \frac{1}{2}\gamma bN_\gamma \\ &= 20 \times 18 + 19 \times 1.5 \times 7.5 + \frac{1}{2} \times 19 \times 6 \times 5 \\ &= 858.8 \ (\text{kN/m}^2) \end{aligned}$$

若取 $K = 2.5$，则 $[p] = p_u/K = 343.5$ (kN/m²)。

因为 $p = 250$ kN/m² $< [p] = 343.5$ (kN/m²)，所以地基是稳定的。

(二)汉森极限承载力公式

对于均质地基基础底面完全光滑，在倾斜荷载作用下，并考虑基础形状、基础埋深及基底倾斜，汉森建议按下式计算竖向地基极限承载力

$$p_u = \frac{1}{2}\gamma b' N_\gamma S_\gamma d_\gamma i_\gamma g_\gamma b_\gamma + \gamma d N_q S_q d_q i_q g_q b_q + C N_c S_c d_c i_c g_c b_c \tag{8-16}$$

$$b' = b - 2e_b$$

$$d_\gamma = 1$$

$$d_q = 1 + 2\tan\varphi(1 - \sin\varphi)^2 \frac{d}{b}$$

$$d_c = 1 + 0.35\frac{d}{b}$$

$$g_\gamma = g_q = (1 - 0.5\tan\beta)^5$$

$$g_c = 1 - \frac{\beta}{147°}$$

$$b_\gamma = \exp(-2.7\eta\tan\varphi)$$

$$b_q = \exp(-2\eta\tan\varphi)$$

$$b_c = 1 - \frac{\eta}{147°}$$

式中 γ——土的重度，地下水位下用浮重度，kN/m^3；

C——地基土的黏聚力，kPa；

d——基础埋深，m；

b'——基础的有效宽度；

e_b——荷载的偏心距，m；

b——基础实际宽度，m；

S_γ、S_q、S_c—基础的形状系数，其值见表 8-1；

i_γ、i_q、i_c——荷载倾斜系数，其值见表 8-2；

d_γ、d_q、d_c——深度修正系数；

g_γ、g_q、g_c——地面倾斜系数；

β——地面倾角；

b_γ、b_q、b_c——基底倾斜系数；

η——基底倾角；

N_γ、N_c、N_q——承载力系数，查图 8-6。

表 8-1 基础的形状系数

基础形状	形状系数	
	S_γ、S_q	S_c
条形	1.0	1.0
矩形	$1+0.3b'/L$	$1-0.4b'/L$
方形及圆形	1.2	0.6

表 8-2 荷载倾斜系数

φ (°)	$\tan\delta$											
	0.1			0.2			0.3			0.4		
	i_γ	i_q	i_c	i_γ	i_q	i_c	i_γ	i_q	i_c	i_γ	i_q	i_c
6	0.64	0.80	0.53									
10	0.72	0.85	0.75									
12	0.73	0.85	0.78	0.40	0.63	0.44						
16	0.73	0.85	0.81	0.46	0.68	0.58						
18	0.73	0.85	0.82	0.47	0.69	0.61	0.23	0.48	0.36			
20	0.72	0.85	0.82	0.47	0.69	0.63	0.26	0.51	0.42			
22	0.72	0.85	0.82	0.47	0.69	0.64	0.27	0.52	0.45	0.10	0.32	0.22
26	0.70	0.84	0.82	0.46	0.68	0.65	0.28	0.53	0.48	0.15	0.38	0.32
28	0.69	0.83	0.82	0.45	0.67	0.65	0.27	0.52	0.49	0.15	0.39	0.34
30	0.69	0.83	0.82	0.44	0.67	0.65	0.27	0.52	0.49	0.15	0.39	0.35
32	0.68	0.82	0.81	0.43	0.66	0.64	0.26	0.51	0.49	0.15	0.38	0.36
34	0.67	0.82	0.81	0.42	0.65	0.64	0.25	0.50	0.49	0.14	0.38	0.36
36	0.66	0.81	0.81	0.41	0.64	0.63	0.25	0.50	0.48	0.14	0.37	0.36
38	0.65	0.80	0.80	0.40	0.63	0.62	0.24	0.49	0.47	0.13	0.37	0.35
40	0.64	0.80	0.79	0.39	0.62	0.62	0.23	0.48	0.47	0.13	0.36	0.35
44	0.61	0.78	0.78	0.36	0.60	0.59	0.20	0.45	0.44	0.11	0.33	0.32
45	0.61	0.78	0.78	0.35	0.60	0.59	0.19	0.44	0.44	0.11	0.33	0.32

注：φ 为内摩擦角，δ 为荷载倾角。

三、确定地基承载力应考虑的因素

（1）基础形状的影响。在用极限荷载理论公式计算地基承载力时是按条形基础考虑的，对于非条形基础应考虑形状不同对地基承载力的影响。

（2）荷载倾斜与偏心的影响。在用理论公式计算地基承载力时，均是按中心受荷考虑的，但荷载的倾斜与偏心对地基承载力是有影响的。

（3）覆盖层抗剪强度的影响。基底以上覆盖层抗剪强度越高，地基承载力显然越高，因而基坑开挖的大小和施工回填质量的好坏对地基承载力有影响。

（4）地下水的影响。地下水位上升会降低土的承载力。

（5）下卧层的影响。确定地基持力层的承载力设计值，应对下卧层的影响作具体的分析和验算。

第三节　规范法确定地基承载力

一、地基承载力特征值的确定

地基承载力特征值可由荷载试验或其他原位测试、公式计算,并结合工程实践经验等方法综合确定。

(一)原位测试确定地基承载力

(1)在地基土上进行载荷试验,直接确定地基的承载力。

(2)用各种特制的仪器测出地基土的物理力学性质指标,并由此推出地基的承载力。其常用方法包括静力触探法、动力触探法、标准贯入试验法、旁压试验法、十字板法等。

(二)现场载荷测试

用做抗力指标的代表值有标准值和特征值。当确定岩土抗剪强度和岩石单轴抗压强度指标时用标准值;由载荷试验确定承载力时取特征值,载荷试验包括深层静载荷试验、浅层静载荷试验、岩基载荷试验、单桩载荷试验、锚杆载荷试验等。这里仅简单介绍静载荷试验(见图 8-7),其他试验参见《建筑地基基础设计规范》(GB 50007—2002)有关附录。

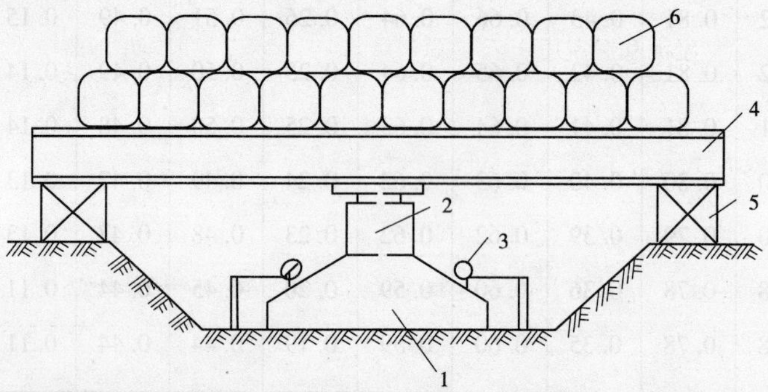

1—载荷板；2—千斤顶；3—百分表；4—平台；5—枕木；6—堆重

图 8-7　静载荷试验

载荷试验是在工程现场通过千斤顶逐级对置于地基土上的载荷板施加荷载,观测记录沉降随时间的发展以及稳定时的沉降量 s,将上述试验得到的各级荷载与相应的稳定沉降量绘制成 $p \sim s$ 曲线,即获得了地基土载荷试验的结果。

承压板面积为 0.25 ~0.5 m^2(一般尺寸:50 cm × 50 cm,70 cm × 70 cm),加荷等级不少于 8 级,第一级荷载(包括设备重量)的最大加载量不应少于设计荷载的 2 倍,一般相当于基础埋深范围的土重。每级加载按 10 min、10 min、10 min、15 min、15 min 间隔测读沉降,以后隔半小时测读,当连续 2 h 内,每小时沉降量小于 0.1 mm 时,则认为已稳定,可加下一级荷载。直到地基达到极限状态为止。

将成果绘成 $p \sim s$ 关系曲线,通过 $p \sim s$ 曲线确定地基承载力特征值:当 $p \sim s$ 曲线上有比例界限时,取该比例界限所对应的荷载值;当极限荷载小于对应比例界限的荷载值 2 倍时,取极限荷载值的一半。若不能按上述要求确定时,可取沉降量与基础宽度比值为

0.01 ~0.015 所对应的荷载，但其值不能大于最大加载量的一半。

二、《建筑地基基础设计规范》(GB 50007—2002)推荐的两个计算地基承载力的公式

(1)当基础的宽度 b 大于或等于 3 m，以及基础的埋深 d 大于或等于 0.5 m 时，从载荷试验或其他原位测试、经验值等方法确定的地基承载力特征值尚需按下式修正

$$f_a = f_{ak} + \eta_b \gamma (b - 3) + \eta_d \gamma_m (d - 0.5) \tag{8-17}$$

式中 f_a——修正后的地基承载力特征值；

f_{ak}——地基承载力特征值；

η_b、η_d——基础宽度和埋深的承载力修正系数，按基底土的类别从表 8-3 中查取；

γ——基础底面以下土的重度，地下水位以下取浮重度，kN/m^3；

γ_m——基础底面以上土的加权平均重度，地下水位以下取浮重度，kN/m^3；

b——基础宽度，m，基础宽度小于 3 m 按 3 m 取值，大于 6 m 按 6 m 取值；

d——基础埋深，m，一般自室外地面标高算起。

表 8-3 承载力修正系数

土的类别		η_b	η_d
淤泥和淤泥质土		0	1.0
人工填土 e 或 I_L 大于等于 0.85 的黏性土		0	1.0
红黏土	含水比 $a_w > 0.8$	0	1.2
	含水比 $a_w \leqslant 0.8$	0.15	1.4
大面积压实填土	压实系数大于 0.95、黏粒含量 $\rho_c \geqslant 10\%$ 的粉土	0	1.5
	最大干密度大于 2.1 t/m^3 的级配砂石	0	2.0
粉土	黏粒含量 $\rho_c \geqslant 10\%$ 的粉土	0.3	1.5
	黏粒含量 $\rho_c < 10\%$ 的粉土	0.5	2.0
e 及 I_L 均小于 0.85 的黏性土		0.3	1.6
粉砂、细砂(不包括很湿与饱和时的稍密状态)		2.0	3.0
中砂、粗砂、砾砂和碎石土		3.0	4.4

注：1. 强风化和全风化的岩石，可参照所风化成的相应土类取值，其他状态下的岩石不修正。

2. 地基承载力特征值按《建筑地基基础设计规范》(GB 50007—2002)深层平板载荷试验确定时 η_d 取 0。

修正后的地基承载力特征值 f_a 是考虑了影响承载力的各项因素后，最终采用的相应于正常使用极限状态下的地基承载力设计值。

(2)当偏心距小于或等于 0.033 倍基础底面宽度时，根据土的抗剪强度指标可按下式确定地基承载力特征值，并应满足变形要求

$$f_a = M_b \gamma b + M_d \gamma_m d + M_c C_k$$

式中 f_a——由土的抗剪强度指标确定的地基承载力特征值,kPa;

M_b、M_d、M_c——承载力系数,它们是土体内摩擦角 φ_k 的函数,按表 8-4 确定;

γ——基础底面以下土的重度,kN/m^3,地下水位以下取浮重度;

γ_m——基础底面以上土的加权平均重度,kN/m^3,地下水位以下取浮重度;

b——基础底面宽度,m,大于6 m 时按6 m 取值,对于砂土小于3 m 时按3 m 取值;

d——基础埋深,m,一般自室外地面标高算起;

C_k——基础底面以下一倍短边宽深度范围内土的黏聚力标准值。

表 8-4　承载力系数 M_b、M_d、M_c

土的内摩擦角标准值 φ_k(°)	M_b	M_d	M_c
0	0	1.00	3.14
2	0.03	1.12	3.32
4	0.06	1.25	3.51
6	0.10	1.39	3.71
8	0.14	1.55	3.93
10	0.18	1.73	4.17
12	0.23	1.94	4.42
14	0.29	2.17	4.69
16	0.36	2.43	5.00
18	0.43	2.72	5.31
20	0.51	3.06	5.66
22	0.61	3.44	6.04
24	0.80	3.87	6.45
26	1.10	4.37	6.90
28	1.40	4.93	7.40
30	1.90	5.59	7.95
32	2.60	6.35	8.55
34	3.40	7.21	9.22
36	4.20	8.25	9.97
38	5.00	9.44	10.80
40	5.80	10.84	11.73

注:φ_k 指基础底面以下一倍短边宽深度范围内土的内摩擦角标准值。

【例 8-3】 有一条形基础受中心荷载,宽度为 7 m,埋深为 1 m,地基土的重度为 19 kN/m^3,水下饱和重度为 20 kN/m^3,经直剪试验得剪切强度指标 $C=10$ kPa,$\varphi=30°$。试求:①无地下水时地基承载力特征值;②若地下水位上升至基础底面,承载力有何变化?

解:(1) 由 $\varphi=30°$ 查表得 $M_b=1.90$,$M_d=5.59$,$M_c=7.95$,取 $b=6$ m。

$$f_a=M_b\gamma b+M_d\gamma_m d+M_c C_k=1.90\times19\times6+5.59\times19\times1+7.95\times10=402.3(\text{kPa})$$

(2) 当地下水位上升至基础底面时,假设土的强度指标 C、φ 值不变,因而承载力系数同上。地下水位以下土的重度采用浮重度 $\gamma'=20-9.8=10.2(kN/m^3)$。将 γ' 及承载力系数代入公式有

$$f_a = M_b\gamma' b + M_d\gamma_m d + M_c C_k$$

$$= 1.90 \times 10.2 \times 6 + 5.59 \times 10.2 \times 1 + 7.95 \times 10 = 252.8(\text{kPa})$$

可见，当地下水位上升时，地基的承载力将降低，对地基的稳定不利。

习　题

8-1　一条形基础，建在砂土地基上，砂土的 $\varphi=28°$，$\gamma=18.5\ \text{kN/m}^3$；或建在软黏土地基上，软黏土的 $\varphi=0$，$C=18\ \text{kPa}$，$\gamma=17.5\ \text{kN/m}^3$，如果埋深均为 1.5 m，分别求出临界荷载 $p_{1/4}$、$p_{1/3}$ 各是多少？若取上述两种地基的 $p_{1/4}$ 相等，哪种基础的埋深应大些？为什么？

8-2　某条形基础如图 8-8 所示，试求临塑荷载 p_{cr}、临界荷载 $p_{1/4}$ 和 $p_{1/3}$，并问地基承载力是否满足（取安全系数 $K=3$）。已知粉质黏土的重度 $\gamma=18\ \text{kN/m}^3$，黏土层 $\gamma=19.8\ \text{kN/m}^3$，$C=15\ \text{kPa}$，$\varphi=25°$，作用在基础底面的荷载 $p=250\ \text{kPa}$。

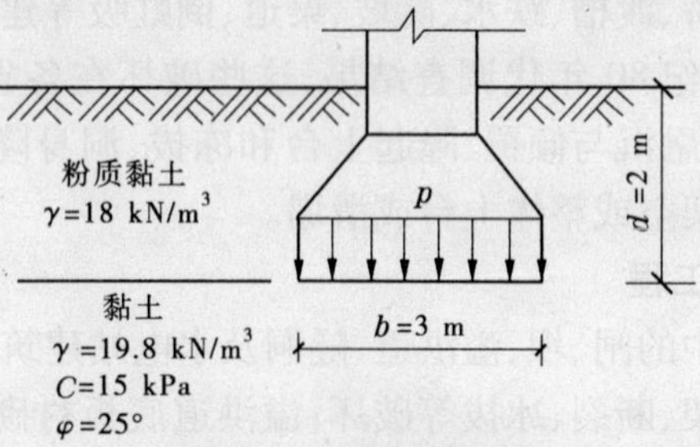

图 8-8　习题 8-2 图

8-3　一黏土层，$\gamma=18.5\ \text{kN/m}^3$，$\varphi=15°$，$C=46\ \text{kPa}$，欲在其上面建造建筑物，若基础为方形，$b=2.0$ m，埋深 $d=3.0$ m，试用太沙基方法确定地基承载力。

8-4　一条形基础宽 $b=3.0$ m，埋深 $d=2.0$ m，地基土为砂土，其饱和重度 $\gamma_{sat}=21\ \text{kN/m}^3$，$\varphi=30°$，地下水位与地面齐平，求：(1)地基的极限荷载；(2)埋深不变，宽度变为 6.0 m 的极限荷载；(3)宽度仍为 3.0 m，埋深增至 4.0 m 的极限荷载；(4)从以上三种计算结果可看出什么问题？

8-5　圆形基础直径 10 m，建在均质黏土地基上，埋深 2 m，$\gamma=18\ \text{kN/m}^3$，$\varphi=18°$，$C=20\ \text{kPa}$，用太沙基公式求解极限承载力。如果地基是发生局部剪切破坏，极限承载力又是多少？

第九章 冻土力学

第一节 冻土危害和类型

一、冻土危害

我国为第三冻土大国，冻土面积占国土面积的70%以上，其中季节性冻土占50%以上，冻土对建筑工程危害极大，就水利工程而言，冻土危害表现在以下几个方面。

(一)渠系工程

渠系工程中闸、涵、桥、渡槽、跌水、陡坡、渠道、倒虹吸等建筑物，因受冻胀、融沉冻害，破坏最为严重。据20世纪80年代调查结果，这些破坏在各省均占50%～80%，其破坏特征表现在裂缝与断裂、融沉与倾覆、隆起上台和冻拔、洞身隆起下沉、管节错位脱节、渠道衬砌裂缝鼓胀或隆起架空或整体上台或滑塌。

(二)水利水电枢纽工程

水利水电枢纽工程中的闸、坝、溢洪道、隧洞及水电站建筑物，因冻害而致土石坝护坡鼓起、冰推隆起上移、搭架、断裂、冰拔等破坏；溢洪道底板衬砌鼓胀隆起、裂缝；输水建筑物首部进水口的墩、柱、墙倾斜和裂缝等，闸门无法开启；水工混凝土和浆砌石结构破坏，结构表面产生裂缝、剥落、疏松、露石、露筋等现象。

二、冻土类型

冻土有多种多样的分类，常见有以下几种。

(一)按冻土存在时间长短分类

(1)多年冻土。土冻结状态存在数年，甚至数百年，也称永久冻土。

(2)季节冻土。土冻结状态呈周期性年季节变化，冬冻春化。

(3)短时冻土。土冻结状态只存在几小时或几天。

(二)按冻土平面分布连续性分类

(1)大片连续分布多年冻土。融区分布于大河、大江、大湖之下。

(2)融区成岛状分布的多年冻土。融区与多年冻土相间分布，一般划分指标是多年冻土分布面积大于融区。

(3)岛状分布的冻土。冻土岛分布于融区中。

(三)其他

按冻土温度分类有高温冻土、中温冻土与低温冻土，按冻土含冰量分类有干寒土、少冰、多冰、富冰、饱冰与含土冰层，按冻土形成条件分类有共生冻土(与土层同时形成)、后生冻土(土层堆积之后形成)、多成因冻土等，按季节融化层与多年冻土衔接与否分类有衔接多年冻土与非衔接多年冻土，按冻土硬度和密实度分类有坚硬冻土、塑性冻土与松散冻土等。

此外，还可按母岩类型分类，主要有以下几类：

(1)冻结坚硬岩石，一般含冰量较小，冻融过程形状、体积一般不发生明显变化。

(2)冻结非泥质弱风化岩层，在反复冻融作用下，孔隙、裂隙会不断扩张，强度减弱。

(3)冻结强、中风化泥质岩(泥岩、泥灰岩、泥质片岩、页岩等)，常含大量冰透镜体、脉冰等，融化后成泥状。

(4)冻结黏性土(黏土、亚黏土、亚砂土)，各种冰体均可在其中生存，为含冰量最大的松散土。

(5)冻结砂砾石土，为孔隙胶结冰、斑状冰与包裹冰主要分布母体。

三、冻土的工程分类

冻土的工程分类即以工程应用为目的的冻土分类，是在综合分析冻土的内在规律基础上，并考虑与建筑物基础的相互联系，按其工程性质的好坏，将冻土人为地分成若干个等级。它对于工程地质勘察和设计工作都有一定的指导意义。

(一)分类原则

(1)冻土工程分类要能较充分地反映多年冻土对工程建筑物破坏的主要因素。这些因素主要是：在热作用下使冻土产生融化下沉作用，冬天融化层回冻所产生的冻胀作用，冻土作为地基并保持冻结状态时的强度问题。在我国由于多年冻土区的冻土温度较高，大量的工程破坏主要表现在融沉力一面，因此对多年冻土进行工程分类时以考虑冻土的融沉性为主。

(2)冻土工程分类除考虑工程性质上的差别外，更重要的是要能反映客观存在的差异，使冻土体结构与物理力学性质指标统一起来。冻土的工程性质随土中矿物颗粒骨架和土中冰水含量的变化而变化。当土中水分基本处于未冻水状态时，其性质与融土相似；在矿物颗粒与土中冰水体积之比占优势的条件下，为典型冻土；当冰水与矿物颗粒体积相当时，则为一种过渡状态的土—冰；当冰水占优势，则反映了冰的特性，基本上失去了土的自身特性，而决定冻土中冰含量的主要是土中含水量。

(3)冻土工程分类既要适用于多年冻土，又要基本上适用于多年冻土之上的季节融化层。也就是说，可以同时评价同一垂直面上的多年冻土及其上的季节融化层的工程性质。

(4)注意科学性，以定量数据为依据，同时考虑现场应用的可能性和现实性。

(二)冻土等级划分

根据《冻土工程地质勘察规范》(GB 50324—2001)，按照冻土总含水量和融沉性将地基土划分为5个等级(见表9-1)：Ⅰ——不融沉；Ⅱ——弱融沉；Ⅲ——融沉；Ⅳ——强融沉；Ⅴ——强融陷。

(三)各工程分类类型土的融沉指标

以上各类土的融沉指标见表9-2。这些基本指标的确定主要是按基底下的融深为3 m考虑的。理由是：在我国多年冻土区，一般冷结构建筑物(如桥涵)基底融化深度以3 m

左右最为常见。对采暖的民用房屋(当基础埋深在 2 m 左右时),基底融沉一般在此范围,因此我们认为 3 m 具有一定的代表性。

表 9-1　冻土工程分类融沉方案

土的名称	冻土总含水量 ω(%)	融沉性	级别
碎卵石类土、砾砂、粗砂、中砂	$\omega<10$	不融沉	Ⅰ
(粉黏粒含量<15%)	$\omega\geqslant10$	弱融沉	Ⅱ
	$\omega<12$	不融沉	Ⅰ
碎卵石类土、砾砂、粗砂、中砂	Ⅱ	$12\leqslant\omega<18$	弱融沉
(粉黏粒含量≥15%)	Ⅲ	$18\leqslant\omega<25$	融沉
	Ⅳ	$\omega\geqslant25$	强融沉
	$\omega<14$	不融沉	Ⅰ
	Ⅱ	$14\leqslant\omega<21$	弱融沉
粉砂、细砂	Ⅲ	$21\leqslant\omega<28$	融沉
	Ⅳ	$\omega\geqslant28$	强融沉
黏性土	$\omega<\omega_P$	不融沉	Ⅰ
	$\omega_P\leqslant\omega<(\omega_P+7)$	弱融沉	Ⅱ
	$(\omega_P+7)\leqslant\omega<(\omega_P+15)$	融沉	Ⅲ
	$(\omega_P+15)\leqslant\omega<(\omega_P+35)$	强融沉	Ⅳ
含土冰层	$\omega\geqslant(\omega_P^*+35)$	强融陷	Ⅴ

注:粗颗粒土用起始融化下沉含水量代替 ω_P,泥岩土和含腐殖质土不在本表之列。

表 9-2　工程分类类型土的融沉指标

融沉指标	土的工程类型				
	Ⅰ	Ⅱ	Ⅲ	Ⅳ	Ⅴ
融沉系数 A_0(%)	<1	1~5	5~10	10~25	>25
按 3 m 计算的融沉总量(cm)	<3	3~15	15~30	30~75	>75

Ⅰ类土:除基岩外的最好地基土。一般建筑物可不考虑冻融问题。

Ⅱ类土:为多年冻土较良好的地基土。一般可直接作为建筑物的地基,当基底最大融深控制在 3 m 之内时,一般建筑物均未遭受明显破坏。现场观测表明:当总下沉量在 15 cm之内,无论是房屋或中小桥涵均未发生明显的破坏现象。对于此类土,当建筑物热融深度较大,或其外荷载较大时,应考虑加大基础埋深。

Ⅲ类土:作为建筑物地基时,一般基底融沉不允许超过 1 m。因为它不但有较大融化下沉量和压缩量,而且有较大的冻胀性(指冬天回冻)。因此,利用此类土作为地基时,一般需采取专门措施,如深基、保温、防止基底融化等。

Ⅳ类土:原则上不允许在基底发生融化,宜采用保护冻土的原则设计,或采用桩基、架空基础等。

Ⅴ类土(含土冰层):不但不允许基底融化,还应考虑它的长期流变作用,需进行专门处理,如砂垫层等。

可见,Ⅰ类土基本反映了融土的特性,Ⅱ、Ⅲ类土是典型冻土,Ⅳ类土是冻土—冰的过渡类型,Ⅴ类土基本反映了冰的特性。

第二节　冻土理论简介

一、土冻胀融沉机理

实践证明,土冻结前后的含水量会发生变化,符合水分迁移原理,也称毛细薄膜机理。当土中温度降到摄氏零度时,孔隙水中的自由水首先冻结成冰晶体,随着温度继续下降,若结合水外层也开始结冰,使晶体体积增大,相应地,冰晶体周围土粒的结合水膜因而减薄,土粒就产生了剩余电引力,此其一;另外,由于冰晶体的形成,水膜中的离子浓度相应地增加,从而产生了渗附应力,此其二。在这两种力的作用下,就促使水分由地下向冻结区域移动,进而冰晶体不断增大,从而造成土体体积增大,即产生冻胀现象。

当温度回升,冻土开始融化时,一般来讲,是从冻土上下土层同时开始融化,冰晶融化后不能及时排除,就会大大增加土体压缩性,在上层荷载作用下,地基土体就产生了融沉现象。

经过若干年的冻融循环,就会发生各种各样的工程破坏现象。

二、影响土冻胀因素分析

(一)水分

水分这一内在因素是影响冻胀作用的主导因素之一。

土中的水分存在是造成冻胀的基本条件,但不是所有含水的土都会产生冻胀作用。只有当含水量超过一定的界限时才会发生冻胀。当含水量小于此界限时,土层在冻结过程中表现为“冻缩”现象。因为在含水量较少条件下,虽有部分水冻成冰,但仅充填于部分的土孔隙之中,并不使土体体积增加;而组成土层的矿物颗粒却存在着热胀冷缩现象。因各种矿物颗粒的温度体胀系数均较小,所以即使土层完全干燥(在 105 ℃烘干),在 −25 ℃土温下,其冻缩系数(冻缩高度与原土柱高度之比)小于 0.3%。

在稳定负温条件下(−7 ~ −9 ℃),土层冻胀系数 $\eta\approx0$ 时的含水量称为起始冻胀含水量。它与塑限含水量关系密切,基本呈线性关系。一般认为冻胀系数 $\eta\leqslant1\%$,对建筑物仍是安全的。因此,我们将 $\eta\leqslant1\%$ 时土层的含水量称为安全临界冻胀含水量。从图 9-1(所列均为实验室测值)可见,安全临界冻胀含水量与塑限含水量亦呈线性关系。

土中含水量大于起始冻胀含水量后,土的冻胀作用就明显地表现出来。在封闭系统条件下,冻胀系数随土中含水量增加而增加,最后趋近一个定值,即相当于水结冰的冻胀系数 $\eta=9\%$;当土孔隙完全被水分所饱和时,冻结过程中充填于孔隙之中的水冻结成冰,必将土矿物颗粒挤出,使土体积膨胀。再由于水分重分布作用,原来孔隙中的部分水分转

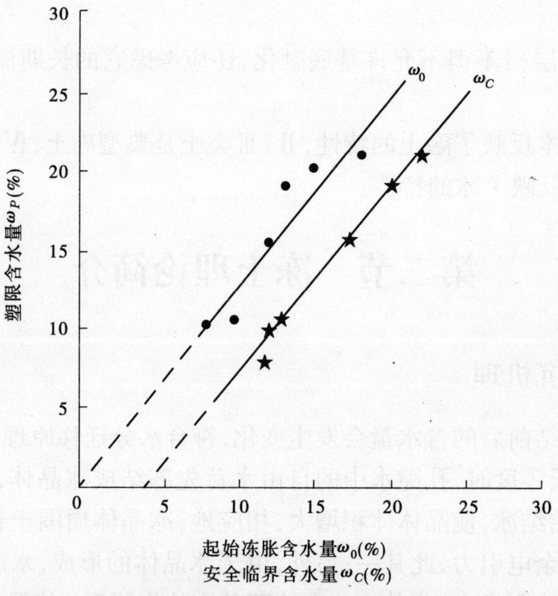

图 9-1 塑限含水量 ω_P 与起始冻胀含水量 ω_0、安全临界含水量 ω_C 的关系

移并冻结成冰透镜体,使土层中形成了新的被冰充填的孔隙。因此,此范围之内的冻胀作用,不但是水分就地冻结形成的膨胀,而且还有相当一部分是由水分转移所形成的冰透镜体所增加的体积,所以冻胀系数增长迅速。当土层含水量处于流动状态,小颗粒悬浮于水中时,冻结后虽亦有水分重分布现象,但土孔隙几乎仍被冰所充填,其体积增加主要是水变成冰所增加的那一部分,与前者相比,冻胀系数随含水量增加而增加的速度变缓;粗颗粒类土的冻胀系数与含水量亦呈线性关系,即 $\eta=(\omega-\omega_0)K$,这是因为粗颗粒类土没有像黏性土那样的明显水分迁移(重分布)能力。

(二)环境温度的影响

它直接影响正在冻结土的冻结速度,温度愈低,冻结速度愈快。大量的实际资料证明,对于开敞系统,即有地下水补给的冻结土,在相同条件下,气温越高(在负温范围内),冻结速度越缓慢,越有利于地下水的补给作用(水分迁移),产生较大的冻胀系数。试验还证明,对于封闭系统,冻结速度对冻胀系数亦有一定影响。对黏土、亚黏土和亚砂土,在含水量均处于液限状态或略大于液限状态下,分别采用 −3.6 ~ −6.0 ℃和 −15 ~ −20 ℃两种环境温度进行对比试验,结果列于图 9-2 中。可见,各种土质在相同含水量下,冻结速度缓慢的土层的冻胀系数均大于冻结速度快的土层的冻胀系数,很明显这是水分分布的结果,在冻结缓慢的土层中常常能见到较多的薄层冰透镜体;而在冻结快的土层中,则较少见到此类现象。

(三)土颗粒组成对冻胀的影响

由于各种类型土对冻胀的敏感性不同,在相同的充分饱水条件下,某些土产生剧烈的冻胀,而另外一些土冻胀作用则很微弱。一般情况下,黏性土的冻胀敏感性比粗颗粒类土的大。粗颗粒类土的冻胀敏感性取决于粉黏粒的含量。试验表明,各种类型的黏性土包括黏土、亚黏土和亚砂土对水的冻胀敏感性较为相似,因此我们将它们归为同一性质的冻胀性土。粗颗粒类土的冻胀敏感性则随着粉黏粒含量的增加而加强(见图 9-3)。

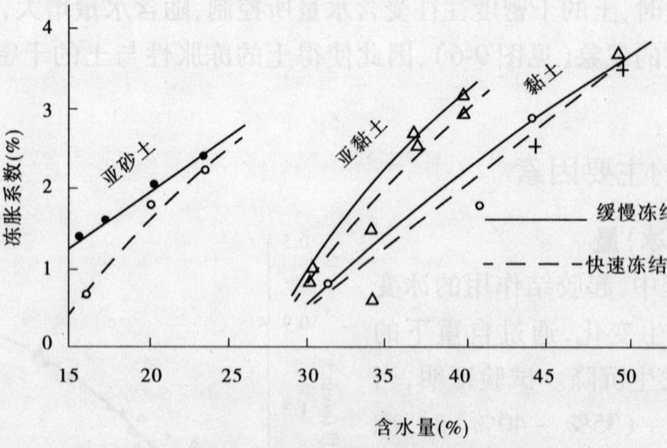

图 9-2　冻结速度对冻胀量的影响

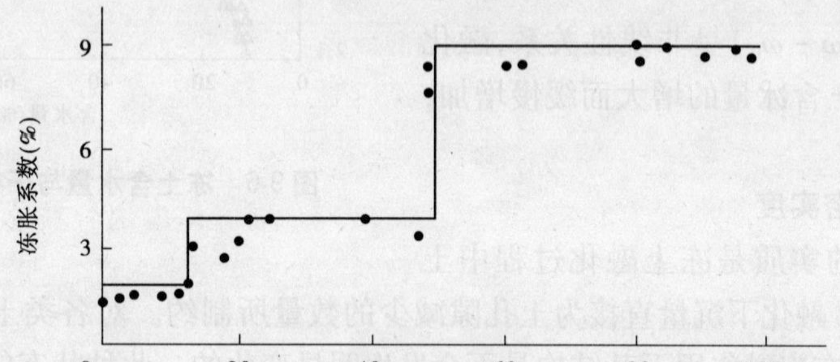

图 9-3　粗颗粒类土中粉黏粒含量与冻胀系数关系

土的密实度对冻胀的影响,由图 9-4 可见,在同一含水量下,因干密度不同,冻胀系数相差几倍。总的变化规律是,在相同条件下,冻胀系数随含水量增大而增大(见图 9-5),因为土的密实度大,孔隙度即小,冻结过程就有较多机会阻碍冰在孔隙中的自由增长,而

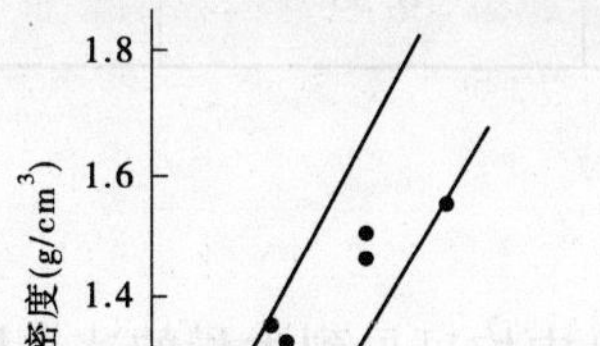

图 9-4　同一含水量(21.2%)时不同密度与冻胀系数的关系

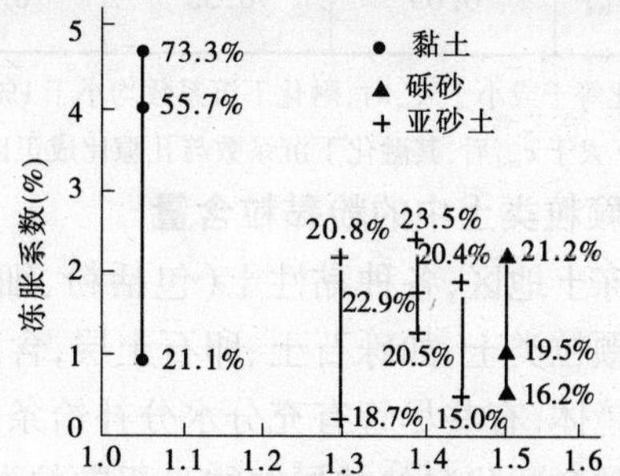

图 9-5　同一干密度下的冻胀系数与含水量的关系

将部分矿物颗粒挤开，使土层体积增大；而密实度较小的土层，即有较大的孔隙度，因此就有较多的自由空间让冰在其中自由增长。

土层含水量较大时，土的干密度往往受含水量所控制，随含水量增大，孔隙度增大，这是现场较为普遍存在的现象（见图9-6），因此使得土的冻胀性与土的干密度也有较好的相关。

三、影响融沉的主要因素

（一）冻土含水（冰）量

冻土在融化过程中，起胶结作用的冰变为水，土层的结构发生变化，通过自重下的排水和压密作用而发生沉降。试验证明，当土的含水量小于 $\omega_P+(35\%\sim40\%)$ 时，冻土融化下沉系数和含水量近似成正比关系，冻土含水量大于 $\omega_P+(35\%\sim40\%)$ 时，融化下沉系数与 $(\omega-\omega_0)$ 呈非线性关系，融化下沉系数随冻土含冰量的增大而缓慢增加，最后趋于100%。

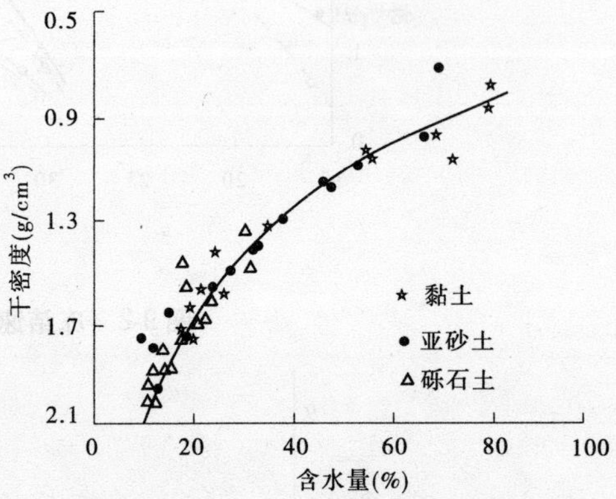

图9-6　冻土含水量与干密度的关系

（二）冻土密实度

融化下沉的实质是冻土融化过程中土孔隙发生变化。融化下沉量直接为土孔隙减少的数量所制约。对各类土，只要不存在所谓的冰大孔隙，在冻融作用下其结构是不会发生明显变化的。此种状态的土，从冻到融均不产生下沉作用，其孔隙比称为最优孔隙比（见表9-3）。

表9-3　几种典型冻结土实测的最优孔隙比 e_{md}

土名	黏土、亚黏土	亚砂土	砾质黏性土	粉黏粒含量大于12%的卵砾石土	粉黏粒含量小于12%的卵砾石土
最优孔隙比 e_{md}	0.65	0.55	0.40	0.35	0.40

注：当土孔隙比等于或小于 e_{md} 时，融化下沉系数均小于1%。

当孔隙比 e 大于 e_{md} 后，其融化下沉系数与孔隙比成正比关系。

（三）粗颗粒类土中的粉黏粒含量

在多年冻土地区，各种黏性土（包括粉、细砂土）中均可见到大量的冰夹层及冰透镜体。而对粗颗粒类土，如砾石土、卵石土层，含冰状况有较大的差别，有些粗颗粒类土含有大量的冰透镜体，有些尽管有充分水分补给条件，却见不到冰透镜体，仅仅在孔隙中充填有冰晶。这种含冰状况的差异往往受粗颗粒类土中粉黏粒含量的控制。不含冰透镜体的粗颗粒类土通常是较为“干净”的，即粗颗粒类土中粉黏粒含量很少。室内试验表明，在充分饱水条件下冻结的粗颗粒类土的融化下沉系数随其粉黏粒成分含量的增加而增大（见图9-7）。

四、土冻胀力

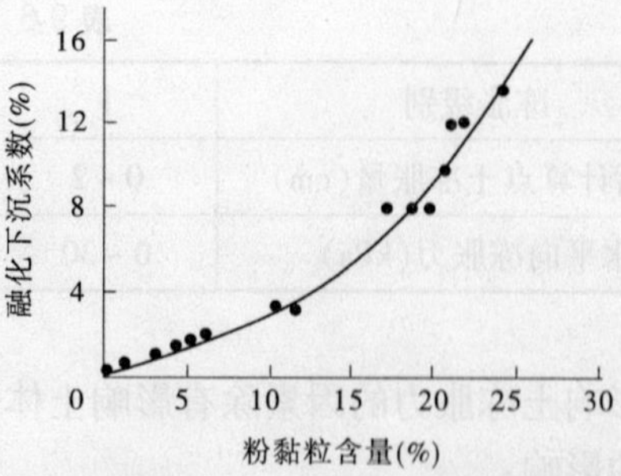

图 9-7　砾石土的粉黏粒含量与融化下沉系数的关系

土冻胀表现为沿着热流方向或垂直等温面方向的位移变形，当这种变形受到约束时，就在约束与基土之间产生冻胀力，通常有切向冻胀力、法向冻胀力和水平向冻胀力。

切向冻胀力是指基础侧面与冻土之间通过胶结作用而产生的上拔作用力，目前切向冻胀力的研究，国内外均根据室内外试验提出了不少计算方法，我国水利行业根据自身特点和试验研究提出了相应的取值，根据土的冻胀级别、冻胀量和建筑物无竖向位移的条件，地基土冻胀时的单位切向冻胀力值可按表 9-4 取值。

表 9-4　地基土冻胀时的单位切向冻胀力值

地表土冻胀量(cm)	0 ~ 2	2 ~ 5	5 ~ 12	12 ~ 22	大于 22
单位切向冻胀力(kPa)	0 ~ 20	20 ~ 40	40 ~ 80	80 ~ 110	110 ~ 150

法向冻胀力是指基底下土体冻胀时对基础底板产生的垂直向上的作用力，其取值目前尚无完善的理论公式计算。当建筑物无法向位移时不同土冻胀级别、不同地表冻胀量、不同基础底板面积的单位法向冻胀力可参照表 9-5 取值。

表 9-5　单位法向冻胀力　　(单位:kPa)

地基土冻胀量(cm)	单块基础底板面积			
	5 m^2	10 m^2	50 m^2	100 m^2 及以上
0 ~ 2	50 ~ 100	30 ~ 60	20 ~ 50	0 ~ 30
2 ~ 5	100 ~ 150	60 ~ 100	50 ~ 80	30 ~ 60
5 ~ 12	150 ~ 210	100 ~ 150	80 ~ 130	60 ~ 100
12 ~ 22	210 ~ 290	150 ~ 220	130 ~ 190	100 ~ 150
大于 22	290 ~ 390	220 ~ 300	190 ~ 260	150 ~ 210

注:1. 同一冻胀性级别中，表中数值应先按冻胀量内插，再按基础底板面积内插。

2. 适于短边尺寸小于 2.0 m 的板型基础，如基础底板面积小于 5 m^2 按 5 m^2 取值。

土体冻结时，土体冻胀受基础的约束，使基础受到水平向推挤力而产生水平位移，这个垂直于基础侧表面的水平推力称为水平向冻胀力。其取值可参照表 9-6。

表 9-6　水平向冻胀力值

冻胀级别	1	2	3	4	5
墙后计算点土冻胀量(cm)	0 ~ 2	2 ~ 5	5 ~ 12	12 ~ 22	大于 22
水平向冻胀力(kPa)	0 ~ 30	30 ~ 50	50 ~ 90	90 ~ 120	120 ~ 170

影响土冻胀力的因素除有影响土体冻胀性的土质条件、水分条件和土温外,还受约束条件的影响:

(1)如果土体冻胀不受约束就只会有冻胀变形而无冻胀力,相反,只有土体受到基础的约束才有冻胀力,而且约束程度越大冻胀力也越大。

(2)基础埋深影响着基础板下的冻结土层厚度,基础埋深越小,基础底板下冻土层厚度越大,法向冻胀力越大,反之则法向冻胀力越小;基础底板下无冻土时则法向冻胀力为零。

(3)由表 9-5 可知,单位法向冻胀力随基础平面尺寸增大而减小,在基础底面积增大到一定值后单位法向冻胀力趋于某个稳定值。

(4)建筑物的材料性质对切向冻胀力影响很大,材料性质主要指材质、粗糙度等,表面光滑的材料与土体胶结弱,则切向冻胀力小。

第三节　水工建筑物防冻

水工抗冻防冻措施主要从消除或减轻冰冻产生条件和增强建筑物抵抗或适应冻融变形的能力及减小冻胀力、冰压力的作用两个方面考虑,对于不同建筑物有相应的防冻措施。

一、渠道衬砌冻害防治

(1)渠床处理措施。采取压实、换填措施。

(2)防渗排水和隔热保温。

(2)衬砌结构型式。刚性材料衬砌、柔性材料衬砌。

(4)回避冻胀措施。架空、置槽措施、埋入(暗管等)。

二、以柱、桩、墩为基础的桥、渡槽等建筑物防冻措施

(1)换填、保温以减少桩周土体冻胀变形。

(2)采取油包桩、活性剂油涂抹桩、套管法等减少或消除冻结力。

(3)结构措施有三点:一是增大结构本身的刚度,增强抵抗破坏的能力;二是允许结构产生一定变形,适应冻胀;三是结构布置紧凑、集中,加大跨度,减少桩数,增加单位面积上的荷重,减少与冻土的接触面积。

三、板型基础的闸、涵洞、陡坡等建筑物防冻

(1)消减或消除土的冻胀性,减少或回避冻胀力和冰压力对建筑物的作用。主要措

施有换填、对地基土进行化学处理、保温法、排水隔层。

(2)结构措施。加强结构强度;允许建筑物有一定的变形,增强适应不均匀冻胀能力。如一字闸、爆扩桩基础、反拱式底板、拱梁结构。

(3)综合措施。就是同时采取多种措施。

四、水工挡土墙防冻

可以采取保温措施、换填措施为主,隔层封闭、排水、结构措施为辅。

五、混凝土冻融防治

采取合理确定混凝土标号、严格控制混凝土水灰比、提高混凝土密实性、掺用引气剂、选择质量好的水泥和骨料、加强施工质量控制、改善建筑物工作条件等措施对混凝土工程进行防治。

思考题

9-1 简述水工建筑物的防冻机理。

9-2 简述冻土工程分级。

9-3 简述水利工程冻害防治一般措施。

第十章　软土地基处理方法

在工程建设中，经常会遇到各种各样的软弱地基或不良地基，这些地基通常情况下不能满足建(构)筑物对地基的要求，需要进行加固处理。需要经过人工加固处理的地基统称为人工地基。复合地基是指天然地基在地基处理过程中部分土体得到增强，或被置换，或在天然地基中设置加筋材料，加固区是由基体(天然地基土体或被改良的天然地基土体)和增强体两部分组成的人工地基。其本质是在荷载作用下，增强体和地基土共同承担上部结构传来的荷载。

地基处理方法较多，按地基特点及土工原理，大致可分为压法、换法、挤法、固法、开挖法等。工程应用时采用何种方法为宜，应综合土质情况、建筑物荷载、施工条件及经济效果等确定。

第一节　复合地基理论

一、复合地基概念

在现代土木工程建设中，土木工程师常会遇到各种各样的软弱地基或不良地基，主要包括软土、杂填土、多年冻土、盐渍土、岩溶、土洞、山区不良地基等，需要进行加固处理。人工地基大致可分为三类：均质地基、双层地基和复合地基。

均质地基是指天然地基在地基处理过程中加固区土体性质得到全面改良，加固区土体的物理力学性质基本上是相同的，加固区的范围，无论是平面位置及深度，与荷载作用对应的地基持力层或压缩层范围相比较都已满足一定的要求，其示意图如图 10-1(a)所示。

双层地基是指天然地基经地基处理形成的均质加固区的厚度与荷载作用面积或者与其相应持力层和压缩厚度相比较小时，在荷载作用影响区内，地基由两层性质相差较大的土体组成。双层地基示意图如图 10-1(b)所示，采用换填法或表层压实法处理形成的人工地基可归属于双层地基。

复合地基是指天然地基在地基处理过程中部分土体得到增强，或被置换，或在天然地基中设置加筋材料，加固区是由基体(天然地基土体或被改良的天然地基土体)和增强体两部分组成的人工地基。在荷载作用下，基体和增强体共同承担荷载的作用。根据地基土体中增强体的方向复合地基又可分为水平向、竖向和斜向增强体复合地基。其示意图如图 10-1(c)、(d)和图 10-2(c)所示。

水平向增强体复合地基中水平向增强体常常是土工聚合物或其他金属杆和板带。在水平向加筋增强体所加固地基中的土工聚合物、镀锌钢片、铝合金等材料充分利用其抗拉性能和与土之间产生的摩擦力承担外荷载。

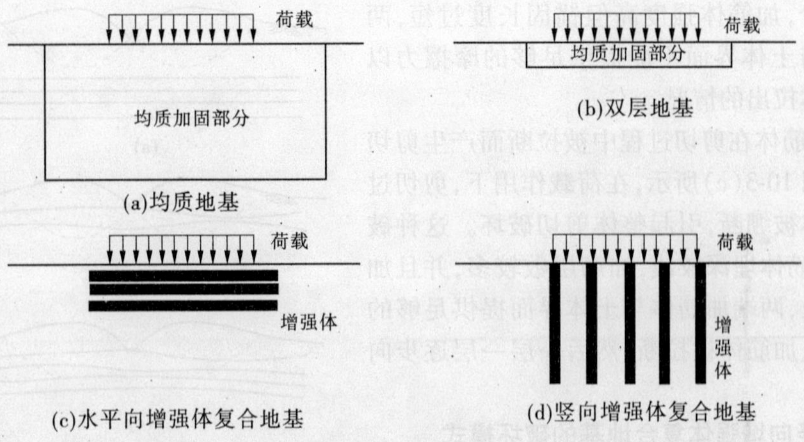

图 10-1　人工地基的分类

竖向增强体复合地基中竖向增强体以桩(柱)或墩的形式出现,通常称为桩体复合地基。根据竖向增强体的性质,桩体复合地基有散体材料桩复合地基、柔性桩复合地基和刚性桩复合地基。

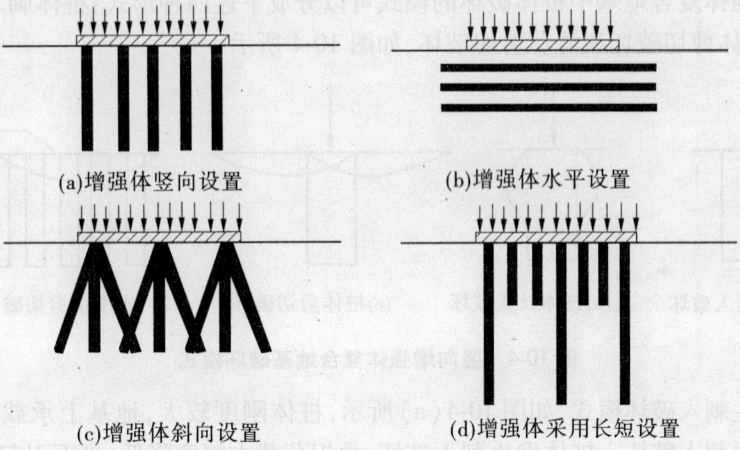

图 10-2　复合地基形式示意图

二、复合地基的破坏模式

(一)水平增强体复合地基通常的破坏模式

(1)加筋体以上土体剪切破坏。如图 10-3(a)所示,在荷载作用下,最上层加筋体以上土体发生剪切破坏,也把它称为薄层挤出破坏。这种破坏模式多发生在加筋体埋深较深、加筋体强度大,并且具有足够锚固长度,加筋层上部土体强度较弱的情况。这种情况下,上部土体中的剪切破坏无法通过加筋层,剪切破坏局限于加筋体上部土体中。

(2)加筋体在剪切过程中被拉出或与土体产生过大相对滑动产生破坏。如图 10-3(b)所示,在荷载作用下,加筋体与土体间产生过大的相对滑动,甚至加筋体被拉出,加筋体复合地基发生破坏而引起整体破坏。这种破坏模式多发生在加筋体埋深较浅,加筋层较少,加筋体强度高但锚固长度过短,两端加筋体与土体界面不能提供足够的摩擦力以阻止加筋体拉出的情况。

(3)加筋体在剪切过程中被拉断而产生剪切破坏。如图 10-3(c)所示,在荷载作用下,剪切过程中加筋体被绷断,引起整体剪切破坏。这种破坏模式,加筋体埋深较浅,加筋层数较多,并且加筋体足够长,两端加筋体与土体界面提供足够的摩擦力防止加筋体被拉断,然后一层一层逐步向下发展。

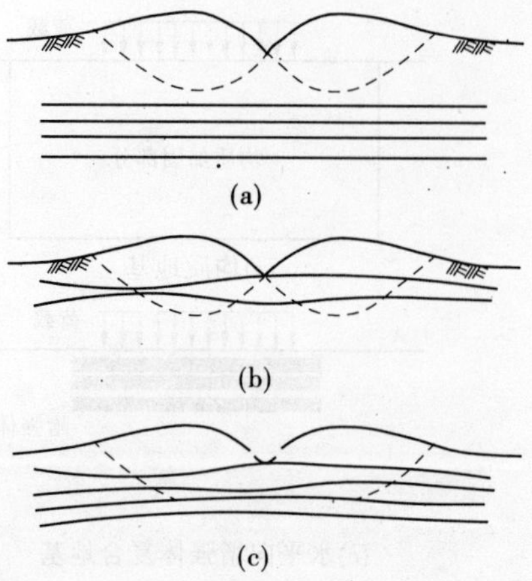

图 10-3 水平向增强体复合地基破坏模式

(二)竖向增强体复合地基的破坏模式

首先可以分成下述两种情况:①桩间土首先破坏进而发生复合地基全面破坏;②桩体首先破坏进而发生复合地基全面破坏。在实际工程中,桩间土和桩体同时达到破坏是很难遇到的。大多数情况下,桩体复合地基都是桩体先破坏,继而引起复合地基全面破坏。

竖向增强体复合地基中桩体破坏的模式可以分成下述四种形式:桩体刺入破坏、桩体鼓胀破坏、桩体剪切破坏和滑动剪切破坏,如图 10-4 所示。

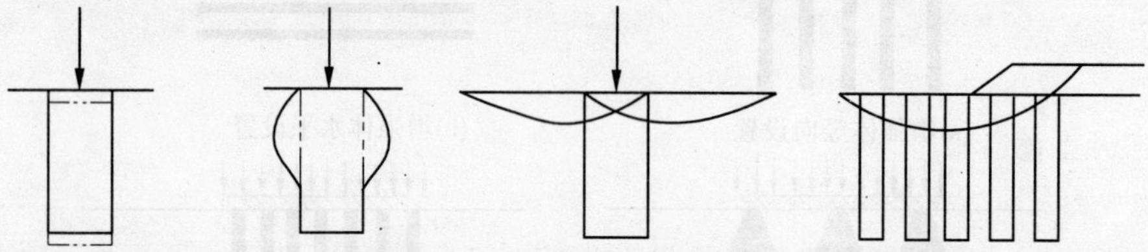

(a)桩体刺入破坏　(b)桩体鼓胀破坏　(c)桩体剪切破坏　(d)滑动剪切破坏

图 10-4 竖向增强体复合地基破坏模式

桩体发生刺入破坏模式,如图 10-4(a)所示,桩体刚度较大,地基上承载力较低的情况下较易发生刺入破坏。桩体发生刺入破坏,承担荷载大幅度降低,进而引起复合地基桩间土破坏,造成复合地基全面破坏。刚性桩复合地基较易发生刺入破坏,特别是柔性基础下刚性桩复合地基更易发生刺入破坏。

桩体鼓胀破坏模式,如图 10-4(b)所示,在荷载作用下,桩周土不能提供桩足够的围压,以防止桩体发生过大的侧向变形,产生桩体鼓胀破坏。在刚性基础下和柔性基础下散体材料桩复合地基均可能发生桩体鼓胀破坏。

桩体剪切破坏模式,如图 10-4(c)所示,在荷载作用下,复合地基中桩体发生剪切破坏,进而引起复合地基全面破坏。低强度的柔性桩较易产生桩体剪切破坏。刚性基础下和柔性基础下低强度柔性桩复合地基均可产生桩体剪切破坏。相比较柔性基础下发生可能性更大。

滑动剪切破坏模式,如图 10-4(d)所示,在荷载作用下,复合地基沿某一滑动面产生滑动破坏。在滑动面上,桩体和桩间土均发生剪切破坏。各种复合地基均可发生滑动破坏。柔性基础下的地基比刚性基础下的地基发生破坏可能性更大。

第二节　软土地基处理

软土地基处理有压法、换法、挤法、固法、开挖及综合措施等,现分述如下。

一、压法

(一)机械碾压法

机械碾压法是利用压路机、推土机、羊足碾或其他压实机械,分层碾压密实松散土体的方法。常处理含水量较低的素填土或杂填土,特别是大面积回填时宜采用,其操作可参照土方工程施工规范。

(二)振动密实法

振动密实法是利用大功率的平板振动器,对地基表层施加振动力,迫使松散土密实的方法。该法较适用于处理粉土、砂土、碎石、炉渣等只含少量黏性土的填料地基。

振动密实效果,除振动力大小外,还与振动频率及振动时间有关。一般采用变速振动机做动力,通过调频试验以适应各种填料对振频的要求。一般而言,振动时间越长,其效果越好,但超过一定时间后,其效果便趋于稳定而不会增加。所以,在施工前应试振,以确定稳定下沉量与振动时间的关系。一般杂填土地基,经振实后承载力可达 100 ~200 kPa,当振动机自重为 2 t,振动力为 100 kN 时,有效深度为 1.2 ~1.5 m。

(三)重锤夯实法

重锤夯实法是利用起重机械将质量大于 1.5 t 的重锤,提升到一定高度让其自由下落,重复夯打以击实地基。它使地基表层密实形成硬壳层,从而提高地基持力层强度,扩散地基附加应力,减少沉降变形。

重锤夯实法适用于处理稍湿的粉土、砂土、湿陷性黄土及杂填土地基。一般锤重 1.5 ~3.2 t,落距 2.5 ~ 4.5 m,夯打 6 ~8 遍,有效夯深可达 1.2 m。经重锤夯实后的杂填土,地基承载力可达 100 ~150 kPa。

(四)强夯法

强夯法是在重锤夯实法基础上发展起来的一种地基处理新技术,又称动力固结法。其加固机理与重锤夯实法截然不同。施工方法是将特大重锤(一般 10 ~40 t)提起,让其从几十米(一般为 10 ~40 m)高处自由下落,对土进行强力冲击。强夯的实质是利用巨大的冲击能(一般为 1 000 ~10 000 kN · m),冲击地表后在土中产生巨大的冲击波及应力,迫使土中孔隙压缩,土体局部液化,夯击点周围产生裂缝,形成良好排水通道,加速土体固结和触变的恢复。

强夯法可广泛用于对杂填土、碎石土、砂土、黏性土、湿陷性黄土等地基的加固处理。经强夯法处理后的地基,其承载力可提高 2 ~5 倍,压缩性降低 200% ~1 000%,处理深度达 10 m 以上,效果十分明显。强夯法的特点是效果好、速度快、省材料,而且不受土类及含水量的限制,但施工时噪音和振动太大,不宜在城市建筑密集区采用。

（五）堆载预压法

在建筑物修建之前，在场地内堆土或其他重物，对地基施加预压，使其逐渐排水固结，当强度提高到设计要求后卸去荷载，再建造建筑物，此即堆载预压法。这种方法适用于处理各类淤泥及淤泥质土和施工场地确定至建筑物正式施工有足够时间的情况。

当土层较厚（>10 m）而固结系数又小时，排水固结所需时间很长，其应用就受限制。预压荷载宜大于设计荷载（一般超过10% ~20%），但不得超过地基极限荷载，否则地基会发生剪切破坏。同时，应分级加载，控制加荷速率，使之与地基的强度增长相适应，还要随时观测地基沉降情况，注意堆载速率对周围建筑物的影响。一般要求堆载中心点地表日沉降量不超过10 mm；要求在预压土体四周打观测边桩（长1.5 ~2.0 m），边桩日水平位移不超过5~10 mm，否则，应立即停止加载。加载小于60 kPa时，可不控制加荷速率。

（六）真空预压法

真空预压法是在砂井顶部铺设砂垫层后，再在砂垫层上铺一层不透气的薄膜（塑料布、橡皮布、黏土膏或沥青），四周埋入土中，将抽气管伸入砂垫层和砂井内，然后用射流泵抽气，使薄膜内保持真空度，促使土体排水固结。如图10-5所示。

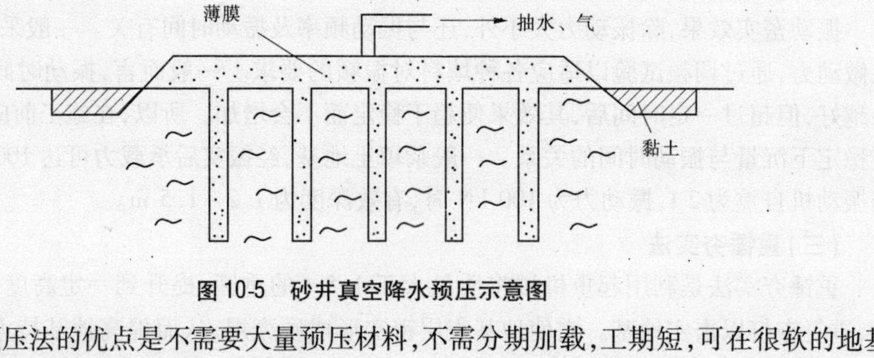

图10-5　砂井真空降水预压示意图

真空预压法的优点是不需要大量预压材料，不需分期加载，工期短，可在很软的地基上采用，而不会引起地基失稳。

二、换法

换法又称换填法、换土法，是将基础下一定深度内的软弱土层挖去，回填强度较高的砂、碎石或灰土等，并夯至密实的一种地基处理方法。当建筑物荷载不大，软弱土层厚度较小时，采用换土垫层法能取得较好的效果。常用的垫层有砂垫层、砂卵石垫层、碎石垫层、灰土或素土垫层、煤渣垫层、矿渣垫层以及用其他性能稳定、无侵蚀性的材料做的垫层等。换土垫层法的作用有提高浅层地基承载力、减少沉降量、加速软弱土层的排水固结、防止冻胀、消除膨胀土的胀缩等。

垫层剖面如图10-6所示，设计应满足地基变形和稳定要求。重点是确定合理的垫层宽度和厚度，防止产生局部破坏。

垫层厚度一般不宜大于3 m。太厚施工较困难，太薄（<0.5 m）则换土垫层的作用不显著。根据下卧层的承载力可先假定一个厚度，按下式进行验算

$$\sigma_{cz} + \sigma_z \leqslant f_z \tag{10-1}$$

式中　f_z——垫层底面处软弱土层的承载力设计值，kPa；

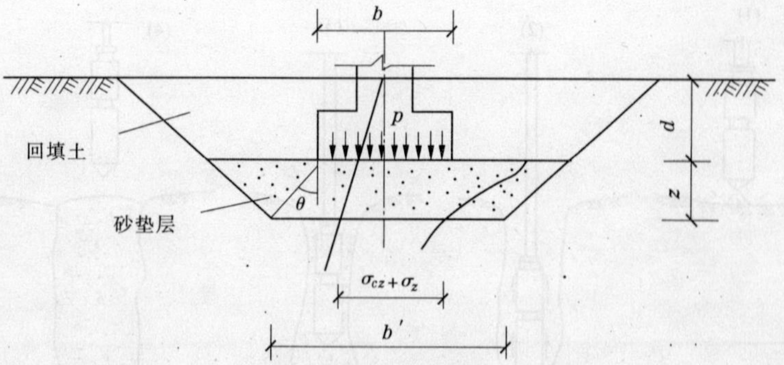

图 10-6　垫层剖面图

σ_{cz}——垫层底面处土的自重应力,kPa;

σ_z——垫层底面处土的附加应力,kPa。

垫层的宽度除要满足应力扩散的要求外,还应防止垫层向两边挤动。如果垫层宽度不足,四周侧面土质又较软弱时,垫层就有可能部分挤入侧面软弱土中,使基础沉降增大。

三、挤法

深层挤密法(挤法)是近代地基加固处理的重要方法之一。先用桩管或振冲器在软弱土中成孔,然后填以土、灰土、生石灰、砂、碎(卵)石等材料,分别形成土桩、灰土桩、石灰桩、砂桩和碎石桩等。深层挤密法成孔过程对软弱土横向挤密,从而使土的抗剪强度提高,压缩性减小。同时承载力和变形模量较大的桩体与桩间土体形成复合地基,共同承受建筑物的荷载。

(一)砂石桩法

砂石桩法是在土中打入或振入桩管成孔,然后填入粗砂或砾石,边拔管边振密实填料,在地基中形成砂石桩。

砂石桩直径一般为 300 ~ 800 mm,加固饱和黏性土地基宜采用大直径,桩间距不宜大于桩径的 4 倍,呈梅花形或正方形分布。桩长主要取决于需要加固的土层厚度和施工设备条件,应穿透可液化土层。砂石挤密桩地基宽度应超出基础的宽度,每边放宽不应少于 1 ~ 3 排,用于防止砂层液化时,尚应根据土层情况适当加宽。

(二)振冲法

振冲法是振动水冲法的简称。利用振冲器喷射压力水振冲成孔,当振冲器下沉至设计深度后,往孔中填入砂、石,同时振动喷水,自下而上振实,形成密实的圆柱形振冲桩。其施工过程如图 10-7 所示。

振冲桩的直径常为 0.8 ~ 1.2 m,桩间距根据荷载和原土抗剪强度确定,一般为 1.5 ~ 2.5 m。桩长不宜小于 4 m,主要根据硬层埋藏深度和建筑物地基变形允许值确定。桩体材料可用碎石、卵石、角(圆)砾等含泥量不大的硬质材料,最大粒径不宜大于 80 mm。

(三)挤水固结法

为改善地基条件,采用挤水固结法,可以加速土中自由水的排泄,促使孔隙水压力快速消散,减少结合水膜厚度,土粒靠拢,粒间联结加强,从而加快了土体的固结,既增加了

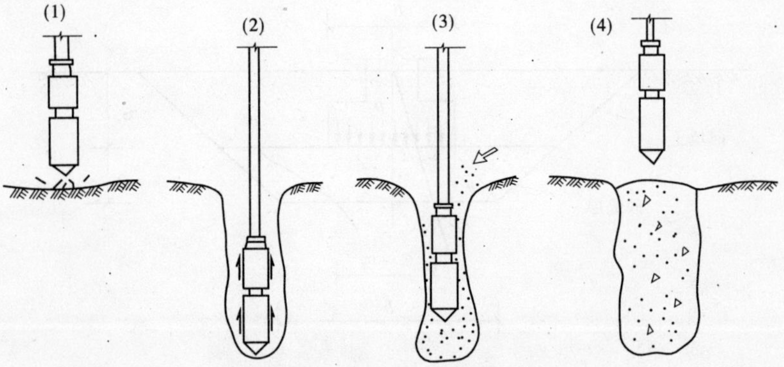

图 10-7　振冲法施工程序示意图

土体的强度，又减少了压缩性。为了缩短排水通道，加速土层的固结，可在需加固处理的土层范围内设置砂井，地表铺一层砂垫层后再施加预压荷载，此亦称砂井堆载预压法（见图10-8）。

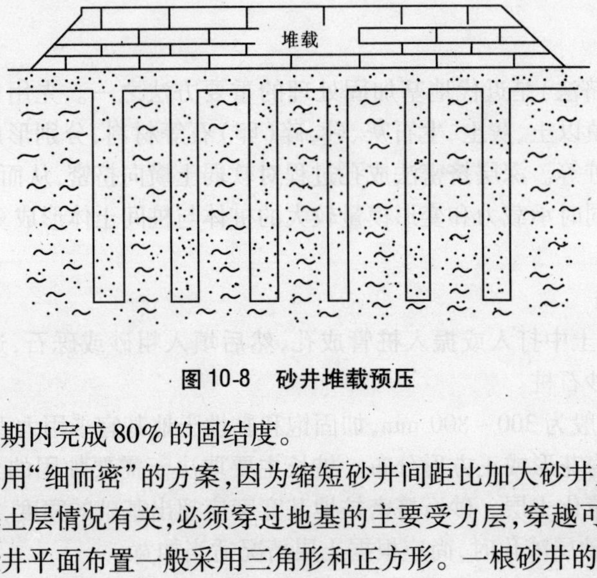

图 10-8　砂井堆载预压

通常要求预压期内完成80%的固结度。

砂井设计应采用“细而密”的方案，因为缩短砂井间距比加大砂井直径效果更好。砂井的长度还与地基土层情况有关，必须穿过地基的主要受力层，穿越可能的滑动面，一般应打到砂土层。砂井平面布置一般采用三角形和正方形。一根砂井的有效排水圆柱体的直径 d_e 与砂井间距 s 的关系，等边三角形布置时 $d_e=1.05s$，正方形布置时 $d_e=1.13s$。

为改善排水条件，挤水固结法必须在地表铺设排水砂垫层。砂垫层砂料宜用中粗砂，其含泥量应小于5%，可混掺少量粒径小于50 mm的石粒，砂垫层厚度宜大于400 mm。

四、固法

固法包括物理加固和化学加固，通过压力灌注或机械搅拌混合等方式，利用水泥浆液或化学浆液将土颗粒胶结起来，从而改善土的性质，提高地基承载力，减少沉降量；其可分为高压喷射注浆法、深层搅拌法、灌浆法、硅化法和碱液法，其中高压喷射注浆法和深层搅拌法较为常用，其具体施工方法可参见有关地基工程施工方面的书籍。

五、开挖及综合措施法

对于处理难度大、成本高的地基也大多采取开挖清除或修建地基工程的措施，或经过技术经济分析，综合运用以上压、挤、换、固等几种地基处理方法。

思考题

10-1　何谓复合地基？复合地基的常用形式有哪些？

10-2　什么是软土？软土有哪些特性？

10-3　地基处理的方法有哪几类？它们的适用条件和效果如何？

10-4　何谓换填法？其适用范围是什么？

10-5　如何确定砂垫层的厚度和宽度？

10-6　强夯法与重锤夯实法在夯实机理和效果上有什么区别？

第十一章 水利工程中较常见的土工设计和施工简介

第一节 地基基础土工设计

地基基础的土工设计内容涉及到土力学知识比较全面，要求在全面掌握土力学有关基底压力计算、地基承载力计算、渗透计算、各种工程验算等基础知识的基础上，还要熟悉工程地基、基础的类型和匹配条件，同时还要求熟悉规范且有一定的工程实践经验等，才能真正做好这方面的工作。现就以下几方面对地基基础的土工设计原理作一简要叙述。

一、设计程序标准

地基基础工程设计主要有深基础设计和浅基础设计两方面的内容，其设计程序一般要经过方案设计、初步设计、技术设计和施工图设计等几个过程。在方案设计或初步设计中主要解决基础的类型、平面布置和结构的问题，主要限于宏观方面，而重大的技术问题要在技术设计中得以解决，在施工图设计中要全面确定地基基础的型式、尺寸、技术参数、工程量等技术经济指标，并且能够按照图纸内容进行施工建造。一般来讲，对于浅基础要遵循以下步骤进行设计：

(1)分析研究设计所必需的建筑场地的工程地质条件和地质勘察资料、建筑材料及施工技术条件资料、建筑物的结构型式、使用要求及荷载分析资料等，综合考虑，选择基础类型、材料、平面布置方案。

(2)选定基础埋深，确定地基承载力。

(3)按地基承载力计算基础底面尺寸。

(4)确定基础剖面尺寸，进行基础结构计算(包括基础内力计算、强度配筋计算)。

(5)进行工程验算，必要时作地基下卧层强度验算、地基变形验算和地基稳定性验算。

(6)绘制基础施工详图，提出必要的施工技术说明。

对于深基础，其设计程序和浅基础大致相同，但是鉴于深基础工作状况和施工条件的特殊性，例如桩基础是依靠基础本身和地基的共同作用承担上部荷载，一般防渗墙同时承担支撑和防渗双重作用等，所以要根据其实际情况进行一些特殊设计。

二、地基、基础类型

地基类型有软基和硬基两种，土力学研究的对象主要是针对软基。软基分类主要有土基和砂砾地基，根据地基土质情况也可以再进行细分；同时，根据地基是否经过人工处理又可以分为天然地基和人工地基。

基础按照埋深分为深基础和浅基础两大类,《建筑地基基础设计规范》(GB 50007—2002)将浅基础分为无筋扩展基础、扩展基础、柱下条形基础、筏形基础和箱形基础等类型,现分述如下。

(一)无筋扩展基础

无筋扩展基础是指砖、灰土、三合土、毛石、混凝土等材料组成的墙下条形基础或柱下独立基础。由于这类基础材料抗拉强度低,不能承受较大的弯矩作用,稍有弯曲变形,即产生裂缝,而且发展很快,以致基础不能正常工作。因此,通常采取构造措施,控制基础的外伸宽度和基础高度。

(二)扩展基础

扩展基础是指柱下钢筋混凝土独立基础和墙下钢筋混凝土条形基础。

(1)柱下钢筋混凝土独立基础有现浇式和预制式两种。墙下基础,若当上层土质松软而下面深处有较好土层时,为了节约基础材料和减少开挖土方量,也可采用墙下独立基础型式。基础上设置钢筋混凝土过梁或砖拱圈来承受墙荷载,下部为钢筋混凝土独立基础。

(2)墙下钢筋混凝土条形基础是墙下基础最主要的型式。钢筋混凝土条形基础使用于建筑物荷载较大而土质较差,需要"宽基浅埋"的场合;但当基础上部纵向荷载或地基土的压缩性不均匀时,为了增强基础的整体性和纵向抗弯能力,减少不均匀沉降,也可以做成带肋的钢筋混凝土条形基础。

(三)柱下条形基础

在框架结构中,当地基软弱而柱荷载较大,且柱距又比较小时,如采用柱下独立基础,可能因基础底面积很大,使基础间的净距很小甚至重叠。为了增加基础的整体刚度、减小不均匀沉降及方便施工,可将同一排的柱基础连在一起成为钢筋混凝土条形基础。若将纵、横两个方向均设置成钢筋混凝土条形基础,则形成十字交叉条形基础。这种基础的整体刚度更大,是多层厂房和高层建筑物中常用的型式。

(四)筏形基础

如地基软弱而荷载较大,以至采用十字交叉条形基础还不能满足要求时,可用钢筋混凝土做成连续整片基础,即筏形基础。它在结构上同倒置的楼盖结构一样,比十字交叉条形基础有更大的整体刚度,能很好地调整地基的不均匀沉降,特别是对有地下防渗要求的建筑物,筏形基础更是一种理想的底板结构。

筏形基础分为平板式和梁板式两种类型。平板式是一块等厚的钢筋混凝土底板,柱子直接支立在底板上。如柱网间距较小,可采用平板式。如柱网间距较大,柱荷载相差也较大时,宜在板上沿柱轴的纵、横向设置基础梁,下设钢筋混凝土底板,做成梁板式筏形基础,以增加基础刚度,使其能承受更大的弯矩。

筏形基础的混凝土强度等级不低于 C30,筏形基础的地下室钢筋混凝土外墙厚度不应小于 250 mm,内墙厚度不应小于 200 mm,墙体设置双面钢筋,直径不小于 12 mm,间距不应大于 300 mm。

(五)箱形基础

箱形基础是由现浇的钢筋混凝土底板,顶板和纵、横隔墙组成的空间整体结构。这种基础具有相当大的整体抗弯刚度，使上部结构不宜开裂，并可利用箱形基础的中空部分作为地下室。由于基础埋深、空腹，可大大减小作用于基础底面的附加压力，减少建筑物的沉降。因此，箱形基础适用于软弱地基、高层和重型建筑物及某些对不均匀沉降有严格要求的设备和构筑物基础。

三、基础埋深确定

基础埋深是指从室外设计地面到基础底面的距离。基础埋深对基础尺寸、施工技术、工期以及工程造价都有较大影响。一般要求在保证地基稳定和变形的前提下，基础尽量浅埋，当上层土地基的承载力大于下层土时，宜利用上层土做持力层。由于影响基础埋深的因素很多，设计时应当着重从以下几方面考虑，综合分析，合理选择。

（一）建筑物用途和结构类型

某些建筑物的特殊用途和结构类型是选择基础埋深的先决条件。如设有地下室、半地下室的建筑物和带有地下设施的建筑物及具有地下部分的设备基础等，其基础埋深就要结合地下部分的设计标高来选定。

（二）基础荷载及基础型式

不同深度地层承载力不同，一般来讲，地层越深承载力越大；基础型式不变，则荷载越大要求基础埋深也越大。

（三）工程地质和水文条件

影响因素有土层厚度、土层分布情况、地下水情况、地基承载力和土的压缩性。

（四）相邻基础埋深

在已有建筑物附近建造新建筑物，其基础埋深一般应小于已有建筑物基础埋深；如果不满足新建建筑物承载力等要求，则应加大基础埋深，并保证已建与新建基础间的安全净距；如果不能满足安全净距要求，则应采取地基加固措施。

（五）冻土深度

冻土地区一般要求基础埋深要低于冻深线，并且有防冻措施。

（六）冲刷深度

冲刷会造成基底淘刷，应该将基础置于冲刷线下一定深度。

四、基础底面确定

首先明确基础底面的形状，然后根据基础荷载情况明确基底压力表达式，将基底压力与地基承载力对比，在满足地基承载力的前提下反算出基础底面积，最后确定基底边长尺寸。本节着重从以下两种情况进行分析确定。

（一）中心荷载作用下的基础

当基础底面只作用有中心垂直荷载 F、G 时，基底压力按简化方法计算为

$$p = (F + G)/A = (F + Ad\gamma)/A \tag{11-1}$$

式中 p——基底压力设计值，kPa；

F——上部结构传至地面标高处的荷载设计值，kN；

G——基础及上方回填土所受的重力，kN，$G = Ad\gamma$；

γ——基础及上方填土的平均重度，取 $\gamma = 20\ kN/m^3$；

d——基础平均高度，m，即室内、室外设计埋深的平均值；

A——基底面积，m^2。

由强度条件式 $$p \leqslant f_a \tag{11-2}$$

推知 $$A \geqslant \frac{F}{f_a - \gamma d} \tag{11-3}$$

式中 f_a——修正后的地基承载力特征值，kPa。

(1)对矩形基础，$A = bl$，l、b 分别为基础的长度和宽度，一般取长宽比 $l/b = n$，n 取 1.2～2，并与柱截面的长宽比接近为宜，所以有 $A = (1.2 \sim 2) b^2$。

(2)对条形基础，沿基础长度方向，取 1 m 作为计算单元，作用其上的荷载为 F，故单位基底面积值为 $A = b$。

应当指出，f_a 与基础形状和宽度 b 有关。由于基础尺寸还没有确定，因此为一试算过程。可根据原定埋深，先对地基承载力特征值进行深度修正，然后计算基础底面尺寸，再考虑是否需要进行宽度修正，使得 b、f_a 之间相符，协调一致。

(二)偏心荷载作用下的基础

当基础受偏心荷载作用时，将诸荷载对基础中心简化为一集中荷载和一弯矩，然后按照下列步骤试算确定，其计算步骤为：

(1)先按中心荷载作用的公式初步估算基底面积 A_0。

(2)根据偏心距的大小，将基底面积 A_0 增大 10%～40%，即 $A = (1.1 \sim 1.4) A_0$，并以适当的长宽比拟订基础底面的长度 l 和宽度 b。

(3)按下式验算基底压力是否满足地基承载力的要求，如不适合(太大或太小)，可调整基底尺寸后再试算，直到满意为止。

$$p_{max} \leqslant 1.2 f_a \tag{11-4}$$

$$\frac{p_{max} + p_{min}}{2} \leqslant f_a \tag{11-5}$$

式中 p_{max}——基底面最大压力值，kPa；

p_{min}——基底面最小压力值，kPa。

五、工程验算

工程验算内容包括地基强度验算、稳定性验算和变形验算。

(一)强度验算

(1)地基承载力与基底压力对比，满足式(11-2)。

(2)地基软弱下卧层验算。在成层地基中，当地基受力层范围内有软弱下卧层时，除按持力层承载力计算基底尺寸外，还必须要求作用在软弱下卧层顶面处的附加应力与自重应力之和不超过软弱层修正后的承载力特征值。

软弱下卧层顶面处的附加应力在实际工程中常采用应力扩散角法进行计算。当上层土与软弱下卧层的压缩模量比大于或等于 3 时，假设基底面处附加压力按某一扩散角 θ 向下扩散，至深度 z 处的附加应力为 σ_z，则有：

矩形基础(附加应力沿两个方向扩散)

$$\sigma_z = \frac{lb(p - \gamma_m d)}{(l + 2z\tan\theta)(b + 2z\tan\theta)} \tag{11-6}$$

条形基础(附加应力沿一个方向扩散)

$$\sigma_z = \frac{b(p - \gamma_m d)}{b + 2z\tan\theta} \tag{11-7}$$

式中 l、b——基础底面长和宽,m;

γ_m——基础范围内的土加权重度,kN/m³;

d——基础埋深,m;

z——基础底面至软弱下卧层顶面的距离,m;

p——平均基底压力值,kPa;

θ——基底压力扩散角,(°),按表 11-1 确定。

表 11-1 基底压力扩散角

$\frac{E_{s1}}{E_{s2}}$	z/b	
	0.25	≥0.5
3	6°	23°
5	10°	25°
10	20°	30°

注:1. E_{s1}/E_{s2} 为上、下土层压缩模量比值。

2. $z/b<0.25$ 时取 $\theta=0$,必要时,宜由试验确定。

若软弱下卧层强度计算不满足要求,则表明该软弱土层承受不了上部荷载的作用,应考虑增大基底面积、减小基础埋深或对地基进行加固处理,甚至改用深基础设计方案。

(二)稳定性验算

当基础承受较大的偏心力矩和水平力时,有可能使基础发生倾斜、沿基底面滑动或与地基一起发生深层滑动。为保证其有足够的稳定性,需进行抗倾覆和抗滑稳定验算。如果地基受渗透压力作用,并承受较大的渗透力时,还要进行抗渗透稳定验算。

1. 抗倾覆稳定验算

对桥涵墩台基础或挡土墙基础,根据其受力情况一般要验算抗倾覆稳定,计算时,应选基底最大受压边缘为转动中心,抗倾覆稳定安全系数 k_0 为抗倾力矩与倾覆力矩之比值,也可由下式验算

$$k_0 = y/e_0 \tag{11-8}$$

式中 y——基底截面形心至基底最大受压边缘的距离;

e_0——合力的竖向分力对基底截面形心的偏心距。

抗倾覆稳定安全系数允许值,一般挡土墙基础取 1.5,墩台基础根据不同的荷载组合取 1.2~1.5。

2. 抗滑稳定验算

当竖向荷载远小于地基承载力,而水平荷载较大时,有可能使建筑物沿基础与地基的接触面产生滑动,称表层滑动。抗滑稳定安全系数为基底抗滑力与水平力合力之比,一般

应大于1.2～1.3。

3. 深层滑动稳定计算

对具有高填土的桥台和挡土墙、水闸、经常受水平荷载作用的高层建筑和高耸结构，由于竖向荷载和水平荷载都较大，当地基土质较差时，有可能出现基础连同地基一起滑动的情况，这种情况称为深层滑动，这时需要验算深层滑动的稳定性，可参照圆弧滑动法原理进行计算。

4. 抗渗稳定计算

对水闸、土坝等水工建筑物，当建筑物挡水时，流经地基、坝体的渗透水流会对土体施加渗透力。当渗透力过大时就会引起地基、坝体中的土颗粒或土体移动，发生渗透变形，严重时将会导致建筑物丧失稳定，故这类建筑物还要进行抗渗稳定计算，可参照土的渗透原理。

（三）变形验算

地基变形特征一般分为沉降量、沉降差、倾斜和局部倾斜。沉降量指基础中心点处的沉降量，沉降差指两相邻独立基础中点的沉降量差，倾斜指基础在倾斜方向两端点的沉降差与其距离的比值，局部倾斜指砌体承重结构沿纵向的6～10 m内基础两点的沉降差与其距离的比值。

地基变形验算是把《建筑地基基础设计规范》（GB 50007—2002）的规定作为地基变形验算的基础，在根据地基承载力初步确定基底尺寸后，进一步验算地基变形特征值是否超过地基的容许变形值。

当地基变形特征验算不满足要求时，可先适当调整基础底面尺寸或埋深，如仍不满足要求，再考虑改变基础类型、修改上部结构型式，甚至做人工地基或采取其他工程措施以防止不均匀沉降对建筑物的破坏。

六、地基、基础施工详图及施工技术说明书

地基、基础施工详图要求表达准确，与施工技术说明要协调统一；在编制施工技术说明时要注意符合实际情况，并且要有一定的弹性，要能随着客观条件的变化而方便调整，不能随意杜撰，不能单纯照搬理论说法。

七、深基础简介

（一）深基础类型和特点

深基础是指埋深在5 m以上的基础，基本类型有桩基础、沉井、地下连续墙等。其中，桩基础使用比较广泛，分类复杂，按照承台位置分为低承台桩基和高承台桩基；按照传荷方式分为摩擦型桩和端承型桩；按照施工方法分为预制桩和灌注桩；按照材料分为钢桩、混凝土桩和木桩等；按照成桩方法分为非挤土桩、部分挤土桩和挤土桩。

桩基础在设计中主要解决单桩设计问题和群桩设计问题。

（二）单桩设计

单桩设计主要是指单桩竖向承载力的确定，单桩竖向承载力的确定须满足两个方面要求：其一是桩本身的材料强度，其二是地基土的支撑能力。其核心任务是确定桩壁侧向摩擦阻力和桩端承阻力，进而确定桩深、桩径、成桩材料等。确定单桩竖向承载力的方法

很多，常用方法由静载荷试验、静力触探、规范经验公式以及目前正在发展和完善的各种检测技术等。此外，《建筑桩基技术规范》（JGJ 94—2008）规定，单桩竖向极限承载力标准值应按下列规定确定：一级建筑桩基应采用现场静载荷试验，并结合静力触探、标准贯入等原位测试方法综合确定；二级建筑桩基应根据静力触探、标准贯入、经验参数等估算，并参照地质条件相同的试桩资料综合确定，当缺乏可参照的试桩资料或地质条件复杂时，应由现场静载荷试验确定；三级建筑桩基，如无原位测试资料，可利用承载力经验参数估算。由于静载荷试验方法兼顾到桩本身和地基土承载能力两个方面，比较典型，以下就静载荷试验方法作详细叙述，其他方法可参考有关专著，此处从略。

1. 静载荷试验装置及方法

静载荷试验装置主要由加荷稳压、提供反力和沉降观测三部分组成。桩顶的油压千斤顶对桩顶施加压力，千斤顶的反力由锚桩、压重平台的重力或用若干根地锚组成的伞状装置来平衡。安装在基准梁上的百分表或电子位移计用于量测桩顶的沉降。

试验时加载方式通常有慢速维持荷载法、快速维持荷载法、等贯入速率法、等时间间隔加载法以及循环加载法等。工程中最常用的是慢速维持荷载法，即逐级加载，每级荷载值一般为单桩承载力设计值的1/5～1/8。第一级可按两倍分级荷载，当连续两次每级荷载作用下桩顶沉降量不超过0.1 mm/h时，则认为已趋稳定，然后施加下一级荷载直到试桩破坏，再分级卸载到零。对于工程桩的检验性试验，也可采用快速维持荷载法，即每隔1 h加一级荷载。

2. 终止加载条件

当出现下列情况之一时即可终止加载：①某级荷载下，桩顶沉降量为前一级荷载下沉量的5倍；②某级荷载下，桩顶沉降量大于前一级荷载下沉量的2倍，且经24 h尚未达到相对稳定；③已达到锚桩最大抗拔力或压重平台的最大重量时。

3. 单桩极限承载力确定

一般认为，当桩顶发生剧烈或不停滞的沉降时，桩即处于破坏状态，相应的荷载称为极限荷载。由桩的静载荷试验结果绘出荷载与桩顶沉降量关系 $Q \sim s$ 曲线，再根据 $Q \sim s$ 曲线特性，采用下述方法确定单桩竖向极限承载力：

（1）根据沉降量与荷载变化关系的特征确定 。如图11-1中曲线①所示，对于陡降型 $Q \sim s$ 曲线，可取曲线发生明显陡降的起始点所对应的荷载 。该方法的缺点是作图比例将影响 $Q \sim s$ 曲线的斜率，因此宜按一定的比例作图。一般可取整个图形比例横：竖 = 2∶3。

因 $Q \sim s$ 曲线拐点确定易受绘图者主观因素的影响，有些曲线拐点也不是很清楚，因此国外多采用切线交会法，即取相应于 $Q \sim s$ 曲线始段和末段两点切线交点所对应的荷载作为极限荷载。

（2）根据沉降量确定 。对于缓变型 $Q \sim s$ 曲线，如图11-1中曲线②所示，可取 s = 40～60 mm对应的荷载值。对于大直径桩可取 $s = 0.03 \sim 0.06d$（d 为桩端直径）所对应的荷载值（大桩径取低值，小桩径取高值），对于细长桩（$L/d > 80$），可取 s = 60～80 mm对应的荷载。

（3）单桩极限承载力标准值。测出每根桩的极限承载力值后，可通过统计确定单桩

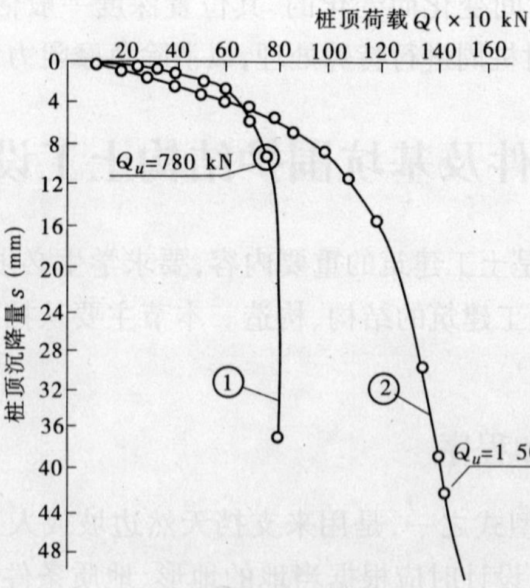

图 11-1　$Q \sim s$ 关系曲线

竖向极限承载力的标准值。首先,计算 n 根桩的极限承载力平均值;其次,计算每根试桩的极限承载力实测值与平均值之比,然后计算标准差。

(三)群桩基础设计要点简介

一般的建筑物都有两个或两个以上的桩基组成,这就涉及到群桩的设计问题,群桩设计包括主要桩平面布置、桩顶荷载验算、桩基沉降验算、软弱下卧层验算等。

群桩平面布置形式有矩形、三角形、梅花形等,桩中心距的确定、桩基的各种验算等内容可参照有关规范和专著,此处不再赘述,兹就群桩的几个特殊问题作一简要叙述。

1. *群桩效应*

对于桩数不多于 3 根的群桩基础,其群桩承载力等于其单桩承载力之和,可不考虑群桩效应。但对于桩数较多的群桩基础,桩距较小,桩与桩之间产生应力叠加现象,加大了桩端平面的应力,同时也加深了应力向下扩散的范围,这必然会造成加大沉降,相对来说降低了单桩承载能力,这种现象称群桩效应。这时就不能将单桩承载力简单相加,在工程上一般通过测定群桩效应系数来解决此类问题。

2. *桩承台效应*

如果桩承台与土接触,承台底面的土承担一部分桩基荷载,使承台兼有浅基础的作用,这时称复合桩基,复合桩基与一般桩基的区别在于考虑承台效应;但是承台效应系数很难通过理论分析计算,经过大量的工程实践,不同的规范给出了不同的计算方法,可供参考。

3. *桩负摩阻力*

桩在竖向荷载作用下,相对于桩周土产生向下的位移,桩周土对桩身产生向上的摩阻力,该摩阻力称为正摩阻力,它是单桩竖向承载力的重要组成部分;但是由于土的固结等原因而产生向下的位移时,桩周土对桩身将产生向下的摩阻力,该摩阻力称为负摩阻力。负摩阻力的存在相当于给桩施加一个下拉荷载,会增大桩基沉降,应设法消除。

桩身负摩阻力并不是发生在整个软弱压缩土层中,产生负摩阻的范围就是桩侧土层产生相对下沉的范围,这就必然会存在一个正负摩阻力的交点,即中性点,此处桩摩阻力为零;桩中性点位置是随着时间变化而变化的,其位置深度一般估计在软弱土层深度的0.7 ~0.8 倍处,可据此范围对桩周进行特殊处理,以消除负摩阻力。

第二节 挡土构件及基坑围护结构土工设计相关知识

挡土构件的设计和施工是土工建筑的重要内容,要求学生必须懂得土压力有关理论和分析计算方法,同时掌握土工建筑的结构、构造。本节主要从挡土构件类型、基坑围护结构等方面做一简要叙述。

一、挡土墙设计内容和程序

挡土墙是挡土结构主要型式之一,是用来支挡天然边坡或人工填土边坡的构筑物。工程中采用的结构类型很多,设计时应根据当地的地形、地质条件及其重要性,考虑经济和安全等因素,合理选择类型,优化截面尺寸。挡土墙设计的基本过程如下。

(一)首先根据地形和地质条件确定挡土墙类型

挡土墙基本类型有重力式挡土墙、扶壁式挡土墙、悬壁式挡土墙。此外还有其他新型挡土结构,如拉锚式挡土墙、加筋土挡土墙等。

(二)根据荷载情况和工程经验初步拟定断面尺寸

如重力式挡土墙要拟定墙高、顶宽、墙面和墙背坡度等,以此定出断面尺寸。

荷载分析是设计的基础,挡土墙荷载主要有工程使用运行作用力、土侧向压力、土竖向压力、挡土墙地基反力、水的扬压力等。

(三)进行断面材料强度验算、地基强度验算、抗滑和抗倾覆稳定验算

必要时要进行配筋计算和地基变形验算等。其验算过程可参照地基基础设计有关内容。当验算不满足要求时可采取如下措施解决:

(1)材料强度不满足要求时,可改变截面尺寸或改用高强度材料。

(2)挡土墙稳定不满足要求时可以修改底面尺寸;底面下做砾石垫层加大摩阻力,或做成逆坡阻滑;也可在墙踵处设混凝土托板,利用托板上的土重来抗滑。

此外,尤其要注意挡土墙后回填土的选择和墙后的排水措施。理想的回填土为卵石、砾石、粗砂等粗粒土料,用这类土料有利于减少主动土压力,利于挡土墙的稳定。在选料时要求土料洁净,含泥量少。为防止暴雨渗入墙后填土中,使土的重度增大以及内摩擦角降低,导致土压力、水压力的增大,所以一般在挡土墙上做排水孔。通常排水孔直径为5 ~10 cm,间距2 ~3 m,排水孔应高于墙前水位。当墙后填土表面倾斜时还要做排水沟。

二、基坑围护结构简介

(一)悬臂式围护结构

悬臂式围护结构是采用各种板桩、连续墙等型式。主要依靠板桩足够的入土深度和结构的抗弯性能来维持稳定。悬臂式围护结构易产生较大的变形,对相邻建筑物有不良影响,一般适于土质较好、开挖深度不大的基坑维护工程。

(二)水泥土重力式围护结构

在工程中多数的水泥土挡土墙常用深层搅拌法形成,也可用高压喷射注浆法形成。为了保持其稳定性,节约投资,常采用围格构式,由水泥土与其维护的天然土体共同支撑周围土体,保持基坑边坡稳定性。由于水泥土强度低,其变形也比较大,水泥土重力式围护结构适用于较浅的基坑工程。

(三)内支撑式围护结构

内支撑式围护结构由围护结构体系和内支撑体系两部分组成,内支撑可以是横撑,也可以是斜撑。内支撑材料可以用钢管(或型钢)、木撑或钢筋混凝土等。

(四)拉锚式围护结构

拉锚式围护结构由维护体系和锚固体系组成,维护体系常用钢筋混凝土排桩或地下连续墙两种,锚固体系可分为锚杆式和地面拉锚式两种,如图11-2所示。锚杆式分单层、双层和多层锚杆,锚杆式要求地基能提供较大的锚固力,多适用于砂土等非黏土地基,软黏土地基使用效果不佳。

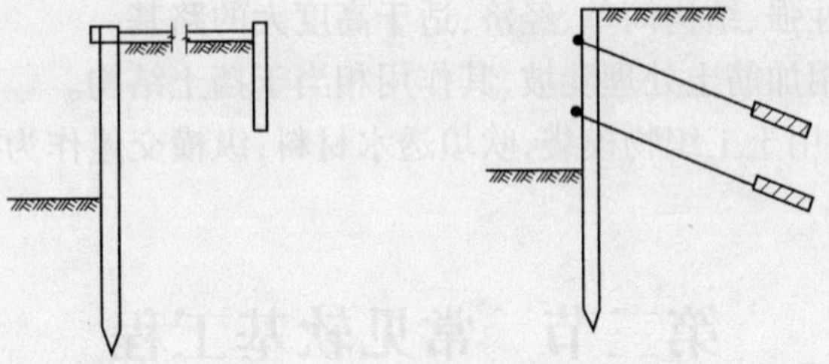

(a)锚杆式　　(b)地面拉锚式

图11-2　锚固体系分类示意图

(五)土钉围护结构

通过钻孔、插筋和注浆设置土钉(也称砂浆锚杆)来维护基坑。施工中边开挖边设置土钉,在土壁上铺设钢筋网,通过喷射混凝土形成钢筋网混凝土面板与土钉共同构成围护结构。一般适用于维护深度不超过18 m、时间一般不超过18个月的临时围护结构。

维护结构设计构成一般包括:确定围护结构类型;通过计算确定围护结构尺寸;针对围护结构类型进行强度和稳定性验算,验算不满足要求时,或改变结构类型,或修改尺寸,或加固地基。稳定验算内容包括整体稳定、抗倾覆稳定、基底抗隆起稳定、基底抗承压水稳定和基底抗渗透稳定等。

三、几种新型挡土结构

(一)拉锚式挡土结构

拉锚式挡土墙包括锚定板挡土墙和锚杆式挡土墙。

锚定板挡土墙由面板、钢拉杆和埋在土中的锚定板组成。锚定板挡土墙所受土压力完全由面板传给拉杆和锚定板。

锚杆式挡土墙是由预制的钢筋混凝土立柱及挡土面板构成墙面,与水平或倾斜的钢锚杆共同组成挡土墙。

锚定板挡土墙的面板为断续式,结构轻便且有柔性;锚定板挡土墙的锚定板和拉杆是在填土施工中埋入填土内的,并将其与面板有效连接使其成为整体,所以锚定板挡土墙主要用于填土中的挡土结构,也常用于基坑维护结构。挡土墙的稳定性完全取决于锚定板的抗拔能力。

锚杆的一端与立柱连接,另一端被固定在边坡深处的稳定岩层或土层中,墙后土压力由挡土板传给立柱,由锚杆与稳定层间的锚固力使墙壁获得稳定,一般多用于路堑挡土墙。

(二)加筋土挡土墙

加筋土挡土墙有刚性筋式和柔性筋式两种,前者用加筋带或刚性大的土工格栅做加筋,后者用土工织物做加筋。

刚性加筋土挡土墙由面板及加筋条与填土共同组成,在垂直墙方向,按一定间隔和高度水平布置拉筋材料,压实后通过土与拉筋的摩擦作用,把作用在面板上的土压力传给拉筋和填土,靠稳定的填土维持挡土结构的稳定。拉筋材料通常为镀锌薄钢带、铝合金、增强塑料及合成纤维,墙面板多为钢筋混凝土预制板或半圆形铝板。加筋土挡土墙属柔性结构,对变形的适应性强、结构简单、经济,适于高度大的路基。

此外,工程中常用加筋土处理陡坡,其作用相当于挡土结构。

水利工程中也常用土工织物模袋,吹填透水材料,纵横交错作为挡土结构或堤防防冲结构物。

第三节　常见软基工程

我们把除岩石地基以外的地基统称为软基,包括土基和砂砾地基,对于土基多数为加固工程,对于砂砾地基多为防渗和加固等工程。地基工程是指有一定构造和结构的地基处理构筑物工程,为地基处理采取的措施手段之一,较常见的地基工程有灌浆工程、地下防渗墙、桩基等,有的书把地基开挖也列入地基工程,下面介绍几种典型的软基工程。

一、砂砾石地基灌浆工程

灌浆工程包括帷幕灌浆、固结灌浆和接触灌浆等,并不是所有的软基都适合灌浆,所以首先要对地基进行可灌性判断。

(一)砂砾石地基的可灌性

1. 可灌性

砂砾石的可灌性是指砂砾石地层能否接受灌浆材料灌入的一种特性。它是决定灌浆效果的先决条件。砂砾石地基的可灌性主要取决于地层的颗粒级配、灌浆材料的细度、灌浆的压力和灌浆工艺等因素。一般常用以下几种指标衡量砂砾石地基的可灌性。

(1)可灌比 M

$$M = d_{15}/d_{85} \qquad (11\text{-}9)$$

式中　d_{15}——砂砾石层的颗粒级配曲线上含量为 15% 的粒径,mm;

d_{85}——灌注材料的颗粒级配曲线上含量为 85% 的粒径,mm。

一般可灌比值 $M \geqslant 5 \sim 10$。分析时还应考虑到地层颗粒小于 0.1 mm 的含量及地层的渗透系数。

（2）用砂砾石层的有效粒径 d_{10} 或渗透系数 k 判断其可灌性。渗透系数与有效粒径之间存在着下列关系

$$k = ad_{10} \tag{11-10}$$

式中 k——渗透系数，m/s；

d_{10}——砂砾石的有效粒径，cm；

a——系数。

一般来说，渗透系数大于 3×10^{-4} m/s 的地层具有可灌性。

（3）砂砾石层的不均匀系数

$$C_u = d_{60}/d_{10} \tag{11-11}$$

式中 d_{60}、d_{10}——砂砾石层的颗粒级配曲线上含量为60%和10%的粒径。

不均匀系数反映了砂砾石层中颗粒大小均匀的程度。可供研究地层可灌性时参考。

砂砾石层的可灌性条件，应根据具体情况对上述几项指标进行综合分析并结合考虑浆液配比、灌浆压力及灌浆工艺等因素，再通过灌浆试验而定。

2. 灌浆材料

岩基灌浆多用水泥浆，而砂砾石地基灌浆，以采用水泥黏土浆为好。因为在砂砾石地层中灌浆，多限于修建防渗帷幕，对浆液结石强度要求不高，28 d 强度 $(4\sim5)\times10^5$ Pa 已可满足要求，而对帷幕的密实性，则有一定要求，要求帷幕体的渗透系数在 $10^{-4}\sim10^{-5}$ cm/s 以下。

配制水泥黏土浆所使用的黏土，要求遇水以后，能迅速崩解分散，吸水膨胀，具有一定的稳定性和黏结力。

浆液的配比，一般水泥和黏土的比例为1:1～1:4，水和干料的比例多在1:1～6:1，有时为了改善浆液的性能可掺加少量膨润土或其他外加剂。

有关灌浆材料的选用，浆液配比的确定以及浆液稠度的分级等问题，和岩基水泥灌浆一样，也要通过室内外的试验来确定。

（二）砂砾石地基灌浆方法

砂砾石地基灌浆方法有：①打管灌浆；②套管灌浆；③循环钻灌；④预埋花管灌浆等。分别介绍如下。

1. 打管灌浆

打管灌浆就是将带有花管的厚壁无缝钢管，直接打入受灌地层中，并利用它进行灌浆，其施工程序是：先将钢管打入到设计深度，再冲洗干净，然后用灌浆泵在管内用压力水冲洗泥沙杂质，使射浆孔畅通，直至回水澄清；灌浆可采用自流灌浆或压力灌浆，自下而上，灌完一段拔起一段套管，再灌一次，再拔起，如此进行直到结束。这种方法设备简单，操作方便，适用于砂砾石较浅、结构松散、颗粒不大、容易打管和起拔的情况。用这种方法所灌成的帷幕，防渗性能较差，多用于临时性工程（如帷堰）。

2. 套管灌浆

套管灌浆的施工程序是一边钻孔，一边跟着下护壁套管。或者，一边打设护壁套管，一边掏管内的砂砾石，直到套管下到设计深度。然后将钻孔冲洗干净，下入灌浆管，起拔

套管到第一灌浆段顶部，安好止浆塞，对第一段进行灌浆。如此自下而上，逐段提升灌浆管和套管，逐段灌浆，直到结束。

它适用于埋藏较深的砂砾石地层。由于有套管护壁，不会产生塌孔、埋钻等事故。但压力灌浆时浆液易沿套管外壁向上流动铸住套管，造成起拔困难甚至起拔不出。

套管法灌浆段长一般为1~2 m，射浆管距孔底为0.5 m。

3. 循环钻灌

循环钻灌是一种自上而下的，钻一段灌一段，钻孔与灌浆循环进行的施工方法，钻孔时用黏土浆或最稀一级水泥黏土浆固壁。钻孔长度，也就是灌浆段的长度，视孔壁稳定和砂砾石层渗透程度而定，容易塌孔和渗漏严重的地层，分段短一些，反之则长一些，一般为1~2 m。灌浆时可利用钻杆做灌浆管。

用这种方法灌浆，做好孔口封闭，是防止地面抬动和地表冒浆、提高灌浆质量的有效措施。

4. 预埋花管灌浆

在钻孔内预先下入带有射浆孔的灌浆花管，管外与孔壁间注入填料后，在灌浆管内用双层灌浆塞进行分段灌浆。其施工程序为：钻孔→清洗→下花管→下填料→待凝→下塞→开环→灌浆。

(1)钻孔。常使用回转钻机钻孔，用泥浆固壁或下套管固壁，一次钻至设计孔深。一般多采用泥浆固壁方法钻孔，施工简便，劳动强度小，施工进度较快。套管护壁法钻孔因工序多，起下套管劳动强度大，钢材消耗量大，采用者较少。

(2)清洗。钻孔结束后应立即清洗，尽量将孔内残留物捞净，将原固壁泥浆更换为新鲜泥浆。

(3)下花管和下填料。套管护壁钻孔清洗后，在套管内下花管，在套管与花管间灌注填料，边灌注填料边起拔套管，直到全孔充满填料套管全部拔出。用泥浆固壁钻孔，清孔后立即注入填料。填料由孔口通过钻杆或铁管压送到孔底逐渐上升到充满全孔，并全部排除固壁泥浆，达到标准后，立即下入花管。

花管通常用直径75~110 mm无缝钢管或特制塑料管制成，每隔30~50 cm钻一排环状射浆孔，外套橡皮箍。

下花管：管底封死用钻机或吊机将花管吊放到孔内，必要时可采取花管内填入细砂措施，增加自重以便均匀下沉。

下填料：填料系用水泥和黏土混合浆体，冲填于花管和孔壁之间环状空间，以防止浆液沿管壁向上流动，保证灌浆质量。填料应具有析水性低、稳定性好、在水下凝结收缩小、早期强度增长快、后期强度增长慢、结石具有脆性等性能。

填料的配合比及有关参数可在下述范围内选用：

水泥∶黏土=1∶2~1∶3，干料∶水=1∶1~1∶3，浆体密度1.35~1.36 g/cm^3，黏度25~30 s，结石强度R_7=100~200 kPa；$R_{28}\leqslant$500~600 kPa。

(4)开环。孔壁填料待凝5~15 d，可开环。开环灌浆顺序：①在花管内下入双塞式灌浆塞；②用灌浆泵压送稀浆或清水，对管内灌浆段施压，逐渐加压至开环为止（开环的标志即浆或清水耗量突然大增，压力突然降低）；③开环后持续压水或稀浆，使通道畅通，一般采用最大灌浆压力,视具体条件掌握压入时间不少于5~10 min。

(5)灌浆。开环后即可灌浆,每环做一灌浆段单独灌浆。

二、防渗墙工程

防渗墙是修建挡水建筑物和透水地层中防渗透的地下连续墙,它的实际应用,却远远超出了防渗的范围,除了用来控制闸坝基础的渗流外,还用于坝体的防渗和加固、泄水建筑物下游基础的防冲、水工建筑物基础的承重和地下水库的修筑等。

水工防渗墙的类型可按墙体结构型式、墙体材料、布置方式、成槽方法分类。例如,按结构型式可分为桩柱型、槽孔型和混合型,按材料可分成普通混凝土、钢筋混凝土、黏土混凝土、塑性混凝土和灰浆防渗墙等。

防渗墙之所以得到如此广泛的应用,主要是由于它具有结构可靠、防渗效果好、能适应多种不同的地层条件、施工方便、造价低等优点。

(一)防渗墙施工工艺

防渗墙主要作用是地基防渗,兼起支撑等作用,可采取以下施工工艺步骤:

(1)造孔准备。主要准备内容有现场测量定位、设置导向槽、安装钻孔设备等。

(2)泥浆制备和泥浆系统。将泥浆材料按照一定配合比制成复合要求的泥浆,对泥浆系统进行检查维护。

(3)造孔。

(4)终孔验收和清孔换浆。

(5)混凝土浇筑。

进行泥浆下混凝土浇筑,要注意不可形成泥浆夹层,确保混凝土与基础以及一、二期混凝土之间的结合,施工中要保证连续浇筑,一气呵成。

(二)防渗墙施工方法

防渗墙施工方法有射水法、抓斗开挖槽孔法、冲击钻进造槽孔法、回转钻进造槽孔法、开槽法等。

1. 射水法

射水法造墙主要是通过射水法造墙机组(二代机)来完成的。射水法造墙机组由在同一轨道上电动行走的造孔机、混凝土浇筑机和混凝土搅拌机组成,总装机容量为150 kW。该机组结构简单、性能稳定、操作简便、施工速度快、效率高,可广泛适用于粒径小于5 mm的砂质和软土地基。一般单孔成墙长度2 m,宽度0.22~0.25 m,深度可达24 m。墙体垂直度小于1/300,接缝处理独特,质量可靠,整体防渗效果好。渗透系数$k \leq 2 \times 10$ cm/s。

射水法造墙机组工作原理是利用造孔机上8SH-9水泵和成形器中的射水装置形成高速射流冲刷破坏土体结构,泥浆携带泥沙正循环溢出地面,同时由卷扬机操纵成形器上下反复冲击进一步破坏土层并切割修整孔壁,造成规则的矩形槽孔。成孔后采用常规水下混凝土浇筑法,筑成混凝土单槽板。将单槽板紧密连接,从而形成一道完整的地下混凝土截渗墙。

射水法注浆是近一二十年发展起来的一种加固软弱土层的新技术。它是利用钻机,将安上特制合金喷嘴的注浆管下到预定位置,然后用高压水泵或高压泥浆泵将水或浆液用20 MPa左右的高压,通过喷嘴按预定方向喷射出来,冲击破坏土体,使一部分细小土粒随浆液冒出地面,其余土粒在喷射流的冲击力、离心力和重力等综合作用下,与浆液搅拌混合,并按一定的浆土比例和质量大小,有规律地重新排列。待浆液凝固以后,在土内就形成一定形状的固结体。

固结体的形状与喷射流移动方向有关。目前常见的注浆方式有:①旋转喷射,垂直提升,简称旋喷,可形成圆柱桩;②定向喷射,垂直提升,简称定喷,可形成板墙。

旋喷多用于长桩,防渗墙的修筑以采用定喷法为好。用高压定喷注浆,形成墙体的平面形状,依不同的定喷方向和喷嘴形式,可以有多种选择。

高压喷射注浆工艺是一种新的工艺技术,在新颁布的施工组织设计规范中建议推广应用,有关这方面的详细介绍,可参考有关书籍。

2. 抓斗开挖槽孔法

抓斗开挖槽孔,一般是以导孔作为导向,两个导孔的间距等于抓斗全张开时的幅度加导孔直径,通常称两钻一抓法。由于这种方法使抓斗在作业时受挖掘阻力均衡,垂直精度较高,因此适用范围广,开挖深度较深。

当在软弱地层或抓掘深度较浅时,也可不用导孔,直接用抓斗顺序挖掘,这种方法随深度增加而垂直误差增大。当孔深大于10 m时应采用导孔法。

3. 冲击钻进造槽孔法

目前国内沿用钢丝冲击钻机造孔。在砂卵石地层中,每个槽孔的施工通常采用先钻主孔、后劈打副孔成槽的方法。根据操作经验,在土质尤其是黏性土地层中一般多采用顺序钻主孔、副孔,再扫除主孔、副孔之间的小墙成槽的方法。

4. 回转钻进造槽孔法

钻孔方法可分为单孔钻进法和钻孔错位分层钻进法。

(1)单孔钻进法。单孔钻进法可一次钻到设计深度或者分层错位钻进。即先钻单号孔,后钻双号孔,再用专用钻具扫除单、双号孔间的小墙。

(2)钻孔错位分层钻进法。先钻两端孔到设计深度;再钻单号孔达某一施工计划深度;然后钻孔中心错开半个孔位距离,钻双号孔达第二层深度。如此轮换直达设计深度。

钻孔宜采用泥浆循环出渣。泥浆循环有正循环和反循环两种。泥浆正循环是用泥浆泵由泥浆池将泥浆经过钻杆、钻头压送到孔底,再由孔内流出返回泥浆池。反循环是把泥浆注入钻孔内,经由钻头、钻杆,用泥石泵抽吸至泥浆池,泥浆净化后可重复使用;一般反循环工效高。

5. 开槽法

开槽法是指采用开槽机开挖成槽后浇筑混凝土成墙,关于开槽机原理可参阅有关书籍,此不赘述。

(三)防渗墙质量检测

1. 开挖检验

通过开挖断面检查桩的垂直度、桩位偏差、桩顶标高、桩间搭接、搅拌均匀度、渗水、裂缝、缺损情况等。

2. 取芯试验

在防渗墙中取得芯样，室内养护 28 d，通过试验测得抗压强度、渗透系数、临界水力坡降等指标。

3. 注水试验

在水泥土凝固前，于指定位置加厚一单元墙体，凝固 28 d 后，在两墙中间钻孔，进行现场注水试验，可直观测得防渗墙设计厚度处的渗透系数。

4. 无损检测

采用地质雷达等检测技术，沿中心线布测，测得桩体完整性、连续性和缺陷等。

三、桩基

桩基是地基处理的工程措施之一，属于复合地基竖向加强体，包括一些挤密桩、灌注桩、返浆桩、化学加固桩等，以下介绍两种较为特殊的成桩方法。

(一)高压喷射注浆法

高压喷射注浆法是用钻机先钻出直径为 100～200 mm 的钻孔，然后用带有特殊喷嘴的注浆管插至孔底，通过地面的高压设备使浆液(水泥浆)等形成压力为 20 MPa 左右的高压射流，从喷嘴喷出冲击切割土体，使浆液和冲下的土体强制混合，待凝结后便在土中形成具有一定强度的加固体，从而达到加固改良地基的目的。

高压喷射注浆法的注浆形式分旋转喷射注浆(旋喷)、定向注浆喷射(定喷)和在某一角度范围内摆动喷射注浆(摆喷)三种。高压喷射注浆法适用于处理淤泥、淤泥质土、流塑至可塑的黏性土、粉土、砂土、黄土、素填土和碎石土等地基，可用于既有建筑物和新建建筑物地基加固、深基坑与地铁等工程的加固或防水。

(二)深层搅拌法

深层搅拌法是利用一种特制的深层搅拌机械，将水泥或石灰等固化剂，在地层深处与土体强制拌和，使软弱土硬结成整体，形成具有水稳性和足够强度的水泥(或石灰)土桩或地下连续墙。这些加固体可以是柱状、壁状和块状等不同形状，与周围地基土形成复合地基，共同承担建筑物荷载。

深层搅拌法的施工程序如图 11-3 所示。搅拌机就位，将搅拌头沉至设计标高，搅拌

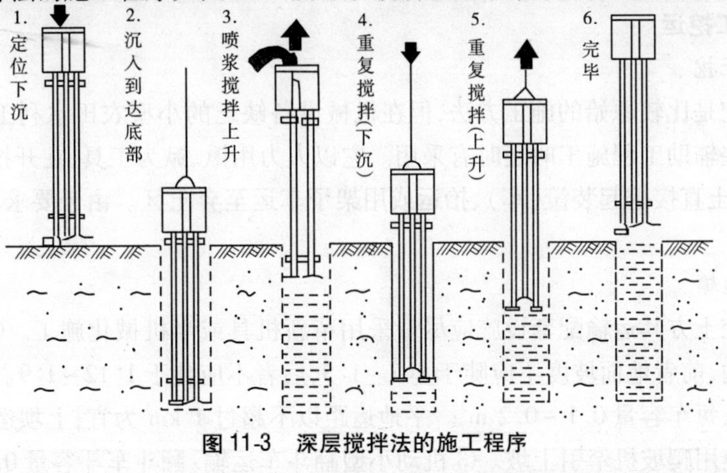

图 11-3 深层搅拌法的施工程序

头强烈搅拌，破坏土体结构使其变成泥浆，同时，输浆管输入的水泥浆从搅拌机底部喷出并与泥浆均匀拌和，逐渐匀速提搅拌机直至地表。重复多次搅拌，直至达到设计要求。

深层搅拌法适用于处理淤泥、淤泥质土、粉土和含水量较高且地基承载力标准值不大于120 kPa的黏性土地基。

第四节 土方工程

水利工程中土方工程种类有堤防、护坡、土坝、堆石坝、沟渠槽、田间路、基坑开挖等，可谓种类繁多，但其基本工序不外是挖、运和填三个方面，掌握土方施工的基本工序内容、质量检查评定指标和评价方法，就可触类旁通，对所有的土方工程也就不感到陌生了。同时，通过对土方工程的介绍，了解土的散体结构特点所表现出的特殊施工方法，使我们对土的工程性质有更深入的理解。

一、土方平衡调配

（一）原则

（1）料尽其用。开挖土料可以做堤防填料、混凝土骨料、场地填料等。

（2）时间匹配。土方开挖与用料在时间上尽可能匹配，保证高峰用料。

（3）容量适度。堆料场和弃料场的设置容量适度，以保证供料与用料和弃料的平衡关系。

（4）空间适当。空间上要求主料场、备料场高程适当，运距适中，符合经济原则。

（二）方法

主要运用技术经济分析的方法，使土方单价费用最低。

二、土方开挖和运输

土方开挖方式包括自上而下、上下结合、先岸坡后河槽、分期分段开挖等，其挖运方法有人工挖运和机械挖运两种。

（一）人工挖运

1. 人工开挖

人工开挖是比较原始的施工方法，但在机械设备缺乏的小型农田水利工程或大中型工程中的某些辅助工程施工时还时有采用。它以人力用锹、锨为工具，在开挖区按一定的施工程序，将土直接挖起装筐（车）、抬运或用架子车运至弃土区。由于要求不同，所采用方法也各异。

2. 人工运输

人工开挖土方其运输配套设施应尽量采用革新机具或半机械化施工。①人工挑、抬及独轮车运输，前者地面坡度不应陡于1∶7～1∶5，后者不应陡于1∶12～1∶9。②架子车运输，轻便灵活，每车容量0.1～0.2 m^3。平地运距以不超过1 km为宜；上坝运输当坡度陡于1∶10时，应用爬坡机牵引上坡。③机动小型翻斗车运输：翻斗车斗容量0.5～1.0 m^3，道路坡度不宜大于10%。

(二)机械挖运

1. 开挖机械及其开挖方法

在水利水电工程中常用的挖土机械有挖掘机、铲运机械等主要类型。挖掘机按工作机构的不同又分为单斗式和多斗式两类。铲运机械能综合完成挖土、运土和铺土等工作程序,它又分为拖式和自行式两种。

1)单斗式挖掘机

单斗式挖掘机是仅有一个铲土斗的挖掘机械,由行走装置、动力装置和工作装置三大部分组成。行走装置有履带式或轮胎式。常用的为履带式,它对地面的单位压力小,可在较软的地面上开行,但转移速度慢。动力装置有电动和内燃机两类,常用的为电动,其效率高、操纵方便,但需要有电源。工作装置有正向铲、反向铲、拉铲和抓铲四类,前两类应用较广。大中型正向铲一般是钢索操纵的,小型正向铲和反向铲已趋向液压操纵。液压操纵的挖掘机结构紧凑,重量轻,传动平稳,操纵灵活,工作效率高,使用可靠。

(1)单斗正向铲挖掘机。正向铲挖掘机最适于挖停机面以上的土方,但也可挖停机面以下一定深度的土方。正向铲的斗容量有0.5 m^3 至10 m^3 以上多种,常用的为1~4 m^3 的。正向铲的稳定性好,铲土力大,可挖掘Ⅰ~Ⅳ类土及爆破石渣。挖土机的每一工作循环包括挖掘、回转、卸土和返回四个过程。

(2)单斗反向铲挖掘机。液压反铲最适于开挖停机面以下的土方,如基坑、渠道、管沟等的土方,但也可开挖停机面以上的土方,因此应用日益广泛。反铲的稳定性及铲土力均较正铲为小,适合挖Ⅰ~Ⅱ类土,硬土须预松。一般砂砾石料开采也常用到反铲挖掘机。

反铲挖土可采用两种开挖方式:一种是挖掘机位于沟端倒退着进行开挖,称为沟端开行;另一种是挖掘机位于沟侧,行进方向与开挖方向垂直,称为沟侧开行。后者挖土的宽度与深度小于前者,但能将土弃于距沟边较远的地方。

(3)单斗挖掘机生产率计算。单斗挖掘机生产率计算公式为

$$P = q\frac{8 \times 3\,600}{T}K_{ch}K_eK_tK_z \tag{11-12}$$

式中 P——挖掘机生产率,m^3/台班;

q——铲斗容量,m^3;

K_{ch}——铲斗充盈系数;

K_e——土壤可松性系数;

T——挖掘机铲装一次工作循环时间,s;

K_t——施工机械时间利用系数;

K_z——掌子高程和挖掘机旋转角度校正系数。

2)铲运机械

水利水电工程中常用的兼有铲土和运土功能的机械有铲运机、装载机和推土机。

(1)铲运机。铲运机是一种能连续完成铲土、运土、卸土、铺土和平土等施工工序的综合土方机械,其生产率高,运转费用低,适于平整大面积场地,开挖大型基坑、河渠,填筑

堤坝和路基等。

按行走装置和方式的不同,铲运机可分为轮胎自行式和履带拖拉式两种。自行式的切土力较小,装满铲斗所需的铲土长度较大,但行驶速度快,运距在 800 ~ 1 500 m 时生产率较高;拖拉式的切土力较大,所需的铲土长度较短,但行驶速度较慢,运距在 250 ~ 350 m 时生产率较高。

铲运机的生产率主要取决于铲斗装土容量及铲土、运土、卸土和回程的工作循环时间,为提高生产率可采取下坡取土、推土机助铲、裂土机预松硬土、选择“8”字形或环形开行路线等措施。

$$P = q\frac{8 \times 3\ 600}{T}K_{ch}K_eK_t \tag{11-13}$$

$$T = t_1 + t_2$$

式中 P——铲运机生产率,m^3/台班;

T——铲运机工作循环时间,s;

t_1——固定时间,s,包括取土时间、卸土时间、调整卸土位置和等候推土机的时间;

t_2——可变时间,s,随铲运机的平均速度和运距而变化;

其他符号含义同前。

(2)推土机。推土机是在履带式拖拉机上安装推土刀等工作装置而成的一种铲运机械,主要用于平整场地、开挖宽浅渠道等,适于推Ⅰ~Ⅲ类土,距离宜在 100 m 以内;运距在 30 ~ 50 m 时生产率较高。

(3)装载机。装载机是一种挖、装、运连续作业,高效率的机械设备,斗容有 0.5 m^3、1 m^3、1.5 m^3、2 m^3、3 m^3、5 m^3 等,适于松散土、轻质土、基坑清淤以及无地下水影响的河渠开挖,其生产率计算可按下式

$$P = q\frac{8 \times 3\ 600}{T}K_{ch}K_eK_t \tag{11-14}$$

式中 P——装载机生产率,m^3/台班;

T——装载机挖装一次工作循环时间,s;

其他符号含义同前。

以上简单介绍了各种挖运机械,详细情况可参考其相应的机械性能表。关于多斗挖掘机等其他机型(包括水下开挖作业机械)可参考有关书籍。

3)挖掘机械开挖方法

(1)开挖机械与相应运输机械配套作业。

(2)一般采取立面作业。

(3)对于边坡较陡的砾石料等可结合爆破开挖。

2.机械运输

水利水电工程土方运输的特点是:运输线路多是临时的,变化较大;重车运料、空车回转的单向运输;运距较短;运量大,强度高。

1)无轨运输

无轨运输主要指汽车运输,运输线路一般布置成双线式和环形式。一般自卸汽车生

产率可按下式计算

$$P = V\frac{8 \times 3\ 600}{T}K_t \tag{11-15}$$

$$T = t_1 + t_2 + t_3 + t_4$$

式中 P——运输车辆生产率，m^3/台班；

V——每一工作循环的载运量，m^3；

T——运输车辆工作循环时间，s；

t_1——装车时间，s；

t_2——包括重车运输和空车返回的行驶时间，s；

t_3——卸车和倒车转向的时间，s；

t_4——在装载机旁的调车时间，但不包括耽搁等候时间，s；

其他符号含义同前。

2)有轨运输

水利水电工程施工有轨运输多为窄轨铁路，轨距有1 000 mm、762 mm、610 mm，其上行驶可倾翻车厢；线路布置有单线式、单线带岔道式、双线式、环形式。

3)带式运输

对于地形复杂、坡度较大、量大的运输任务可采取带式运输，带式运输机由胶带、两端鼓筒、承托带条的轴、拉紧装置、机架和喂料、卸料设备等部分组成；按运输机能否移动分为固定式和移动式两种。

4)索道运输

索道运输是一种架空运输方式，由空中索道、运料斗、索道两端支架组成。运料斗沿索道移动完成运输任务。

三、土料的填筑

当土料由料场经过挖、运送到建筑面上以后，其施工程序包括基本作业和辅助作业。基本作业为卸料、平料、压实（碾压）三道工序；辅助作业为质量检查、刨毛、洒水、清理表面和接缝处理等。

（一）铺料

铺料包括卸料和平料两道工序。选择铺料方法主要考虑两个因素：一是铺土层厚度要均匀，二是对已压实的土料不产生剪切破坏。

对有防渗要求的黏性土，铺料时一般多用自卸汽车卸料配推土机平料。为避免土体剪切破坏，必须采用进占法卸料铺土。所谓进占法，主要是要求卸载汽车在刚铺好的松土上行驶、卸料并应避免所有的载重车行驶在同一车道上。由于碾压工具决定了黏性土的铺土厚度一般较薄，因而推土机平土很容易产生铺土厚度不均，造成局部虚土层的质量事故。解决这一关键环节的措施，首先是要推土机的马力与汽车载重吨位相配合，以便做到随卸料、随散料、不积压；按方上料，根据每一填土区的面积和计划铺土厚度算出需卸料的车数，并根据估算的每车土料所控制的面积，在填筑面上均匀卸料；推土机平料过程中应及时检查铺土厚度，发现厚薄不均匀的部位应及时处理。另外在岸坡、搭接等部位，应铺以人工仔细平土。

对于无黏性砂砾料,也多用自卸汽车卸料配推土机平料。由于砂粒料的粒径一般较小,推土机很容易在松料堆上平土,因此可采用常规的后退法卸料、铺料。砂砾料中含有特大粒径的蛮石(如0.5~1.0 m)时,应清除至填筑体以外,以免局部松散甚至空洞,造成隐患。

当采用铲运机铺料时,铲运机平行于坝轴线依次卸料,从填筑边缘逐行向内部铺料,铺设到填筑面中心线(约一般宽度)后,铲运机反向运行,从另一半靠中心线已铺土料逐行向填筑面的另一半的外缘铺料。空机从刚填好的松土层上返回取土区。

(二)压实

压实工序是土工建筑物填筑的关键和施工中的核心。当完成铺料工序后,即可开始碾压。碾压方法与填筑部位、土料性质、碾压机械的类型等有关,现介绍几种土料的压实方法。

1.黏性土的压实

黏性土的压实通常采用羊足碾、凸块碾、气胎碾和夯板等机械。前几种属碾压式机械,适用于大面积的碾压部位。而夯板属于冲击式,在压实黏性土中多用于边、角等小范围部位,两种互补不足。羊足碾、凸块碾、气胎碾可采取转圈套压法或进退错距法施工。

(1)转圈套压法。单向开行,在工作段两端不停车,在机械转向的碾压部位产生重压过多,而四角又产生严重的漏压,质量难以保证。

(2)进退错距法。操作简便,碾压作业和铺土、质量检查等工序容易协调,便于分段流水作业,错距容易掌握,压实质量容易保证。

这种方法使用比较广泛。碾压段长度,按工程实际情况而定,一般取40 m,最长可达到100 m。采用进退错距的开行方式时,由于碾压的起始和终了部位按正常的错距法压不到要求的遍数,为避免漏压现象,在碾压带的两侧先往复压够遍数后,再进行错距碾压。当分段碾压时,相临两段(应设立标志以便分区)交界带碾迹应彼此重叠,顺碾压方向不得小于0.3~0.5 m。单机完成碾压遍数,按下式计算

$$n = B/b \tag{11-16}$$

式中 n——单机完成碾压遍数;

B——碾磙径宽,m;

b——碾磙错距宽度,m。

当碾压两岸接坡或分缝处时必须有专人指挥,保证必要的搭接宽度防止漏压和损坏边坡。

(3)夯板夯实法。用打夯机夯实时,需严格控制含水量、铺土厚度、落距和套夯。

当用夯板夯实黏粒含量高达40%以上的黏土或粉质黏土时,应特别注意夯实从一个方向有秩序地进行,以便使土体中的气体顺利排出。

2.砾质土的压实

砾质土的碾压设备以气胎碾、羊足碾和夯板为宜,尤以气胎碾为好。当砾质土含砾石量高达50%左右时,羊足碾则不适合。夯板最适宜于夯实砾质土坝壳。其压实方法与黏性土相同。

3. 堆石、砂砾料的碾压

堆石、砂砾料等无黏性土的压实可采用振动碾、夯板，尤其是重型振动碾，在砂砾料充分洒水的情况下，能达到很高的相对密度。对于压实标准要求较低的砂砾料，也可用气胎碾、拖拉机履带来碾压，但铺料厚度只能达到30～40 cm。

堆石的压实宜采用重型碾，其施工方法简单，一般采用前进后退碾压法。国内外的施工经验，堆石的碾压遍数为4～6遍。

另外，人工夯实多应用在小型农田水利工程土方填筑上。人工夯种类繁多，如石磙夯等。在夯击时，均采用连环套打法。

（三）土料压实的辅助作业

1. 填土结合层面的刨毛处理

当使用平碾、气胎碾等机械时，填土面将形成光滑的表面。铺土前必须刨毛1～2 cm深。

2. 填筑面土料含水量的调整

调整含水量一般应在料场进行，但当填筑面的土料含水量小于碾压施工含水量2%左右时，可在填筑面上直接用洒水汽车洒水。加水后的土料一般应用圆盘耙或三铧犁使其掺合均匀。

当土料的含水量大于施工控制含水量的上限1%时，碾压前可用圆盘耙或三铧犁在填筑面翻晒，以降低土料的含水量。

3. 填筑体接缝处理

填筑体的横向接缝的结合坡度不应陡于1∶3。接缝坡度应自上而下削坡，削坡合格后，要控制含水量，使其为施工含水量范围的上限。

4. 质量检查

在填筑过程中，应对铺土厚度、土块粒径大小、含水量、干容重（或压实度）与压实层结合情况等进行检查，看是否符合要求。

四、土石坝及堆石坝

（一）土石坝

根据施工方法不同，土石坝可分为碾压式、水中填土、水力冲填、定向爆破修筑等类型，这里主要介绍一下碾压式土石坝。

碾压式土石坝施工作业包括准备作业、基本作业、辅助作业、附加作业，其要点是掌握施工顺序。

准备作业指通车、通水、通电、通信、平整场地、排水清基等项工作；基本作业指土石料开采，挖、装、运、卸及坝面作业等；辅助作业指保证准备及基本作业顺利进行，创造良好工作条件的作业，包括料场覆盖、剔出超逊径砾石料和杂物、层间刨毛和加水等；附加作业指保证坝体长期安全运行的防护及修整工作。

土石坝施工要注意以下几个要点。

1. 料场规划

土石坝是一种充分利用当地材料的坝型，工程量大，时间紧，要提前充分进行料场规划;在空间上,对主、备料场位置、高程恰当选择,合理布置;在时间和工效上要注意合理选择施工机械配套、合理选择用料时机和数量,施工强度高峰期和汛期要有合理调度方案。料场质与量要符合设计要求,一般要求料场实际可采量与坝体填筑量之比为:土料 2.0~2.5;砂砾料 1.5~2.0;水下砂砾料 2.0~3.0;石料 1.5~2.0;反滤料不小于 3.0。

2. 施工机械经济运距

各种施工机械经济运距为:履带式推土机 30~50 m,不超过 100 m;轮胎装载机不超过 100~150 m,履带式装载机不超过 100 m;牵引式铲运机 300 m,自行式铲运机一般为 200~300 m。自卸汽车较灵活。

3. 碾压试验

无论选择何种压实方式,都要按照规范做碾压试验,以确定碾压机具重量和行走速度、碾压遍数、碾压土层厚度、土料最佳含水量等。

4. 填筑标准

非黏性土以相对密度为控制指标,砂砾石不宜低于 0.75,砂不宜低于 0.7,反滤料宜为 0.7。黏性土以最大干密度作为设计控制指标,一般可通过试验确定。

(二)堆石坝

堆石坝的主要特点是对坝体进行分区和合理控制坝体边坡。

坝体部位不同,受力状况不同,对填筑材料要求不同,一般分为垫层区、过渡区、主堆石区、下游堆石区。

垫层区主要作用在于为坝面板提供平整、密实的基础,将面板承受的水压力均匀传递给主堆石体,要求压缩后具有低压缩性、高抗剪性、内部渗透稳定,渗透系数为 10^{-3} cm/s,一般采用级配良好、石质新鲜的碎石。

过渡区位于垫层和主堆石区之间,主要作用在于保护垫层在高水头作用下不产生破坏,其粒径、级配应符合垫层料与主堆石料间的反滤要求。

主堆石区是坝体维持稳定的主体,要求石质坚硬,级配良好。

下游堆石体起保护主堆石体及下游边坡稳定作用,要求采用较大石料填筑。

坝坡取决于石料特性和荷载情况,一般在 1:1.3 左右。

思考题

11-1 简述地基基础工程的设计程序。

11-2 简述土方工程的施工工序内容。

11-3 防渗墙检测技术中包含了哪些土力学原理?

附录　岩土工程常用规范

1.《岩土工程勘察规范》(GB 50021—2001)
2.《建筑工程地质钻探技术标准》(JGJ 87—92)
3.《原状土取样技术标准》(JGJ 89—92)
4.《工程岩体分级标准》(GB 50218—94)
5.《工程岩体试验方法标准》(GB/T 50266—99)
6.《土工试验方法标准》(GB/T 50123—1999)
7.《建筑结构荷载规范》(GB 50009—2001)
8.《建筑地基基础设计规范》(GB 50007—2002)
9.《建筑桩基技术规范》(JGJ 94—2008)
10.《建筑抗震设计规范》(GB 50011—2001)(2008 版)
11.《建筑地基处理技术规范》(JGJ 79—2002)
12.《湿陷性黄土地区建筑规范》(GB 50025—2004)
13.《膨胀土地区建筑技术规范》(GBJ 112—87)
14.《建筑基坑支护技术规程》(JGJ 120—99)
15.《公路工程抗震设计规范》(JTG D30—2004)
16.《公路路基设计规范》(JTJ 013—95)
17.《公路桥涵地基与基础设计规范》(JTG D63—2007)
18.《公路工程地质勘察规范》(JTJ 064—98)
19.《港口工程地质勘察规范》(JTJ 240—97)
20.《港口工程地基规范》(JTJ 250—98)
21.《碾压式土石坝设计规范》(SL 274—2001)
22.《水利水电工程地质勘察规范》(GB 50287—99)
23.《水工建筑物抗震设计规范》(DL 5073—2000)
24.《建筑边坡工程技术规范》(GB 50330—2002)
25.《既有建筑地基基础加固技术规范》(JGJ 123—2000)
26.《软土地区工程地质勘察规范》(JGJ 83—91)

参考文献

[1] 务新超. 土力学[M]. 郑州:黄河水利出版社,2003.
[2] 谭志伟,杨革. 水工建筑物冻害防治技术[M]. 郑州:黄河水利出版社,2008.
[3] 周克己,鲁智勇. 水利工程施工[M]. 北京:中国广播电视大学出版社,2001.
[4] 全国注册一级建造师考试教材编写委员会. 水利水电工程管理与实务[M]. 北京:中国建筑工业出版社,2007.
[5] 张力霆. 土力学与地基基础[M]. 北京:高等教育出版社,2002.
[6] 刘福臣,成自勇,崔自治. 土力学[M]. 北京:中国水利水电出版社,2005.
[7] 王玉珏. 土工试验与土力学教学指导[M]. 郑州:黄河水利出版社,2004.
[8] 赵成刚. 土力学原理[M]. 北京:清华大学出版社,北京交通大学出版社,2004.
[9] 刘成宇. 土力学[M]. 北京:中国铁道出版社,1990.
[10] 陈仲颐,周景星. 土力学[M]. 北京:清华大学出版社,1994.
[11] 张伯平,党进谦. 土力学与地基基础[M]. 西安:西安地图出版社,2001.